高等工程教育实践与创新能力培养系列

3D 打印技术实用教程

主　编　陈　鹏

副主编　杨熊炎　熊博文　刘仕昌

李　冰　张恩耀　佘江鸿

谢　颖

電子工業出版社

Publishing House of Electronics Industry

北京 • BEIJING

内 容 简 介

本书以3D打印技术工艺为主线，系统探究3D打印技术的工艺原理及创新应用。本书主要介绍了3D打印技术的发展现状、工程应用和工艺原理等，探讨了熔融沉积成形工艺、光固化成形工艺、激光选区烧结工艺、三维立体打印工艺及激光选区熔化工艺等3D打印技术工艺，并结合机电产品研发、教育机器人创新设计与研发的典型研发项目案例，系统总结了3D打印技术在新产品创新设计与研发中的应用，论述了3D打印技术的设计思维和工程应用，以及基于3D打印技术的产品快速设计与制造系统。

本书可作为高等院校3D打印、机械工程、工业设计、材料工程等专业本科生的教材，也是从事新产品研发的工程技术人员及热衷于新产品研发的教师和科研人员的有益读本。

图书在版编目（CIP）数据

3D打印技术实用教程 / 陈鹏主编. —北京：电子工业出版社，2016.7

ISBN 978-7-121-28973-6

Ⅰ.①3… Ⅱ.①陈… Ⅲ.①立体印刷—印刷术—高等学校—教材 Ⅳ.①TS853

中国版本图书馆CIP数据核字（2016）第124595号

策划编辑：朱怀永
责任编辑：底　波
印　　刷：北京七彩京通数码快印有限公司
装　　订：北京七彩京通数码快印有限公司
出版发行：电子工业出版社
　　　　　北京市海淀区万寿路173信箱　邮编 100036
开　　本：787×1 092　1/16　印张：12.5　字数：320千字
版　　次：2016年7月第1版
印　　次：2021年6月第9次印刷
定　　价：27.80元

凡所购买电子工业出版社图书有缺损问题，请向购买书店调换。若书店售缺，请与本社发行部联系，联系及邮购电话：（010）88254888，88258888。

质量投诉请发邮件至 zlts@phei.com.cn，盗版侵权举报请发邮件至 dbqq@phei.com.cn。

本书咨询联系方式：zhy@phei.com.cn。

前　言

3D 打印技术最早称为快速成形技术或快速原型制造技术，诞生于 20 世纪 80 年代后期，是在现代 CAD/CAM 技术、机械工程、分层制造技术、激光技术、计算机数控技术、精密伺服驱动技术及新材料技术的基础上集成发展起来的一种先进制造技术。可以自动、直接、快速、精确地将设计思想转变为具有一定功能的原型或直接制造零件，从而为零件原型制作、新设计思想的校验等方面提供了一种高效低成本的实现手段。

传统制造技术是“减材制造技术”，3D 打印则是“增材制造技术”，它具有数字制造、分层制造、堆积制造、直接制造、快速制造等明显特点，被誉为“第三次工业革命最具标志性的生产工具”。3D 打印技术内容涵盖了产品生命周期前端的“快速原型”和全生产周期“快速制造”相关的所有打印工艺、技术、设备类别和应用。

3D 打印技术属于新一代绿色高端制造业，与智能机器人、人工智能并称为实现数字化制造的三大关键技术，这项技术及其产业发展是全球正在兴起新一轮数字化制造浪潮的重要基础。加快 3D 打印产业发展，有利于国家在全球科技创新和产业竞争中占领高地，进一步推动我国由“工业大国”向“工业强国”转变，促进创新型国家建设，加快创造性人才培养。

目前，我国 3D 打印技术虽然取得了长足进展，与美欧等发达国家基本处于同一水平，甚至在金属构件打印方面已经超过美国。但与美国相比，我国对这项技术重视和规划不够。一是主导的技术标准、公共技术平台尚未确立，缺乏产学研一体化机构，技术研发和推广应用还处于无序状态；二是产业规模化程度低，产业链尚未有效形成，产业整合度较低；三是缺乏市场机制，技术进步主要在国家项目资助下开展，企业的主体作用不明显；四是教育培训和社会推广乏力，3D 打印相关课程尚未列入机械、材料、信息技术等工程学科的教学必修课程体系，企业对 3D 打印技术的前景认识不到位，导致产业需求不足。

国家增材制造产业发展推进计划（2015—2016 年）明确指出组织实施学校增材制造技术普及工程。在学校配置增材制造设备及教学软件，开设增材制造知识的教育培训课程，培养学生创新设计的兴趣、爱好、意识，在具备条件的企业设立增材制造实习基地，鼓励开展教学实践。依托已有的增材制造优势高校和科研机构，建立健全的增材制造人才培养体系，积极开展高校教师的增材制造知识培训，支持在有条件的高校设立增材制造课程、学科或专业，鼓励院校与企业联合办学或建立增材制造人才培训基地。

为了满足国内高校开设增材制造（3D 打印）相关课程教学的实际需要，编者结合近年来的 3D 打印技术课程教学改革和科研实践，组织编写了 3D 打印实用教程，本教材分为 12 章。第 1 章主要论述了 3D 打印技术的发展现状和工程应用等；第 2 章主要介绍了 3D 打印技术的工艺及原理；第 3 章主要介绍了熔融沉积成形工艺；第 4 章介绍了光固化成形工艺；第 5 章介绍了激光选区烧结工艺；第 6 章介绍了三维立体打印工艺；第 7 章介绍了激光选区熔化工艺；第 8 章通过典型的创意产品研发项目，详细阐述了创意产品创新设计与研发过程；第 9 章通过典型机电产品研发项目，详细阐述了机电产品创新设计与研发过程；第 10 章通过典型的教育机器人研发项目，详细阐述了教育机器人创新设计与研发过程；第 11 章主要论述了 3D 打印技术的设计思维和工程应用；第 12 章主要论述了基于 3D 打印技术的产品快速设计与制造系统。

本书既是编者五年 3D 打印技术理论研究与实践探索相互融合的结晶，也是江西省“卓越工程师教育计划”试点专业多年来人才培养模式改革成果的总结，同时也是近年来基于 3D 打印技术培养一批创新研发型新产品研发工程师的实践经验总结。

本书的特点主要体现在以下方面。

先进性。编者在 3D 打印技术掀起第三次工业革命的背景下，面向 3D 打印产品研发工程师的教育培养，系统性地介绍了前沿性的 3D 打印工艺，并开拓性地提出 3D 打印新技术在创意产品、机器人产品和机电产品中的创新应用。

综合性。本书研究的内容注重机械工程、工业设计、材料工程、增材制造等多学科知识与工程技术的交叉渗透，打破传统专业门类对学生知识结构和能力体系的束缚，突破传统学科、专业培养体系的樊篱，力求基于新产品研发的全生命周期理论和新产品研发模式，培养具有高创造性的 3D 打印产品研发工程师。

创造性。本书所涉及的多个新产品创新设计与研发工程案例大都来源于工程实际，具有新颖性、独特性和创造性，其中多项产品申请发明专利与实用新型专利，大部分目前已经获得国家知识产权局的专利授权。创造性运用 3D 打印技术开展多项新产品研发的工程创造实践，重点培养工科学生的 3D 打印产品创新设计与研发能力。

借鉴性。本书所采用的 3D 打印产品创新设计与研发方法，是编者五年来在高等工程教育人才培养模式改革实践中不断反思、总结、提炼和优化的教育新结果，多年的工程教育改革实践表明：3D 打印技术、三维数字化技术和开源硬件技术的融合创新与创新应用，不仅激发了工科学生的学习兴趣与创造热情，而且大幅度提高了学生的工程实践能力、数字化产品开发技术应用能力、产品创新设计与研发能力，并为制造业企业转型升级的需要培养了一批产品创新设计与研发人才。

参与本书编写工作的主要有宜春学院陈鹏、桂林电子科技大学杨熊炎、南昌航空大学熊博文、宜春幼儿师范高等专科学校刘仕昌、山东凯文科技职业学院李冰、西安航空职业技术学院张恩耀、湖南工业大学余江鸿和江西应用技术职业学院谢颖等高校教师。

在本书写作过程中，得到了宜春学院的学生创客梅永亮、李云兰、赵国建、王春喜、徐文超、刘文祥、吴楠、袁兆麟等的鼎力相助，梅永亮承担了弯管器的研发工作，李云兰承担了教育机器人、扶手箱铰接件的研发工作，赵国建、王春喜承担了创意笔筒的研发工作，吴楠、袁兆麟承担了组合笔筒的研发工作，刘文祥承担了微型硬币快速清分机的研发工作。他们在编者的创客教育培养理念下不断成长，在 3D 打印产品研发中集体表现出的开拓进取精神与创新实践能力让身为创客导师的编者倍感欣慰，在此一并表示衷心的感谢，感谢他们为新产品研发所付出的汗水与智慧，感谢他们让编者的创客教育改革积累了宝贵的实践经验，更感谢他们让编者更加坚定了自己的创客教育理想。

在本书编写过程中，参考了百度百科等网络资源，同时还参考了美国 MakerBot 公司、北京太尔时代科技有限公司、陕西恒通智能机器有限公司、深圳维示泰克技术有限公司、磐纹科技（上海）有限公司、南京宝岩自动化有限公司等企业 3D 打印成形设备的技术资料，在此一并向相关作者表示衷心的谢意。

本书力求严谨细致，然而，限于编者的水平及新产品研发工作的复杂性、艰巨性和长期性，本书一定存在不少缺点和不足，期待能够得到兄弟院校的同人、企业和社会各界专家学者的批评指正。

目　录

第 1 章　3D 打印概述

1.1　3D 打印技术与新工业革命

3D 打印技术，也称增材制造（Additive Manufacturing，AM）技术，3D 打印（Rapid Prototyping，RP）技术，该技术是通过 CAD 设计数据采用材料逐层累加的方法制造实体零件的技术，相对于传统的材料去除（切削加工）技术，是一种“自下而上”材料累加的制造方法。3D 打印技术自 20 世纪 80 年代末逐步发展为一种全新概念的先进制造技术。3D 打印涉及的技术集成了 CAD 建模、测量、接口软件、数控、精密机械、激光、材料等多种学科。

美国材料与试验协会（ASTM）2009 年成立的 3D 打印技术委员会（F42 委员会）对 3D 打印有明确的概念定义。3D 打印是一种与传统的材料加工方法截然相反，基于三维 CAD 模型数据，通过增加材料逐层制造三维物理实体模型的方式。3D 打印技术内容涵盖了产品生命周期前端的“快速原型”（Rapid Prototyping）和全生产周期的“快速制造”（Rapid Manufacturing）相关的所有打印工艺、技术、设备类别和应用。

3D 打印技术最早称为快速成形技术或快速原型制造技术，诞生于 20 世纪 80 年代后期，是在现代 CAD/CAM 技术、机械工程、分层制造技术、激光技术、计算机数控技术、精密伺服驱动技术以及新材料技术的基础上集成发展起来的一种先进制造技术，可以自动、直接、快速、精确地将设计思想转变为具有一定功能的原型或直接制造零件，从而为零件原型制作、新设计思想的校验等方面提供了一种高效低成本的实现手段。

3D 打印技术不需要传统的刀具、夹具及多道加工工序，利用三维设计数据在一台设备上可快速而精确地制造出任意复杂形状的零件，从而实现“自由制造”，解决许多过去难以制造的复杂结构零件的成形，并大大减少了加工工序，缩短了加工周期。而且越是复杂结构的产品，其制造的速度优势越显著。近年来，3D 打印技术取得了快速的发展。3D 打印原理与不同的材料和工艺结合形成了许多 3D 打印技术设备。日前已有的 3D 打印设备种类达到 20 多种。

2012 年 4 月，英国著名杂志《经济学人》发表专题报告指出，全球工业正在经历第三次工业革命，与以往不同，本次革命将对制造业的发展产生巨大影响，其中一项具有代表性的技术就是 3D 打印（3D Printing）技术，认为它将“与其他数字化生产模式一起推动实现第三次工业革命”，认为该技术改变未来生产与生活模式，实现社会化制造，每个人都可以成为一个工厂，它将改变制造商品的方式，并改变世界的经济格局，进而改变人类的生活方式。该技术一出现就取得了快速的发展，在各个领域都取得了广泛的应用，如消费电子产品、汽车、航天航空、医疗、军工、地理信息、艺术设计等。3D 打印技术的特点是单件或小批量的快速制造，这一技术特点决定了 3D 打印技术在产品创新中具有显著的作用。

2013 年麦肯锡发布“展望 2025”，而 3D 打印被纳入决定未来经济的 12 大颠覆技术之一。

增材制造技术为我国制造业发展和升级提供了历史性机遇。增材制造可以快速、高效地实现新产品物理原型的制造，为产品研发提供快捷技术途径。该技术降低了制造业的资金和人员技术门槛，有助于催生小微制造服务业，有效提高就业水平，有助于激活社会智慧和资金资源，实现制造业结构调整，促进制造业由大变强。3D 打印的十大优势如下。

优势 1：制造复杂物品不增加成本。就传统制造而言，物体形状越复杂，制造成本越高。对 3D 打印机而言，制造形状复杂的物品成本不增加，制造一个华丽的形状复杂的物品并不比打印一个简单的方块消耗更多的时间、技能或成本。制造复杂物品而不增加成本将打破传统的定价模式，并改变我们计算制造成本的方式。

优势 2：产品多样化不增加成本。一台 3D 打印机可以打印许多形状，它可以像工匠一样每次都做出不同形状的物品。传统的制造设备功能较少，做出的形状种类有限。3D 打印省去了培训机械师或购置新设备的成本，一台 3D 打印机只需要不同的数字设计蓝图和一批新的原材料。

优势 3：无须组装。3D 打印能使部件一体化成形。传统的大规模生产建立在组装线基础上，在现代工厂，机器生产出相同的零部件，然后由机器人或工人（甚至跨洲）组装。产品组成部件越多，组装耗费的时间和成本就越多。3D 打印机通过分层制造可以同时打印一扇门及上面的配套铰链，不需要组装。省略组装就缩短了供应链，节省在劳动力和运输方面的花费。供应链越短，污染也越少。

优势 4：零时间交付。3D 打印机可以按需打印。即时生产减少了企业的实物库存，企业可以根据客户订单使用 3D 打印机制造出特别的或定制的产品满足客户需求，所以新的商业模式将成为可能。如果人们所需的物品按需就近生产，零时间交付式生产能最大限度地减少长途运输的成本。

优势 5：设计空间无限。传统制造技术和工匠制造的产品形状有限，制造形状的能力受制于所使用的工具。例如，传统的木制车床只能制造圆形物品，轧机只能加工用铣刀组装的部件，制模机仅能制造模铸形状。3D 打印机可以突破这些局限，开辟巨大的设计空间，甚至可以制作目前可能只存在于自然界的形状。

优势 6：零技能制造。传统工匠需要当几年学徒才能掌握所需要的技能。批量生产和计算机控制的制造机器降低了对技能的要求，然而传统的制造机器仍然需要熟练的专业人员进行机器调整和校准。3D 打印机从设计文件里获得各种指示，做同样复杂的物品，3D 打印机所需要的操作技能比注塑机少。非技能制造开辟了新的商业模式，并能在远程环境或极端情况下为人们提供新的生产方式。

优势 7：不占空间、便携制造。就单位生产空间而言，与传统制造机器相比，3D 打印机的制造能力更强。例如，注塑机只能制造比自身小很多的物品，与此相反，3D 打印机可以制造和其打印台一样大的物品。3D 打印机调试好后，打印设备可以自由移动，打印机可以制造比自身还要大的物品。较高的单位空间生产能力使得 3D 打印机适合家用或办公使用，因为它们所需的物理空间小。

优势 8：减少废弃副产品。与传统的金属制造技术相比，3D 打印机制造金属时产生较少的副产品。传统金属加工的浪费量惊人，90%的金属原材料被丢弃在工厂车间里。3D 打印制造金属时浪费量减少。随着打印材料的进步，“净成形”制造可能成为更环保的加工方式。

优势 9：材料无限组合。对当今的制造机器而言，将不同原材料结合成单一产品是件难事，因为传统的制造机器在切割或模具成形过程中不能轻易地将多种原材料融合在一起。随着多材料 3D 打印技术的发展，我们有能力将不同原材料融合在一起。以前无法混合的原料混合后将形成新的材料，这些材料色调种类繁多，具有独特的属性或功能。

优势 10： 精确的实体复制。数字音乐文件可以被无休止地复制，音频质量并不会下降。未来，3D 打印将数字精度扩展到实体世界。扫描技术和 3D 打印技术将共同提高实体世界和数字世界之间形态转换的分辨率，我们可以扫描、编辑和复制实体对象，创建精确的副本或优化原件。

1.2　3D 打印技术的发展现状

1.2.1　国际 3D 打印技术发展状况

从 20 世纪 80 年代到今天，3D 打印技术走过了一条漫长的发展之路。

1984 年，Charles Hull 发明了将数字资源打印成三维立体模型的技术，1986 年，Chuck Hull 发明了立体光刻工艺，利用紫外线照射将树脂凝固成形，以此来制造物体，并获得了专利。随后他离开了原来工作的 Utra Violet Products，开始成立一家名为 3D Systems 的公司，专注发展 3D 打印技术，1988 年，3D Systems 开始生产第一台 3D 打印讥 SLA-250，体型非常庞大。

1988 年，Scott Crump 发明了另外一种 3D 打印技术——热熔解积压成形（FDM），利用蜡、ABS、PC、尼龙等热塑性材料来制作物体，随后也成立了一家名为 Stratasys 的公司。

1989 年，C. R. Dechard 博士发明了选区激光烧结技术（SLS），利用高强度激光将尼龙、蜡、ABS、金属和陶瓷等材料粉来烤结，直至成形。

1993 年，麻省理工大学教授 Emanual Sachs 创造了三维打印技术（3DP），将金属、陶瓷的粉末通过黏接剂黏在一起成形。

1995 年，麻省理工大学的毕业生 Jim Bredt 和 TimAnderson 修改了喷墨打印机方案，变为把约束溶剂挤压到粉末状，而不是把墨水挤压在纸张上的方案，随后创立了现代的三维打印企业 Z Corporation。

1996 年，3D Systems、Stratasys、Z Corporation 分别推出了型号为 Actua 2100、Genisys、2402 的三款 3D 打印机产品，第一次使用了“3D 打印机”的称谓。

2005 年，Z Corporation 推出了世界上第一台高精度彩色 3D 打印机 Spectrum 2510，同一年，英国巴恩大学的 Adrian Bowyer 发起了开源 3D 打印机项目 RepRap，目标是通过 3D 打印机本身，能够制造出另一台 3D 打印机。

2008 年，第一个基于 RepRap 的 3D 打印机发布，代号为 Darwin，它能够打印自身 50% 的元件，体积仅一个箱子大小。

2009 年，Bre Pettis 带领团队创立了著名的桌面级 3D 打印机公司——Makerbot，Makerbot 的设备主要基于早期的 RepRap 开源项目，但对 RepRap 的机械结构进行了重新设计，发展至今已经历经几代的升级，在成形精度、打印尺寸等指标上都有长足的进步。

2010 年 11 月，第一台用巨型 3D 打印机打印出整个身躯的轿车出现，它的所有外部组件都由 3D 打印制作完成，包括用 Dimension 3D 打印机和由 Stratasys 公司数字生产服务项目 RedEye on Demand 提供的 Fortus 3D 成形系统制作完成的玻璃面板。

2011 年 8 月，世界上第一架 3D 打印飞机由英国南安普敦大学的工程师创建完成。9 月，维也纳科技大学开发了更小、更轻、更便宜的 3D 打印机，这个超小 3D 打印机重 1.5kg，报价约 1 200 欧元。

2012 年，英国著名经济学杂志《The Economist》一篇关于第三次工业革命的封面文章全面地掀起了新一轮的 3D 打印浪潮。同年 9 月，3D 打印的两个领先企业 Stratasys 和以色列的 Objet 宣布进行合并，交易额为 14 亿美元，合并后的公司名仍为 Stratasys。此项合作进一步确立了 Stratasys 在高速发展的 3D 打印及数字制造业中的领导地位。

2012 年 3 月，维也纳大学的研究人员宣布利用二光子平板印刷技术突破了 3D 打印的最小极限，展示了一辆长度不到 0.3mm 的赛车模型。7 月，比利时 International University 的 College Leuven 的一个研究组测试了一辆几乎完全由 3D 打印制造的小型赛车，其车速达到了 140km/h。12 月，美国分布式防御组织成功测试了 3D 打印的枪支弹夹。

2012 年 12 月，Stratasys 有限公司发布了迄今为止最大的 3D 打印机 Objet1000，可以制造具有 1000mm×800mm×500mm 的成形尺寸。

2013 年 2 月，玩具公司 WobbleWorks 推出了一款名叫 3Doodler 的涂鸦笔，能够画出实物。

2013 年 4 月，Organovo 宣称他们制造出了具备功能和活力的 3D 打印肝细胞。

2014 年 7 月，NDUSTRY 宣布与著名自行车厂商 TiCycles 合作利用 3D 打印技术制造出全球首辆完整钛金属自行车 Solid。

2014 年 9 月，NASA 的首台零重力 3D 打印机搭乘 Falcon 9 火箭前往国际空间站，两个月后，完成了首个太空 3D 打印项目。NASA 在国际空间站安装 3D 打印机为了测试宇航员在微重力下自主制造零部件和工具的可行性，测试的目的是将从地球向太空运送零部件和工具的次数降至最低，加快空间站的自给自足。

2015 年 2 月，清华大学化学系刘冬生课题组与英国瓦特大学 WillShu（舒文淼）等合作成功研制出可应用于活细胞 3D 打印的 DNA 水凝胶材料，该材料能够同时满足多项活细胞 3D 打印的需求，为将来 3D 打印器官的活体移植创造了条件。

2015 年 7 月，筑波大学和日本印刷公司组成的科研团队宣布，已研发出用 3D 打印机低价制作可以看清血管等内部结构的肝脏立体模型的方法。该方法如果投入应用就可以为每位患者制作模型，有助于术前确认手术顺序以及向患者说明治疗方法。美国食品与药物管理局（FDA）批准了全球首个 3D 打印药物——SPRITAM。

2015 年 9 月，哈佛研究团队发明出了一种革命性的主动混合多材料 3D 打印头，可以将具有不同材质和属性的材料整合到一个 3D 打印对象中。

2015 年 10 月，四川蓝光英诺生物科技股份有限公司宣布，3D 生物打印血管项目获得重大突破，具有完全自主知识产权的全球首创 3D 生物血管打印机问世，器官再造在未来成为可能。波音公司披露了其最新开发出的一种独特的 3D 打印迷你网格材料，它的密度为 0.9mg/ml，只有塑料的 1/100，尺寸更是只有头发的 1/1000。

2016 年 1 月 18 日，位于弗吉尼亚州的 Orbital ATK 公司宣布，他们已成功地在 NASA 兰利研究中心测试了 3D 打印超音速发动机燃烧室。不仅测试分析结果确认达到甚至超出性能要求，3D 打印的超音速发动机燃烧室也被证明是能够承受最长持续时间的风洞试验记录的一款燃烧室。

经过近 30 年的发展，目前美国已经成为增材制造领先的国家。3D 打印技术不断融入人们的生活，催生出许多新的产业。人们可以用 3D 打印技术自己设计物品，使得创造越来越容易。美国为保持其技术领先地位，最早尝试将 3D 打印技术应用于航空航天等领域。1985 年，在五角大楼主导下，美国秘密开始了钛合金激光成形技术研究，直到 1992 年这项技术才公之于众。2002 年，美国宇航局（NASA）就研制出 3D 打印机，能制造金属零件。同年，美国将激光成形钛合金零件装上了战机。为提高制造效率，美国人开始采用 42kW 的电子束枪，Sciaky 的 3D 打印机每小时能打印 6.8～18.1kg 金属钛，而大多数竞争者仅能达到 2.3kg/h。美国军工巨头洛克希德·马丁公司宣布与 Sciaky 加强合作，用该公司生产的襟副翼翼梁装备正在生产的 F-35 战斗机。目前，使用 3D 打印钛合金零件的 F-35 已经进行了试飞。据估计，如果 3 000 多架战机都使用该技术制造零部件，不仅可以大大提高“难产”的 F-35 战机的部署速度，而且还能节省数十亿美元成本，如原本相当于材料成本 1～2 倍的加工费现在只需 10%；加工 1t 重的钛合金复杂结构件，传统工艺成本大约 2 500 万元，而激光 3D 焊接快速成形技术的成本在 130 万元左右，仅是传统工艺的 5%。2012 年 7 月，美国太空网透露，NASA 正在测试新一代 3D 打印机，可以在绕地球飞行时制造设备零部件，并希望将其送到火星上。

世界科技强国和新兴国家都将增材制造技术作为未来产业发展新的增长点加以培育和支持，以抢占未来科技产业的制高点。2012 年，美国提出了“重振制造业”战略，将“增材制造”列为第一个启动项目，成立了国家增材制造研究院（NAMII）。欧盟国家认识到增材制造技术对工业乃至整个国家发展的重要作用及巨大潜力，纷纷加大支持力度。德国政府在 2013 年财政预算案中宣布政府在《高技术战略 2020》和《德国工业 4.0 战略计划实施建议》等纲领性文件中，明确支持包括激光增材制造在内的新一代革命性技术的研发与创新。澳大利亚政府倡导成立增材制造协同研究中心，促进以终端客户驱动的协作研究。新加坡将 5 亿美元的资金用于发展增材制造技术，让新加坡的制造企业能够拥有全球最先进的增材制造技术。日本政府在 2014 年预算案中划拨了 40 亿日元，由经济产业省组织实施以增材制造技术为核心的制造革命计划，以构建其完备的增材制造材料与装备体系，提高其增材制造技术的国际竞争能力。2014 年 6 月，韩国政府宣布成立 3D 打印工业发展委员会，批准了一份旨在使韩国在 3D 打印领域获得领先地位的总体规划，其目标包括到 2020 年培养 1 000 万创客（Maker），针对各个层次的民众制订相应的 3D 打印培训课程，以及为贫困人口提供相应的数字化基础设施。可以说，增材制造技术正在带动新一轮的世界科技和产业发展与竞争。

美国专门从事增材制造技术咨询服务的 Wohlers 协会在 2015 年度报告中对行业发展情况进行了分析。2014 年增材制造设备与服务全球直接产值为 41.03 亿美元，2014 年增长率为 35.2%，其中设备材料为 19.97 亿美元，增长 31.6%；服务产值为 21.05 亿美元，增长 38.9%；其发展特点是服务相对设备材料增长更快。在增材制造应用方面，工业和商业设备领域占据了主导地位，然而其比例从 18.5%降低到 17.5%；消费商品和电子领域所占比例为 16.6%；航空航天领域从 12.3%增加到 14.8%；机动车领域为 16.1%；研究机构占 8.2%，政府和军事领域占 6.6%，二者较 2013 年均有所增加；医学和牙科领域占 13.1%。在过去 10 年的大部分时间内，消费商品和电子领域始终占据着主导地位。目前，美国在设备拥有量上占全球的 38.1%，居首位；日本占第二位；中国于 2014 年赶超德国，以 9.2%列第三位。在设备销售量方面，2014 年美国增材制造设备产量最高，中国次之，日本和德国分别位居第三和第四位。

国际上 3D 打印经过 20 多年的发展，美国已经成为 3D 打印领先的国家，3D 打印技术不断融入人们的生活，在食品、服装、家具、医疗、建筑、教育等领域大量应用，催生许多新的产业。3D 打印设备已经从制造业设备成为生活中的创造工具。人们可以用 3D 打印技术自己设计物品，使得创造越来越容易，人们可以自由地开展创造活动。创造活力成为引领社会发展的热点。3D 打印技术正在快速改变传统的生产方式和生活方式，欧美等发达国家和新兴经济国家将其作为战略性新兴产业，纷纷制定发展战略，投入资金，加大研发力量和推进产业化。

1. 3D 打印产业不断壮大

在 3D 打印企业中正在进行公司间的合并，兼并的对象主要是设备供应商、服务供应商以及其他的相关公司。其中最引人注目的是 Z Corporation 公司被 3D Systems 公司收购，还有 Stratasys 公司与 Object 公司合并。Delcam 公司（英国）收购了 3D 打印软件公司 Fabbify Software 公司（德国）的一部分。据预计，Fabbify Software 会在 Delcam 公司的设计及制造软件里增添 3D 打印应用项。3D Systems 公司收购了参数化计算机辅助设计（CAD）软件公司 Alibre 公司，以实现对计算机辅助设计（CAD）和 3D 打印的捆绑。2011 年 11 月，EOS 公司（德国）宣布该公司已经安装超过 1 000 台激光烧结成形机。11 月初，3D Systems 公司在宣布收购 Huntsman 公司（德州，林地）与光敏聚合物及数字 3D 打印机相关的资产；随后又宣布兼并 3D 打印机制造商 Z Corporation（马萨诸塞州，伯灵顿市），这次兼并花费了 1.52 亿美元。

2. 新材料新器件不断出现

Object 公司发布了一种类 ABS 的数字材料以及一种名为 VeroClear 的清晰透明材料。3D Systems 公司也发布了一种名为 Accura Caster 的新材料，该种材料可用于制作熔模铸造模型。同期，Solidscape 公司（梅里马克，新罕布什尔州）也发布了一种可使蜡模铸造铸模更耐用的新型材料 plusCAST。2011 年 8 月，Kelyniam Global（新不列颠，康涅狄格州）宣布正在制作聚醚醚酮（PEEK）颅骨植入物。利用 CT 或 MRI 数据制作的光固化头骨模型可以协助医生进行术前规划，在制作规划的同时，加工 PEEK 材料植入物。据估计，这种方法会将手术时间降低 85%。2011 年 6 月，Optomec 公司（新墨西哥州，阿尔伯克基）发布了一种可用于 3D 打印及保形电子的新型大面积气溶胶喷射打印头。Optomec 公司虽以生产透镜设备而为 3D 打印行业所熟知，但它的气溶胶喷射打印却隶属于美国国防部高级研究计划局的 MICE 计划，该计划的研究成果主要应用在 3D 打印、太阳能电池以及显示设备领域。

3. 新市场产品不断涌现

2011 年 7 月，Object 公司发布了一种新型打印机 Object 260Connex，该种打印机可以构建更小体积的多材料模型。2011 年 7 月，Stratasys 公司发布了一种复合型 3D 打印机 Fortus 250mc，该成形机可以将 ABS 打印材料与一种可溶性支撑材料进行复合。Stratasys 公司还发布了一种适用于 Fortus 400mc 及 900mc 的新型静态损耗材料 ABS-ESD7。2011 年 9 月，Bulidatron System 公司宣布推出基于 RepRap 的 Buildaronl 3D 打印机。这种单一材料打印机既可以作为一种工具箱使用（售价 1 200 美元），也作为组装系统使用（售价 2 000 美元）。Object 公司引入了一种新型生物相容性材料 MED610，这种材料适用于所有的 PolyJet 系统。刚性材料主要而向医疗及牙科市场。3D Systems 公司发布了一种基于覆膜传输成像的打印机 PROJET1500，同时也发布了一种从一进制信息到字节的 3D 触摸产品。2012 年 1 月，Makerbot 推出了售价 1 759 美元的新机器 Makerbot Replicator，与它的前身相比，该机器可以打印更大体积的模型，并且第二个塑料挤出机的喷头可以更换，从而挤出更多颜色的 ABS 或 PLA。3D Systems 公司推出了一种名为 Cube 的单材料、消费者导向型 3D 打印机，其售价低于 1 300 美元。该机器装有无线连接装置，从而具有了从 3D 数字化设计库中下载 3D 模型的功能。国防部与 Stratasys 公司签订了 100 万美元的 uPrint 3D 打印机订单，以支持国防部的 DoD's STARBASE 计划，该计划的目的是吸引青少年对科学、技术、工程、数学以及先进制造技术中 3D 打印制造的兴趣。2012 年 2 月，法国 EasyClad 公司发布了 MAGIC LF600 大框架 3D 打印机，该成形机可构建大体积模型，并具有两个独立的 5 轴控制沉积头，从而可具有图案压印、修复及功能梯度材料沉积的功能。3D Systems 公司推出了一种可用于计算机辅助制造程序，如 Solidworks、Pro/E 的插件 Print3D。通过 3D Systems' ProPart 服务机构，这种插件可对零件及装配体进行动态的零件成本计算。2012 年 3 月，Bumpy-Phot 公司正式推出了一款彩色 3D 打印的照片浮雕。先输入数字照片，再在 24 位色打印机 ZPrinter 上打印，就能形成 3D 照片浮雕。价格也从最初 79 美元的 3D 照片变为 89 美元的 3D 刻印图样。Stratasys 公司和 Optomec 公司展出了带有保形电子电路（利用的是 Optomec's Aerosol Jet 公司的技术）的熔化沉积打印的机翼结构。

4. 新标准不断更新

2011 年 7 月，同期，美国试验材料学会（ASTM）的 3D 打印制造技术国际委员会 F42 发布了一种专门的 3D 打印制造文件（AMF）格式，新格式包含了材质，功能梯度材料，颜色，曲边三角形及其他的 STL 文件格式不支持的信息。10 月份，美国试验材料学会国际（ASTM）与国际标准化组织（ISO）宣布，ASTM 国际委员会 F42 与 ISO 技术委员会将在 3D 打印制造领域进行合作，该合作将降低重复劳动量。此外，ASTM F42 还发布了关于坐标系统与测试方法的标准术语。

1.2.2 我国 3D 打印技术的发展

3D 打印技术自 20 世纪 90 年代初传入我国起，一直受到国内广大科研工作者的高度重视。从 3D 打印设备到打印材料研发，以及 3D 打印与传统成形相结合的复合成形技术，国内都有深入的研究。如今，3D 打印的节材、节能技术特点高度契合我国的可持续发展战略。因此，国内近期持续掀起 3D 打印热，许多企业，甚至地方政府也都纷纷踏足到 3D 打印产业中。

我国研发出了一批 3D 打印装备，在典型成形设备、软件、材料等方面研究和产业化方面获得了重大进展，到 2000 年初步实现设备产业化，接近国外产品水平，改变了该类设备早期依赖进口的局面。在国家和地方的支持下，在全国建立了 20 多个服务中心，设备用户遍布医疗、航空航天、汽车、军工、模具、电子电器、造船等行业。推动了我国制造技术的发展。近 5 年国内 3D 打印市场发展不大，主要还在工业领域应用，没有在消费品领域形成快速发展的市场。另一方面，研发方面投入不足，在产业化技术发展和应用方面落后于美国和欧洲。

1. 高校与研究机构

我国自 20 世纪 90 年代初，在国家科技部等多部门持续支持下，西安交通大学、华中科技大学、清华大学、北京隆源公司等在典型的成形设备、软件、材料等方面的研究和产业化获得了重大进展。随后国内许多高校和研究机构也开展了相关研究，如西北工业大学、北京航空航天大学、华南理工大学、南京航空航天大学、上海交通大学、大连理工大学、中北大学、中国工程物理研究院等单位都在做探索性的研究和应用工作。

清华大学是国内最早开展快速成形技术研究的单位之一，在基于激光、电子束等 3D 打印技术基础理论、成形工艺、成形新材料及应用方面都有深入的研究，该校的颜永年教授也被业界誉为“中国 3D 打印第一人”。清华大学自行制备 LOM 工艺用纸，同时成功地解决了 FDM 工艺用蜡和 ABS 丝材的制备，并开发出了系列成形设备。其先进成形制造教育部重点实验室研制出国内第 1 台 EBSM-150 电子束快速制造装置，并与西北有色金属研究院联合开发了第 2 代 EBSM-250 电子束快速成形系统。基于此设备，西北有色金属研究院在电子束快速成形制造工艺及变形控制等方面进行了深入的研究，申请了相关专利，并制造出复杂的钛合金叶轮样件。西安交通大学也在电子束熔融直接金属成形，以及光固化成形等 3D 打印基础工艺方面有深入的研究，并自行研制了 LPS 系列用光固化树脂。不过，他们研发的树脂由于色泽、机械性能等较差，使用量很小。华中理工大学，早在 20 世纪 90 年代初就与新加坡 KINERGY 公司合作，开发出基于分层叠纸式（LOM）快速成形技术的 Zippy 系列快速成形系统，并建立起 LOM 成形材料性能的测试指标和测试方法。

LOM 技术的代表性单位是清华大学和华中科技大学。华中科技大学的史玉升团队在 SLS 方面有深入的研究，该校开发的 1.2m×1.2m 的“立体打印机”（基于粉末的激光烧结快速制造装备），是目前世界上最大成形空间的快速制造装备。西北工业大学的黄卫东团队采用 LENS 直接制造金属零件，并已成功地对航空发动机叶片进行了再制造修复。2007 年，华南理工大学与广州瑞通激光科技有限公司合作开发的 SLM 制造设备 DiMetal-280，在特定材料的关键性能方面可以与国外同类产品相媲美。但在成形过程稳定性控制、材料成分控制等方面与国外商品化设备还有一定的差距。中科院沈阳自动化研究所开展了基于形状沉积制造（Shape Deposition Manufacturing，SDM）原理的金属粉末激光成形技术（Metal Powder Laser Shaping，MPLS）研究，并成功地制备出具有一定复杂外形且能满足直接使用要求的金属零件。沈阳航空航天大学激光快速成形实验室也进行了 MPLS 方面的研究，并开发出相应的可以加工成形全密度金属功能近成形零件的系统。该系统能加工零件的最大成形尺寸为 200mm×200mm×100mm，精度达到 0.1mm。

我国金属零件直接制造技术也有达到国际领先水平的研究与应用，例如北京航空航天大学、西北工业大学和北京航空制造技术研究所制造出大尺寸金属零件，并应用在新型飞机研制过程中，显著提高了飞机研制速度。北京航空航天大学在激光堆积成形技术成形大型钛合金件研究方面卓有成就。该校的王华明教授成功开发出飞机大型整体钛合金主承力结构件激光快速成形工程化成套装备，并已成形出世界上最大的钛合金飞机主承力结构件，使我国成为世界上第一个，也是唯一一个掌握飞机钛合金大型主承力结构件激光快速成形技术并实现装机应用的国家。目前该技术已广泛应用于我国航空航天领域。

2. 企业方面

高校研究团队的相关研究成果往往是从事 3D 打印产业的各大公司的技术来源，为企事业提供技术支撑。国内比较著名的 3D 打印企业与高校之间的关系，及其从事 3D 打印产业的相关情况见表 1-1。

表 1-1　国内主要 3D 打印产业公司业务及其支撑科研团队

企业名称	技术支撑团队	3D 打印产业
北京太尔时代科技有限公司	清华大学颜永年团队	生产 FDM、SLA 工艺设备及光敏树脂、ABS 塑料打印材料
陕西恒通智能机器有限公司	西安交通大学卢秉恒团队	生产 SLA 工艺设备及光敏树脂打印材料

（续表）

企业名称	技术支撑团队	3D 打印产业
飞而康快速制造科技有限责任公司	英国伯明翰大学先进材料设计和加工研究室吴鑫华团队	高密度、高精度粉末冶金零件，各类新材料与复杂部件的研发、生产、销售
武汉滨湖机电技术产业有限公司	华中科技大学史玉升团队	生产 SLS、FDM、SLA、SLM、LOM 等工艺设备
上海富奇凡机电科技有限公司	华中科技大学王运赣团队	生产 SLS、FDM、SLA、SLM 等工艺设备
中科院广州电子技术有限公司	中科院广州电子技术研究所	生产 SLA 工艺设备
杭州先临三维科技股份有限公司	浙江大学 CAD&CG 国家重点实验室	从事打印服务，扫描、打印设备销售及打印材料研发
西安铂力特激光成形技术有限公司	西工大黄卫东团队	高性能致密金属零件的制造及修复
中航激光成形制造有限公司	北航王华明团队	金属零件打印服务

目前，国内从事 3D 打印产业的企事业单位根据其主要从事的 3D 打印产业内容大致可分为 3 类：主要从事打印材料研发的上游公司、从事相关打印设备研发与销售的中游公司，以及从事 3D 打印服务的下游公司。

另外，据悉，其他各大公司如广西玉柴、海尔集团，以及浙江的万向、吉利、众泰、海康威视、苏泊尔等大企业，也都已经利用 3D 打印技术进行新产品研发，以期利用先进技术提高自己产品的竞争力。

3. 各地政府方面

政府方面，为借助高科技，助推当地经济发展，各地政府、各省市纷纷出台措施，通过成立 3D 打印产业园，或建立 3D 打印产业加工和服务基地等方式大力支持当地 3D 打印相关产业发展，吸引 3D 项目投资。2013 年世界 3D 打印技术产业联盟发起成立，总部基地落户南京。6 月，华曙高科 3D 打印产业基地在长沙高新区开工建设，中国科学院湖南技术转移中心 3D 打印研发中心同时挂牌成立。7 月 20 日，香洲区与中国 3D 打印技术产业联盟签署《共建中国 3D 打印技术产业（珠海）创新中心合作协议》，3D 打印落户珠海香洲。同期，潍坊滨海区建设“中国 3D 打印技术产业加工和服务基地”，青岛市高新区盘古科技园建立 3D 打印产业园。另外，东莞天安数码城也在其园区规划专门空间作为 3D 打印产业化基地，并开展配套 3D 打印服务体系。

中西部地区，2013 年年初，武汉光谷未来科技城规划用地约 500 亩，投资额 1 亿元左右，建立滨湖机电 3D 打印生产基地。3 月，贵州省首个 3D 打印项目落户贵阳国家高新区。据报导，该项目将设立 3D 打印机研发中心，并计划 5 年内建成 3D 打印机规模化生产基地。6 月 27 日，成都增材制造（3D 打印）产业技术创新联盟成立，致力于打造国家航空产业 3D 打印示范基地。同年 11 月，绵阳高新区也着手规划建立西南 3D 打印技术研发、应用服务中心及产业化基地。另外，据悉，山西太原、陕西渭南等地也已着手建立 3D 打印产业园。

此外，随着 3D 打印技术的不断发展，打印设备价格持续走低，许多小微企业甚至个人也都涉足 3D 打印行业。自从 2012 年 11 月全国第 1 家 3D 打印体验馆“上拓 3D 打印体验馆”在京开馆以来，类似的照相馆/体验馆等 3D 打印服务实体店如雨后春笋般迅速在全国各大城市中蔓延开来。目前，国产桌面式 3D 打印设备售价仅几千元，3D 打印逐渐开始进入寻常百姓家。

4. 存在的问题

在技术研发方面，我国 3D 打印装备的部分技术水平与国外先进水平相当，但在关键器件、成形材料、智能化控制和应用范围等方面较国外先进水平落后。我国 3D 打印技术主要应用于模型制作，在高性能终端零部件直接制造方面还具有非常大的提升空间。例如，在增材的基础理论与成形微观机理研究方面，我国在一些局部点上开展了相关研究，但国外的研究更基础、系统和深入；在工艺技术研究方面，国外是基于理论基础的工艺控制，而我国则更多依赖于经验和反复的试验验证，导致我国 3D 打印工艺关键技术整体上落后于国外先进水平；材料的基础研究、材料的制备工艺以及产业化方面与国外相比存在相当大的差距；部分 3D 打印工艺装备国内都有研制，但在智能化程度与国外先进水平相比还有差距；我国大部分 3D 打印装备的核心元器件还主要依靠进口。

目前，我国 3D 打印产业处于起步阶段，存在一系列影响 3D 打印产业快速发展的问题。

第一，缺乏宏观规划和引导。3D 打印产业上游包括材料技术、控制技术、光机电技术、软件技术，中游是立足于信息技术的数字化平台，下游涉及国防科工、航空航天、汽车摩配、家电电子、医疗卫生、文化创意等行业，其发展将会深刻影响先进制造业、工业设计业、生产性服务业、文化创意业、电子商务业及制造业信息化工程。但在我国工业转型升级、发展智能制造业的相关规划中，对 3D 打印产业的总体规划与重视不够。

第二，对技术研发投入不足。我国虽已有几家企业能自主制造 3D 打印设备，但企业规模普遍较小，研发力量不足。在加工流程稳定性、工件支撑材料生成和处理、部分特种材料的制备技术等诸多环节，存在较大缺陷，难以完全满足产品制造的需求。而占据 3D 打印产业主导地位的一些美国公司，每年研发投入占销售收入的 10%左右。目前，欧美一些 3D 打印企业依托其技术优势，正加紧谋划拓展我国市场。我国对 3D 打印技术的研发投入与美国有较大差距，占销售收入的比重很少。

第三，产业链缺乏统筹发展。3D 打印产业的发展需要完善的供应商和服务商体系和市场平台。在供应商和服务商体系中，包含工业设计机构、3D 数字化技术提供商、3D 打印机及耗材提供商、3D 打印设备经销商、3D 打印服务商。市场平台包含第三方检测验证、金融、电子商务、知识产权保护等支持。而目前国内的 3D 打印企业还处于“单打独斗”的初级发展阶段，产业整合度较低，主导的技术标准、开发平台尚未确立，技术研发和推广应用还处于无序状态。

第四，缺乏教育培训和社会推广。目前，我国多数制造企业尚未接受“数字化设计”、“批量个性化生产”等先进制造理念，对 3D 打印这一新兴技术的战略意义认识不足。企业购置 3D 打印设备的数量非常有限，应用范围狭窄。在机械、材料、信息技术等工程学科的教学课程体系中，缺乏与 3D 打印技术相关的必修环节，还停留在部分学生的课外兴趣研究层面。

1.2.3 3D 打印技术发展趋势

1. 难点与挑战

3D 打印技术代表着生产模式和先进制造技术发展的趋势，产品生产将逐步从大规模制造向定制化制造发展，满足社会多样化需求。目前 3D 打印 2012 年直接产值约 22 亿美元，仅占全球制造业市场的 0.02%，但是其间接作用和未来前景难以估量。3D 打印优势在于制造周期短、适合单件个性化需求、大型薄壁件制造、钛合金等难加工易热成形零件制造、结构复杂零件制造，在航空航天、医疗等领域，产品开发阶段，计算机外设发展和创新教育上具有广阔发展空间。

3D 打印技术相对传统制造技术还面临许多新挑战和新问题。目前增材主要应用于产品研发，使用成本高（10～100 元/g），制造效率低，例如金属材料成形为 100～3 000g/h，制造精度尚不能令人满意。其工艺与装备研发尚不充分，尚未进入大规模工业应用。应该说目前 3D 打印技术是传统大批量制造技术的一个补充。任何技术都不是万能的，传统技术仍有强劲的生命力，3D 打印应该与传统技术优选、集成，形成新的发展增长点。对于 3D 打印技术需要加强研发，培育产业，扩大应用。通过形成协同创新的运行机制，积极研发、科学推进，使之从产品研发工具走向批量生产模式，技术引领应用市场发展，改变人们的生活。

2. 3D 打印技术发展趋势

（1）向日常消费品制造方向发展

3D 打印是国外近年来的发展热点。该设备称为 3D 打印机，将其作为计算机一个外部输出设备而应用。它可以直接将计算机中的 3D 图形输出为 3D 的彩色物体。在科学教育、工业造型、产品创意、工艺美术等有着广泛的应用前景和巨大的商业价值。其发展方向是提高精度、降低成本、向高性能材料发展。

（2）向功能零件制造发展

采用激光或电子束直接熔化金属粉，逐层堆积金属，形成金属直接成形技术。该技术可以直接制造复杂结构金属功能零件，制件力学性能可以达到锻件性能指标。进一步的发展方向是进一步提高精度和性能，同时向陶瓷零件的 3D 打印技术和复合材料的 3D 打印技术发展。

（3）向智能化装备发展

目前 3D 打印设备在软件功能和后处理方面还有许多问题需要优化。例如，成形过程中需要加支撑，软件智能化和自动化需要进一步提高；制造过程，工艺参数与材料的匹配性需要智能化；加工完成后的粉料或支撑需要去除等问题。这些问题直接影响设备的使用和推广，设备智能化是走向普及的保证。

（4）向组织与结构一体化制造发展

实现从微观组织到宏观结构的可控制造。例如在制造复合材料时，将复合材料组织设计制造与外形结构设计制造同步完成，在微观到宏观尺度上实现同步制造，实现结构体的设计—材料—制造一体化。支撑生物组织制造、复合材料等复杂结构零件的制造，给制造技术带来革命性发展。

3. 关键技术

（1）智能化增材制造装备

增材制造装备是高端制造装备重点方向，在增材制造产业链中居于核心地位。增材制造装备集成了制造工艺、核心元器件和技术标准及智能化系统。面向装备发展需求，应重点研究装备的系统集成和智能化，包括：多材料、多结构、多工艺增材制造装备，增材制造数据规范与软件系统平台，材料工艺数据库建设与装备的智能控制，增材制造装备关键零部件及系统集成技术。

（2）增材制造材料工艺与质量控制

增材制造的材料累积过程对构件成形质量有重要影响，主要体现在零件性能和几何精度上。为保证制造质量，需要不断研发面向增材制造的新材料体系；通过材料、工艺、检测、控制等多学科交叉，提升制件质量。研究内容包括：面向增材制造的新材料体系，金属构件成形质量与智能化工艺控制，难加工材料的增材制造成形工艺，增材制造材料工艺的质量评价标准。

（3）功能驱动的材料与结构一体化设计

增材制造因其降维和逐点堆积材料的原理，给设计理论带来了新的发展机遇。一方面突破了传统制造约束的设计理念，为结构自由设计提供可能，另一方面超越传统均质材料的设计理念，为功能驱动的多材料、多色彩和多结构一体化设计提供新方向。研究内容包括：功能需求驱动的宏微结构一体化设计，多材料、多色彩的结构设计方法与智能化制造工艺集成，面向增材制造工艺的设计软件系统。

（4）生物制造

增材制造技术与生物医学结合形成了新的学科方向——生物制造（Biofabrication）。它是制造、材料、信息和生命科学的交叉融合，目标是为生物组织从细胞和生物材料向有形大结构组织和器官发展提供结构载体；研发定制化组织器官及其替代物，发展新兴产业，为人类健康服务。重点研究包括：个性化人体组织替代物及其临床应用，人体器官组织打印及其与宿主组织融合，体外生命体组织仿生模型的设计与细胞打印。

（5）云制造环境下的增材制造生产模式

发挥并利用全社会智力和生产资源是未来社会形态变革的方向，增材制造正是促进这一社会模式形成的技术动力。新一代生产模式趋向于集散制造发展，实现工艺、数据、报价统一，形成众创、众包、众筹的运作方式。因此，需要技术和管理的集成创新，需要开展制造学科与管理学交叉融合的研究与应用实践。主要研究包括：增材制造技术与传统制造工艺的技术集成，增材制造服务业对社会化生产组织模式变化的影响，效益驱动的分散增材制造资源与传统制造系统的动态配置，分散社会智力资源和增材制造资源的快速集成。

1.3 3D 打印技术的主要应用

1.3.1 3D 打印技术应用领域

3D 打印机的应用领域可以是任何行业，只要这些行业需要模型和原型。正如康奈尔大学（Cornell University）副教授、该校创意机器实验室（Creative Machines Lab）主任霍德·利普森（Hod Lipson）所说：“3D 打印技术正悄悄进入从娱乐到食品，再到生物与医疗应用等几乎每一个行业。”目前，3D 打印技术已在工业设计、模具制造、机械制造、航空航天、文化艺术、军事、建筑、影视、家电、轻工、医学、考古、教育等领域都得到了应用。随着技术自身的发展，其应用领域将不断拓展。3D 打印技术在上述领域中应用主要体现在以下几个方面。

1. 设计方案评审

借助于 3D 打印的实体模型，不同专业领域（设计、制造、市场、客户）的人员可以对产品实现方案、外观、人机功效等进行实物评价。

2. 制造工艺与装配检验

3D 打印可以较精确地制造出产品零件中的任意结构细节，借助 3D 打印的实体模型结合设计文件，就可有效指导零件和模具的工艺设计，或进行产品装配检验，避免结构和工艺设计错误。

3. 功能样件制造与性能测试

3D 打印的实体原型本身具有一定的结构性能，同时利用 3D 打印技术可直接制造金属零件，或制造出熔（蜡）模；再通过熔模铸造金属零件，甚至可以打印制造出特殊要求的功能零件和样件等。

4. 快速模具小批量制造

以 3D 打印制造的原型作为模板，制作硅胶、树脂、低熔点合金等快速模具，可便捷地实现几十件到数百件零件的小批量制造。

5. 建筑总体与装修展示评价

利用 3D 打印技术可实现模型真彩及纹理打印的特点，可快速制造出建筑的设计模型，进行建筑总体布局、结构方案的展示和评价。

6. 科学计算数据实体可视化

计算机辅助工程、地理地形信息等科学计算数据可通过 3D 彩色打印，实现几何结构与分析数据的实体可视化。

7. 医学与医疗工程

通过医学 CT 数据的三维重建技术，利用 3D 打印技术制造器官、骨骼等实体模型，可指导手术方案设计，也可打印制作组织工程和定向药物输送骨架等。

8. 首饰及日用品快速开发与个性化定制

利用 3D 打印制作蜡模，通过精密铸造实现首饰和工艺品的快速开发和个性化定制。

9. 动漫造型评价

借助于动漫造型评价可实现动漫等模型的快速制造，指导和评价动漫造型设计。

10. 电子器件的设计与制作

利用 3D 打印可在玻璃、柔性透明树脂等基板上，设计制作电子器件和光学器件，如 RFID、太阳能光伏器件、OLED 等。

1.3.2　3D 打印技术行业应用

1. 交通行业

3D 打印技术在汽车行业中应用主要包括汽车设计、结构复杂零件的直接制作、汽车上的轻量化结构零件的制作、定制专用的工件和检测器具、整车模型的制作。

日本大发为敞篷跑车定制 3D 打印模块化部件，大发公司使用了 Stratasys 公司的 Fortus 450mc 3D 打印机打印出 12 个不同类型的 Effect Skins（影响皮肤）部件，如图 1-1 所示，每个部件都有 10 种不同颜色的变化。这些部件都是使用具有高 UV 稳定性的 ASA 热塑性材料打印的，该项目允许客户在需要的时候改变这些“皮肤”，甚至可以自己定义想要的模块。Effect Skins 允许客户对汽车的前后保险杠以及车标等周围区域进行定制，使得每辆车都显得与众不同。

世界上第一款采用 3D 打印零部件制造的电动汽车，名为 Strati，由美国亚利桑那州的 Local Motors 汽车公司打造。Strati 的车身一体成形，由 3D 打印机打印，共有 212 层碳纤维增强热塑性塑料，如图 1-2 所示。辛辛那提公司负责提供制造 Strati 使用的大幅面增材制造 3D 打印机，能够打印 3 英尺×5 英尺×10 英尺的零部件，碳纤维增强 ABS 塑料的熔融沉积速度可达到每小时 40 磅，能够打印 3 英尺×5 英尺×10 英尺的零部件。Strati 只有 40 个零部件。除了动力传动系统、悬架、电池、轮胎、车轮、线路、电动马达和挡风玻璃外（大部分来自一辆雷诺 Twizy 或者采用传统制造技术制造），包括底盘、仪表板、座椅和车身在内的余下部件均由 3D 打印机打印，所用材料为碳纤维增强热塑性塑料。

图 1-1　3D 打印模块化部件

图 1-2　3D 打印电动汽车

FIX3D 自行车架如图 1-3 所示。它是定制化、一次性 3D 打印出来的运动装备，特别之处在于尽量减少用料的轻量化设计。它采用了格栅结构，来实现比传统自行车架更轻却强度更高的效果，并且采用 3D 打印技术一体化成形。这辆自行车展示了 3D 打印技术在未来人们出行中能够发挥的关键作用——节省能源和资源，更加环保。

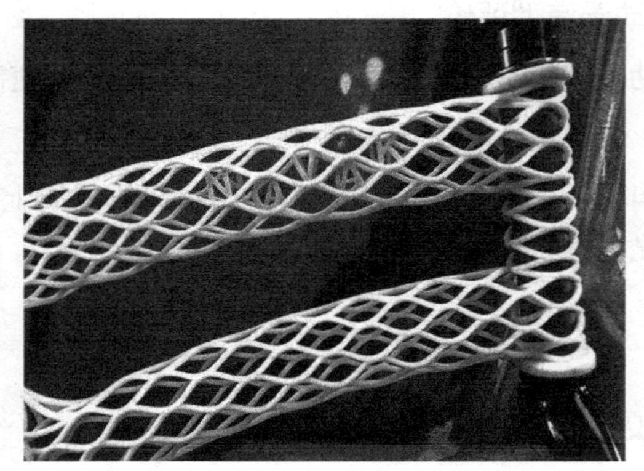

图 1-3　FIX3D 自行车

来自意大利帕多瓦的 Eurocompositi 设计工作室开发出了一款让人惊艳的 PLA 材质 3D 打印山地车车架 Aenimal Bhulk，如图 1-4 所示，并由此获得了 2015 Eurobike 产品设计金奖。为了足以承受使用者的体重以及这项运动所有苛刻的要求，创新设计了复杂的多组分蜂窝填充框架结构，并且是第一款用可生物降解、回收和再生材料 3D 打印的山地自行车框架。

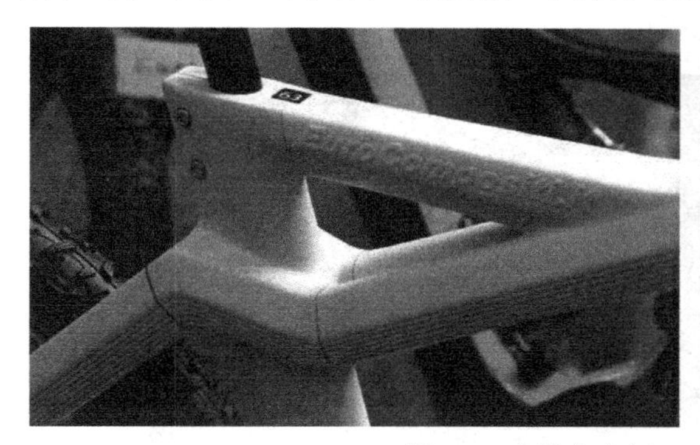

图 1-4　山地车车架 Aenimal Bhulk

2. 食品行业

3D 打印技术在食品行业也有较好的应用，目前世界上已有多种不同种类的 3D 打印机。有糖果 3D 打印机、水果 3D 打印机、食物 3D 打印机、巧克力 3D 打印机等。食物 3D 打印机只是对烹饪前的食物进行配置，烹饪过程还需要人工操作。3D 打印在食物制作方面的长处如下：首先，3D 打印机根据食材配置进行制作，营养均衡；其次，3D 打印机简化了做饭过程。

由英国埃克塞特大学研究人员研发的 3D 巧克力打印机，如图 1-5 所示。其打印原理与普通喷墨打印机基本相似，只是使用的耗材并非普通打印机墨水，而是用液态巧克力作为“油墨”进行打印。利用该 3D 巧克力打印机，可以制作专属于自己的巧克力模型，作出各种图案和形状，例如巧克力日用品、巧克力服装，甚至是巧克力电视和手机。

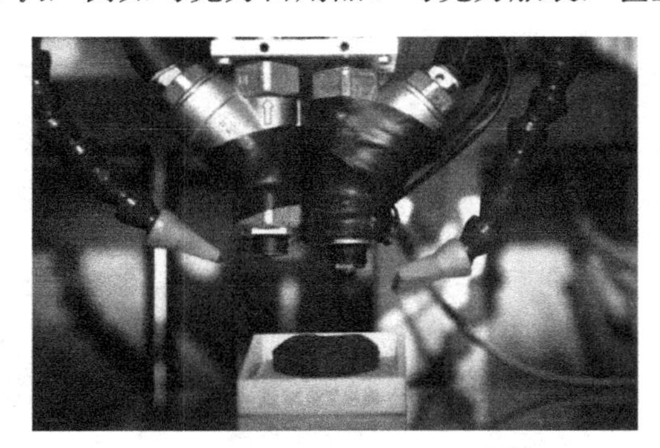

图 1-5　3D 巧克力打印机

Foodini 是 Natural Machines 公司发明的一款 3D 食物打印机，如图 1-6 所示。它可以让人们自行打印食物，这种机器可以用把新鲜原料加工成可以食用的成品，比如蛋糕和小饺子。无须满身大汗地在炉火前烹煮，轻轻松松就能制作出美味食品。Foodini 内设的五个胶囊可以用来存储不同食材，就如同普通打印机装有不同颜色的墨盒一般。它所制作出的食物形状、大小和用量都由计算机操控。这款 Foodini 3D 食物打印机，融合了技术、食物、艺术和设计于一身，能够制作汉堡、比萨、意大利面和各类蛋糕等多种食物。具体的使用方法是这样的，首先使用者要把新鲜食材搅拌成泥状后装入胶囊内，然后在该设备的控制面板上选择想要做的食物图标就可启动制作。Foodini 上有 6 个喷嘴，可以通过不同的组合，制作出各种各样的食物。用户还能通过 Foodini 自主决定食物的形状、高度、体积等，不仅能做出扁平的饼干，也能完成巧克力塔，甚至还能在食物上完成卡通人物等造型。不过，这台机器不负责烹煮食物，用户得把打印好的食物加热煮熟才能享用。

图 1-6　3D 食物打印机 Foodini

3. 家居行业

VOLUME.MGX 夜灯如图 1-7 所示，它展示了通过 3D 打印技术制作出概念化产品的可能，同时减少材料和资源的消耗。夜灯被设计为铰链式结构，外罩可以伸缩和折叠，以便于借助 3D 打印技术实现，并且尽可能少地使用尼龙粉末材料，从而节省材料和时间。打印时灯体是折叠起来的，完成后能够展开到完全体。VOLUME.MGX 夜灯在结构上的巧妙设计，使得它既便于在 3D 打印机中打印成形，又能够展开形成美观的形态。

图 1-7　VOLUME.MGX 夜灯

设计师 Janne Kyttanen 作为 3D 打印的先驱，他的理念是最大限度地减少能源消耗和降低家具生产运输的成本。如图 1-8 所示的这款名叫 So Good 的长 1.5m 的躺椅沙发就是模仿蜘蛛网和蚕茧自然结构的布局，用最少的材料（仅 2.5 升的树脂）创造出了尽可能大的强度（可承受多达 100 公斤力）。它无论从外形还是材料上，都对传统沙发做出了很大的突破。So Good 鸟巢沙发主要采用 3D 打印技术，由紫外激光作用于光化反应的树脂。它由 6 000 个 0.099mm 的层一层层累积而成，并且镀有铜和铬以保证表面的光洁度和沙发的轻量化（重 2.5kg）。同时树脂材料的柔韧性和符合人体弧度的座位形状也提供了最大程度的舒适。

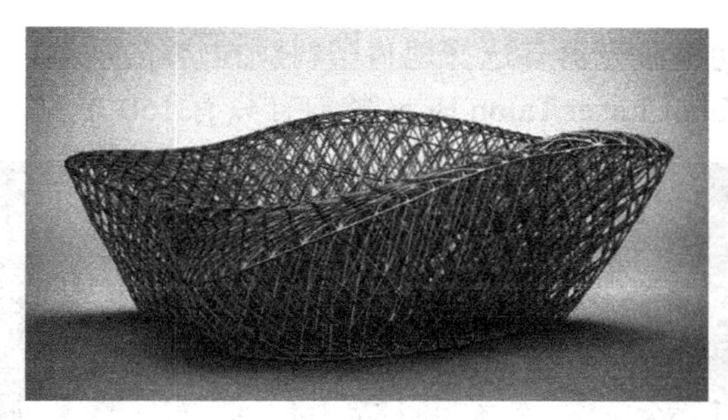
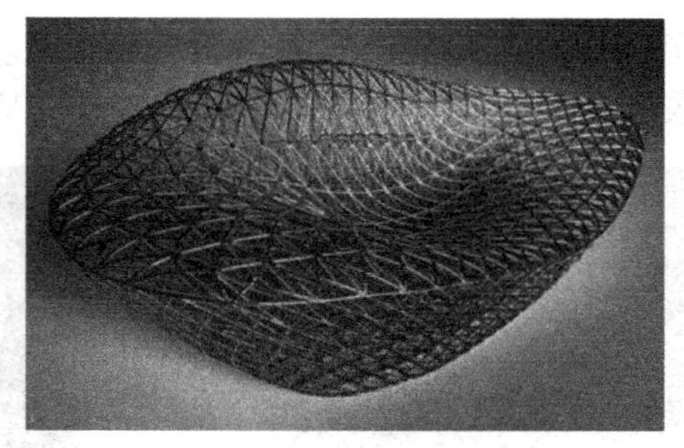

图 1-8　So Good 鸟巢沙发

4. 建筑行业

英国 Adrian Priestman 建筑公司声称他们已经设计并安装好用于建筑行业的 3D 打印零件，并表示这是人们首次将 3D 尼龙烧结技术应用于建筑领域。这家公司设计的产品实际上是一种装饰用尼龙网罩，施工地点为重新装修的 6 Bevis Marks 办公大楼，一座位于伦敦市中心的 16 层大楼。设计师首先测量好每个连接部分的结构，然后通过 3D 建模软件建模，接着分成几部分，采用选择性激光烧结工艺打印，然后掩盖到缺乏美感的立柱连接处。设计寿命为 15～20 年，这个如图 1-9 所示的 3D 打印网罩是用来包住立柱和多根网状支撑臂相连接的复杂结构，主要作用为修饰，这些柱子和支撑臂共同撑起一个 EFTE 塑料穹顶。之所以采用 3D 打印结构，是因为通常状况下所采用的铸铁节点无法满足该项目的现实要求和美学要求，因为这些铸铁结构不够精确，人们还可以看到残留在钢铁表面的处理痕迹。

来自 Design Lab Workshop 的 Brian Peters 和 Daphne Firos 是两位热衷于探索 3D 打印技术的建筑师。他们一直忙着尝试各种方法将增材制造融入各种建筑结构的制造中。该设计团队一直专注于一个实验性的建筑结构，这种结构结合了新的制造技术（3D 打印）、新的智能技术（光传感器和光电）和可再生能源（太阳能）。具体来说，它是由 94 块数字化设计制造的模块化 3D 打印构件组成的，被开发者称为太阳能字节亭（Solar Bytes Pavillion）（图 1-10）。这个太阳能字节亭通过其实验性的嵌入技术，在白天吸收太阳能存储起来，然后在晚上变成一个发光的结构。这 94 个模块每个都是用美国肯特州立大学机器人制造实验室的一台 6 轴机械臂 3D 打印而成的。研究人员将一把 Mini CS 热溶胶枪装在了 6 轴机器人臂上，做了一个临时的 FDM（熔融沉积成形）3D 打印系统，而那把热熔胶枪就当挤出机使用了。每个模块都是用半透明的塑料 3D 打印的，这样该结构可以在白天过滤阳光，而穿过的光线还能照射在传感器上，使其能够控制字节亭晚上发光。为了增强该结构的夜间光照效果，建筑师使用了一种可互锁的卡扣接头，以减少各模块之间的间隔距离，同时还使得该结构的拱能够更好地支撑。此外，建筑师们将其设计成拱形结构也是为了更好地跟踪太阳在一天时间里的直射路径，从而每一天都能获得尽可能多的太阳能。该结构的内置的每个太阳能电池都是独立工作的，其主要任务就是为每个 LED 捕捉和存储能量。如果哪一天由于云层覆盖导致获得的太阳能较少，那么晚上这个太阳能字节亭也就没那么亮，反之亦然。

5. 服饰行业

著名运动品牌耐克公司就设计出了一款如图 1-11 所示的 3D 打印的足球鞋。这款 3D 打印的耐克鞋名为 Vapor Laser Talon Boot（蒸汽激光爪），整个鞋底都采用 3D 打印技术制造。该鞋还拥有优异的性能，能提升足球运动员在前 40 米的冲刺能力。这双 3D 打印足球鞋基板采用了选择性激光烧结技术，通过一个大功率激光器有选择地将塑料颗粒烧结而成。该技术能使鞋子减轻自身重量并缩短制作过程，Vapor Laser Talon Boot 整双鞋只有 150 多克。

图 1-9　3D 打印网罩

图 1-10　太阳能字节亭（Solar Bytes Pavillion）

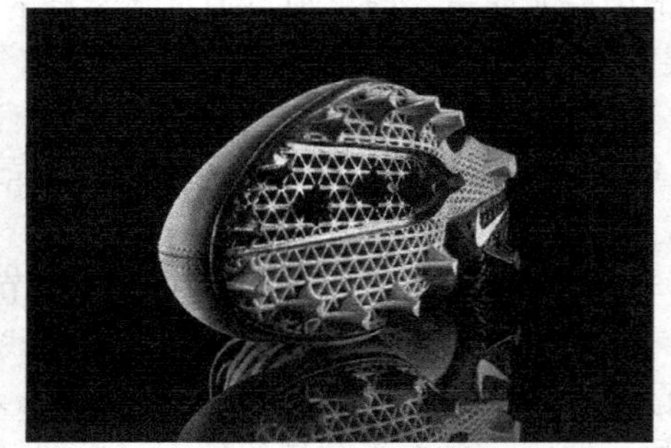

图 1-11　Vapor Laser Talon Boot（蒸汽激光爪）

3D 打印企业 Shapeways 推出了黄金 3D 打印服务。其实 Shapeways 并没有纯正的黄金 3D 打印技术，它用了相对取巧的办法：用蜡 3D 打印成形后以石膏包裹，然后让蜡融化流出，将黄金液化后灌进模具里冷却，之后敲掉模具即可，黄金饰品如图 1-12 所示。位于美国 Somerville 的一家珠宝设计公司 Nervous System，就 3D 打印出了一件 18K 金的 Kinematics 黄金手链，如图 1-13 所示。

图 1-12　3D 打印黄金饰品

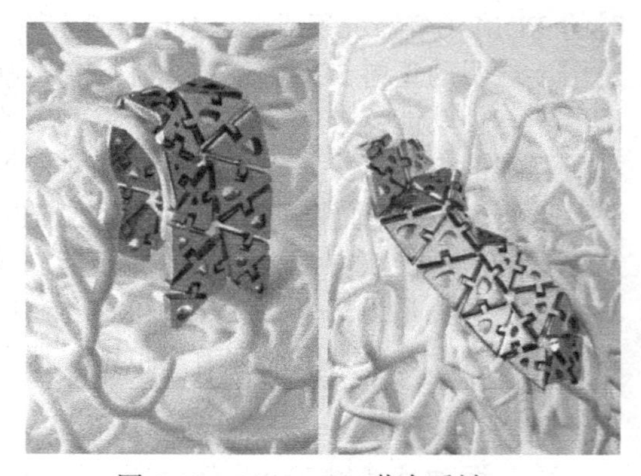

图 1-13　Kinematics 黄金手链

6. 生物医疗

来自英国普利茅斯大学的机器人专业毕业生 Joel Gibbard 凭借他设计的原型 3D 打印机械

手获奖。Gibbard 称可以在短短 40 个小时内通过 3D 扫描患者的截肢就可以为其定制做出非常轻便的机械手，如图 1-14 所示，而且仅需 3 000 美元的成本。目前市场上定制的机械手大部分需要数周或数月来制成，价格从到 3 万到 9.5 万美金不等。

吉伯德设计的机械手由 3D 打印的 4 个独立部分组成。机械手通过紧贴于使用者皮肤上的传感器侦测肌肉运动，再利用这些肌肉电讯号控制手的抓握动作。使用者收缩一次肌肉便可控制手指的展开和闭合，收缩两次肌肉就可使机械手完成轻握动作。使用者本人无法具体感觉到手指正在接触的究竟是何物，但当传感器接触到物体时却能分辨出来，从而控制手指的施力强度。这样，即便握住类似鸡蛋一样的易碎物品也不会将其弄碎。利用一种配置特殊传感器的小平板，吉伯德在数分钟之内就能对一名使用者做出综合判断，然后在 40 小时内 3D 打印出机械手的各个部件，再需两小时就能成功装配一只机械手。他最初的设计主要是采用塑料部件，用螺栓将其与其他一些现成部件组装在一起，耗时长且易折断。新设计采用了热塑性弹性体，需要打印的部件数量只有 4 个，还具有柔性接头。这意味着新机械手能承受更大的撞击力，需要更少的装配流程，因此可以节约成本和时间，其性能也得到了改善。

科学家一直致力于使用生物 3D 打印技术培养可移植的人工组织和器官。但由于无法在组织和器官的内部打印出血管，从而持续地为人工器官输送养分、代谢废物，因此目前的 3D 打印器官能够存活的时间非常短。而哈佛大学获得最新的突破，可以打印出维持生物学功能的并可以存活超过六个星期的组织，如图 1-15 所示。哈佛大学的研究人员在整个打印过程中使用了三种生物墨水。其中第一种墨水含有细胞外基质，这是一种由水、蛋白质和碳水化合物构成的复杂混合物，用于连接每个细胞，从而形成一个组织。第二种墨水包含细胞外基质和干细胞。第三种用于打印血管，这种墨水在冷却过程中融化，所以研究人员可以从冷却的物质中将墨水抽出来，并保留空心管。打印的过程是，首先使用一种 3D 打印的硅胶模具作为人造组织的“容器”。接下来按照设计方案在模具中打印出血管网络，然后将含有人体干细胞的墨水打印在上面。这些墨水有足够的强度做到自我支撑，在组织不断增长的过程中保持形状。然后在血管网格内部的交叉处打印出血管，这些血管网格相互连接。研究人员接下来将血管内皮细胞注入血管，让这些细胞生长为血管内壁。打印血管的油墨属性非常特殊，它们在冷却之后将会融化，只留下由内皮细胞长成的人工血管壁。以上工作都完成之后，研究人员将包含细胞外基质的墨水填充进模具。最终培养出内部充满毛细血管的人工组织。研究人员通过硅胶模具两端的出入口向该组织输入营养物质，以保证细胞存活。人工血管将通过将细胞生长因子运送至整个人工组织，促进干细胞的定向分化，从而形成更厚的组织。不仅如此，哈佛大学的研究人员表示，这些包含丰富血管的人工组织，如果将来被移植到人体，还能够让它们尽快与人体“连接”在一起，尽快在人体内存活下来。

图 1-14　3D 打印机械手

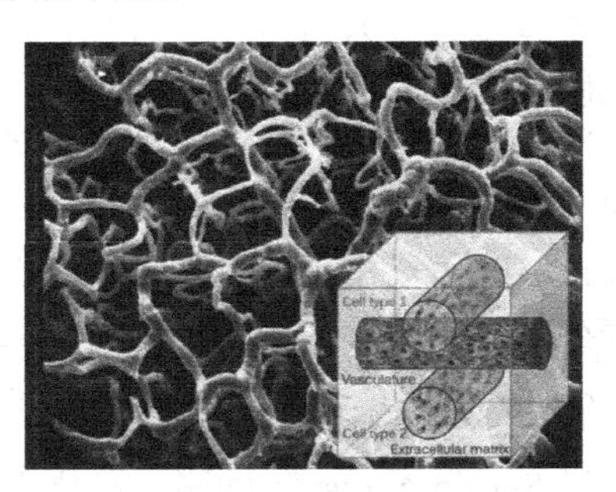

图 1-15　3D 打印人工组织

哈佛大学的这项技术使得生物 3D 打印拥有了在组织内的预制血管的突破，并通过灌注营养物质和生长因子等物质来调节这些细胞的功能。用通俗的话来理解，就是可以让干细胞按照科学家的“命令”生长为人们需要的细胞。这将人类在组织工程学领域的研究推向新的里程碑。这类研究将进一步扩展 3D 打印的人体组织在药物安全、毒性筛查方面的应用，并最终可用于组织修复和再生。

一名 54 岁的西班牙癌症患者，在自己的胸腔内植入了 3D 打印技术制成的世界上首个胸骨+肋骨的一体式植入物，如图 1-16 所示。同时这也是目前世界上最大的、完全根据患者的特征来量身定制的 3D 打印人体植入物。为了能够完成这个一体式植入物的替换，西班牙 Salamanca 大学医院的医疗团队首先联合 Anatomics 公司。利用该公司采用高分辨率 CT 扫描，精确地进行了患者的胸壁和肿瘤的三维重建。这样能够为外科医生提供最为准确的资料，外科医生根据资料能够确定手术中需要切出的范围。同时，利用 CT 扫描数据创建了 3D 打印模型，而后通过价值 130 万澳元的 Arcam 3D 打印机进行打印。随后，打印出来的金属物被迅速送往西班牙的医院进行植入。

杭州电子科技大学与杭州先临三维旗下控股子公司捷诺飞联合在杭州鉴定并发布国内首个商品化 3D 打印肝单元“Regenovo 3D Liver”，如图 1-17 所示，以及下一代生物 3D 打印工作站“Regenovo 3D bio-print Work Station”。用人源细胞 3D 打印的组织构建病理模型，能准确反映化学和生物药物在人体内的药理活性，从而提高药物筛选成功率。

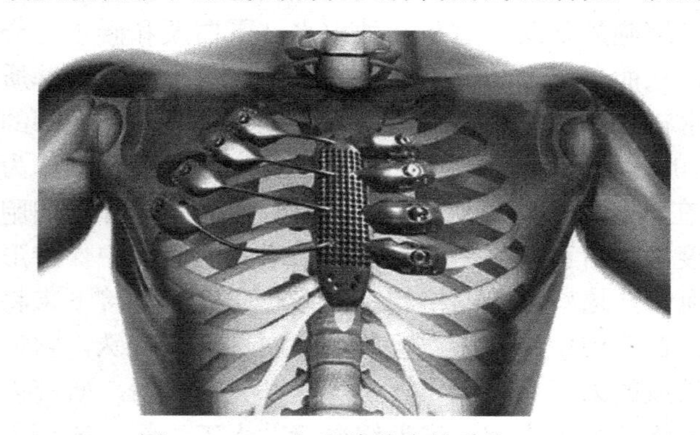

图 1-16　3D 打印胸腔内植入物

图 1-17　3D 打印肝单元

7. 模具制造

3D 打印技术在模具行业中的应用，主要分为三个方面：直接制作手板、间接制造模具（利用 3D 打印的原型件，通过不同的工艺方法翻制模具，如硅橡胶模具、石膏模具、环氧树脂模具、砂型模具等）、直接制造模具（利用 SLS、DMLS、SLM 等 3D 打印工艺直接制造软质模具或硬质模具）。

汽车组件嵌入式模具——镶嵌件的冷却系统改善，如图 1-18 所示，可以缩短生产周期，加快产品上市进度集成式设计加上一体成形，明显改善嵌入式模具的质量。镶嵌件层厚度仅 40μm。嵌入式模具具有加工累积公差少，刚性高，分解和组合时的精度再现性良好，调整工程少等优点，已成为精密冲压模具的主流。

8. 文物考古

当 Sergio Azevedo 勘察一段位于巴西 Sao Paulo 省境内的一段老铁路时，发现了一个未知

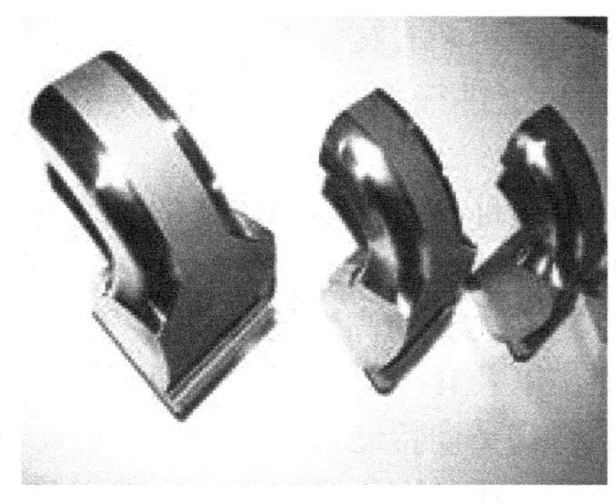
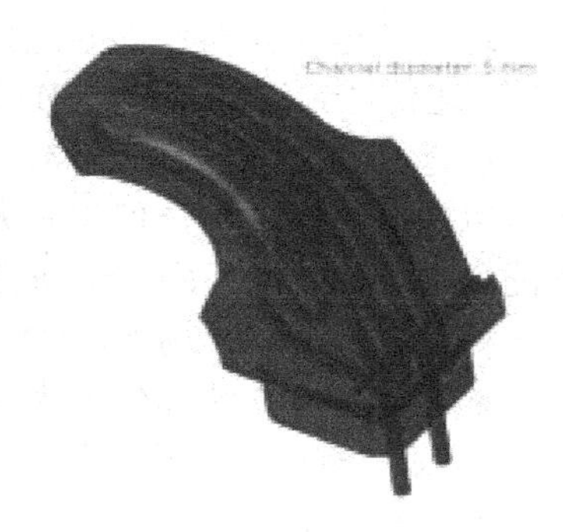

图 1-18　汽车组件嵌入式模具镶嵌件的冷却系统

动物的化石骨骼。Azevedo 探索并找到了解决这一考古学难题的方法，同时也解决了在发掘过程中因敲打而对古化石造成伤害的这个难以避免的问题。那就是扫描并打印化石。Azevedo 的研究组位于里约的巴西自然博物馆，他们首先运用一台可携带的 CT 扫描仪来决定样品在地下的方位，然后将含有化石的一大块石块整体切割下来运回实验室，在这里他们再用一台功能更为强大的扫描仪对化石做进一步扫描建模，最后用树脂将化石 3D 打印复制出来，如图 1-19 所示。这种方法让我们能安全地得到化石的内部结构而无须动用传统的古生物学方法。研究发现化石是一个新发现的物种：一条在 750 万年前灭绝的鳄鱼。

如图 1-20 所示，这具有 250 万年历史的古人类头骨是 Gonzalo Martinez 使用 Faro LLP scanner 扫描实物，进而打印出的 3D 头骨模型。实物一旦经过扫描，3D 图像就会被发送到 Objet Connex500 进行打印，为了达到这种光滑的“像冰一样”的效果，Gonzalo Martinez 使用的是 Objet 最新透明 VeroClear 材料。Objet 技术的使用确保他们能够将真实头骨的复制品制作得天衣无缝。

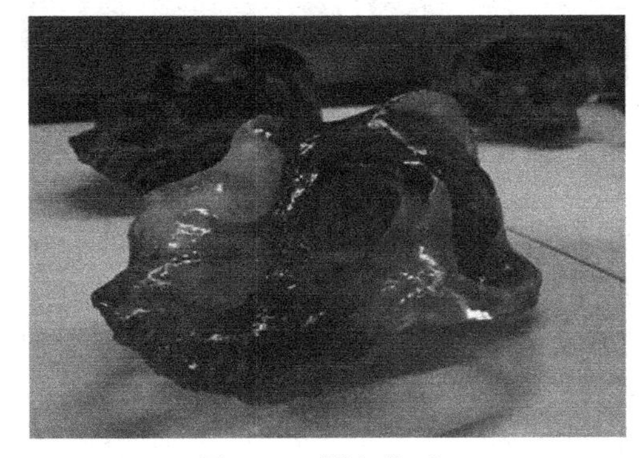

图 1-19　鳄鱼化石

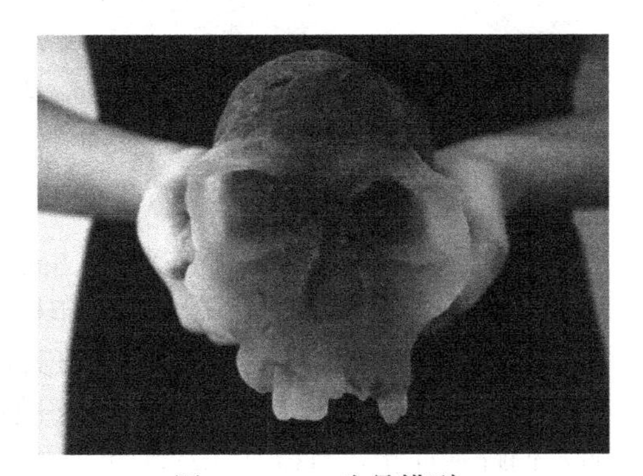

图 1-20　3D 头骨模型

9. 国防军工

2014 年 12 月 Essex 航空母舰上就 3D 打印了一架无人机，如图 1-21 所示，这个无人机被设计为可加载一部发报机和一个微型摄像机，它能够将实时视频传送给船上水手戴着的一个头戴式显示器上。显然它的任务是监控船只，以帮助制止海上的毒品走私和抢掠行为。有关这些无人机的数据文件可以从陆地通过卫星传送到 Essex 航空母舰，最终传送到舰队的其他舰艇上，然后这些数据文件可以在几个小时内被 3D 打印出来。然后由舰上人员将其与舰上存储的其他电子器件组装在一起，以创建出所需要的几乎任何类型的无人机。这样船舶只要带着少量无人机上通用的电子元器件离开港口。无人机的主体完全是定制的，由陆地上的研究机构负责设计，迅速传送到这些舰艇的3D打印机上进行快速制造，而无人机的设计可以根据执行任务的不同进行分别设计。

美军头盔可以防御弹道武器，但没有人知道这种头盔防御冲击波的能力有多强。美国陆军研究实验室的科学家们使用不同方法研究冲击波对颅骨内侧、外侧方方面面的影响。3D打印即为其中的一种研究方法，战场上，C4或TNT之类的高性能炸药会产生超压冲击波，严重损害大脑。为了解这种冲击波如何使大脑受伤以及其严重程度，从而制作出不仅保护头部更能保护大脑的头盔，美国陆军研究实验室的研究员们特地参考二三十岁的士兵头骨，打造了人造颅骨。它们不只形似，而且仿真生理机能，通过实验模拟战场上的爆炸，研发新型军用头盔的护具、外壳和其他防护装备。

美国陆军研究实验室通过3D打印技术和合成材料，研究仿真头骨。研究人员使用CT扫描图像生成右侧头骨的几何形状和结构，3D打印出类骨替代物模型，如图1-22所示，以在模拟爆炸和冲击环境下测试新头盔护具。研究目的在于决定护具和头盔外壳材料，以保护头部免于受伤。对头部和头盔的反应进行模拟建模，研究怎样的护具属性才能在各种场景下降低受伤程度。然后，根据这些属性制成材料，在实验室中进行测试，验证计算机模拟的情景。研究出最佳材料结构和材料组合，实现能量的快速吸收，同时保证佩戴舒适。

图1-21　3D打印无人机

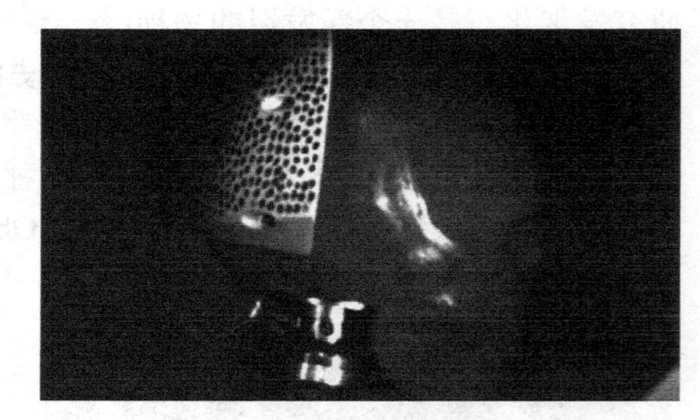

图1-22　3D头骨模型

10. 文化教育

法国公司Le Fabshop的设计师Samuel Bernier为小朋友们发起了一个名为Open Toys的项目，如图1-23所示，利用3D打印机把蔬菜变成各种有趣的样子。配件包括轮子、机翼、螺旋桨以及驾驶舱，小朋友们可以将其与蔬菜随心搭配，创造出各种有趣的玩具。在一个巴黎的展览中，Bernier展示Open Toys项目。当时他将零部件和各种水果一起摆在桌子上，小朋友们蜂拥而至，自得其乐地玩起了“积木玩具”，将土豆、胡萝卜、苹果做成一个个潜水艇、飞机的样子。这个游戏根本没有任何规则，只需要发挥创造力就好了。

图1-23　Open Toys项目

3D 打印的数学学习模具，如图 1-24 所示，孩子在学习数学的时候，能够变得更有意思，益智且又启蒙。

图 1-24　3D 打印的数学学习模具

11. 航空航天

俄罗斯首个 3D 打印的立方体卫星（CubeSat）Tomsk-TPU-120 将于 2016 年的 3 月 31 日搭载一枚进步 MS-2 火箭进入国际空间站，并由空间站上的宇航员通过太空行走将其放入太空轨道上。该卫星将围绕地球飞行半年的时间。如图 1-25 所示，Tomsk-TPU-120 是一个标准的立方体卫星，外形方方正正，尺寸为 300mm×100mm×100mm。该卫星的外壳是使用经俄罗斯宇航局批准的材料 3D 打印而成的，大部分是塑料部件。为卫星提供动力的电池组外壳，是用氧化锆陶瓷材料 3D 打印而成的。使用陶瓷材料能够不受太空温度剧烈变化的伤害，从而延长电池组的寿命。在 Tomsk-TUP-120 卫星的 3D 打印外衣之内，是各种传感器，用来记录电路板、外壳、电池的温度以及电子数据。这些数据将会实时传送到地球，俄国科学家将据此分析材料的状况，并决定是否会在未来的航天器制造中使用这些材料。

Inconel 718 合金的盘类、环类、叶片、轴类和壳体部件被用于下一代火箭发动机零部件。NASA 通过美国俄勒冈州的 Metal Technology（MTI）公司为 NASA 旗下的 Johnson 太空中心生产 Inconel 718 合金部件，如图 1-26 所示。Inconel 718 合金在 650 度以下的屈服强度居变形高温合金的首位，并具有良好的抗疲劳、抗辐射、抗氧化、耐腐蚀性能。在这个部件开发中，由于独特的冷却设计，使得增材制造的合金组件将能够承受极高的温度，3D 打印增材制造技术允许循环气体通过组件的每一层来层层带走热量。这种巧妙的渗透式冷却系统是不可能通过传统的金属制造技术来制造的。

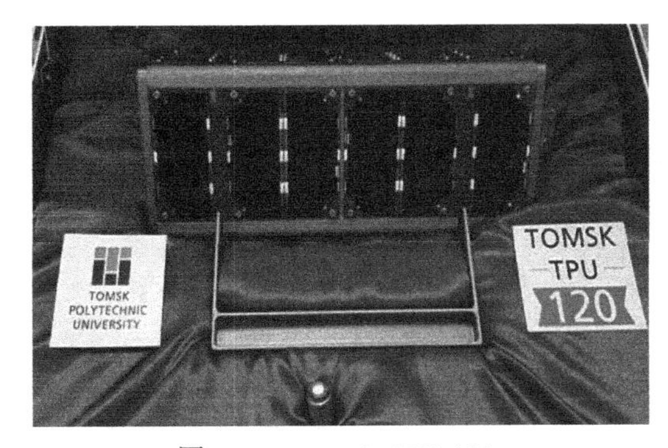

图 1-25　Tomsk-TPU-120

图 1-26　Inconel 718 合金部件

北航王华明教授带领其科研团队，与沈阳飞机设计研究所、第一飞机设计研究院等单位展开紧密合作，经过持续十几年的艰辛努力，在突破飞机钛合金小型次承力结构件激光快速成形及应用关键技术的基础上，突破了飞机钛合金大型复杂整体主承力构件激光成形工艺、内部质量控制、成套装备研制、技术标准建立及应用关键技术，使我国成为迄今国际上唯一实现激光成形钛合金大型主承力关键构件在飞机上实际应用的国家。2009 年，王明华团队利用激光快速成形技术制造出我国自主研发的大型客机 C919（图 1-27）的主风挡窗框，如图 1-28 所示。在此之前只有欧洲一家公司能够做，仅每件模具费就高达 50 万美元，而利用激光快速成形技术制作的零件成本不及模具的 1/10；2010 年，利用激光直接制造 C919 的中央翼根肋，传统锻件毛坯重达 1 607kg，而利用激光成形技术制造的精坯重量仅为 136kg，节省了 91.5%的材料，并且经过性能测试，其性能比传统锻件还要好。

图 1-27　C919 大型客机机头工程样机

图 1-28　C919 的主风挡窗框

第 2 章　3D 打印技术的原理及工艺

2.1　3D 打印技术的基本原理

3D 打印技术主要应用离散、堆积原理。任何产品都可以看成许多等厚度的二维平面轮廓沿某一坐标方向叠加而成。3D 打印技术的成形过程是：先由 CAD 软件设计出所需产品的计算机三维 CAD 模型，表面三角化处理，存储成 STL 文件格式，然后根据其工艺要求，将其按一定厚度进行分层切片，把原来的三维 CAD 模型切分成二维平面几何信息，即截面轮廓信息，再将分层后的数据进行一定的处理，加入加工参数并生成数控代码；在计算机控制下数控系统以平面加工方式有顺序地连续加工，从而形成各截面轮廓并逐步叠加并使它们自动黏接成立体原型，经过后续处理最终得到所需要成形的零件（见图 2-1）。

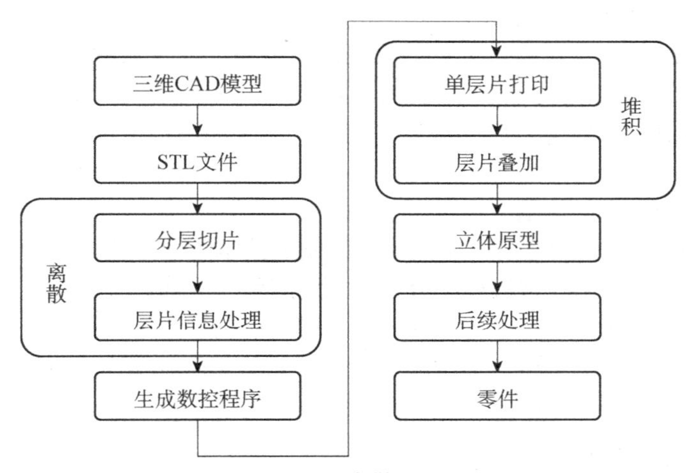

图 2-1　3D 打印离散和堆积过程

和其他先进制造技术相比，3D 打印技术具有如下特点。

1. 数字制造

借助 CAD 等软件将产品结构数字化，驱动机器设备加工制造成器件，数字化文件还可借助网络进行传递，实现异地分散化制造的生产模式。

2. 分层制造

分层制造即把三维结构的物体先分解成二维层状结构，逐层累加形成三维物品。因此，原理上 3D 打印技术可以制造出任何复杂的结构，而且制造过程更柔性化。

3. 堆积制造

“从下而上”的堆积方式对于实现非匀致材料、功能梯度的器件更有优势，同时材料利用率大幅度提高。

4. 直接制造

任何高性能难成形的部件均可通过“打印”方式一次性直接制造出来，不需要通过组装拼接等复杂过程来实现，因此，可制造出传统工艺方法难以加工，甚至无法加工的结构。同时大大缩短了复杂零部件的制造周期和成本，同时允许设计人员设计出更复杂的零件而不受制造方法的限制。

5. 快速制造

3D 打印制造工艺流程短、全自动、可实现现场制造，因此，制造更快速、更高效。不需要刀具、模具，所需工装、夹具大幅度减少，因此，零部件生产准备周期大幅度缩短，整体制造周期短。

3D 打印技术的应用特点如下。

（1）适合复杂结构的快速打印

3D 打印技术可制造传统方法难加工（如自由曲面叶片、复杂内流道等）甚至是无法加工（如立体栅格结构、内空结构等）的复杂结构，在航空航天、汽车/模具及生物医疗等领域具有广阔的应用前景。

（2）适合产品的个性化定制

传统大规模、批量生产需要做大量的工艺技术准备，以及大量的工装、设备和刀具等，3D 打印在快速生产和灵活性方面极具优势，适合珠宝、人体器官、文化创意等个性化定制生产、小批量生产以及产品定型之前的验证性制造，可大大降低个性化、定制生产和创新设计的制造成本。

（3）适合高附加值产品制造

3D 打印技术诞生只有 20 多年，相比较传统制造技术还很不成熟。现有的 3D 打印工艺加工速率较低、设备尺寸受限、材料种类有限，主要应用于成形单件、小批量和常规尺寸制造，在大规模制造、大尺寸和微纳尺寸等方面不具备效率优势。因此，3D 打印技术主要应用于航空航天等高附加值产品大规模生产前的设计验证以及生物医疗等个性化产品制造。

2.2 3D 打印技术的基本工艺

3D 打印技术是一种采用逐点或逐层成形方法制造物理模型、模具和零件的先进制造技术，是综合材料科学、CAD/CAM、数控和激光等先进技术于一体的新型制造技术。3D 打印技术是基于离散/堆积的成形思想，将计算机上构建的零件三维 CAD 模型沿高度方向分层切片，得到每层截面信息，然后输出到 3D 打印设备上逐层扫描填充，再沿高度方向上黏结叠加，逐步形成三维实体零件。与传统机械加工中“减材料”的工艺相比，3D 打印技术能从 CAD 模型生产出零件原型，缩短了新产品设计和开发周期，是制造技术领域的一次重大突破。目前，3D 打印工艺技术已有十多种，按照成形材料的不同，可分为金属材料 3D 打印工艺技术和非金属材料 3D 打印工艺技术两大类，其中典型的 3D 打印工艺技术见表 2-1。

表 2-1　3D 打印工艺技术及其应用领域

类别	工艺技术名称	使用材料	工艺特点	应用领域
金属材料 3D 打印工艺技术	激光选区熔化（SLM）	金属或合金粉末	可直接制造高性能复杂金属零件	复杂小型金属精密零件、金属牙冠、医用植入物等
	激光近净成形（LENS）	金属粉末	成形效率高、可直接成形金属零件	飞机大型复杂金属构件等
	电子束选区熔化（EBSM）	金属粉末	可成形难熔材料	航空航天复杂金属构件、医用植入物等
	电子束熔丝沉积（EBDM）	金属丝材	成形速度快、精度不高	航空航天大型金属构件等
非金属材料 3D 打印工艺技术	光固化成形（SLA）	液态树脂	精度高；表面质量好	工业产品设计开发、创新创意产品生产、精密铸造用蜡模等
	熔融沉积成形（FDM）	低熔点丝状材料	零件强度高、系统成本低	工业产品设计开发、创新创意产品生产等
	激光选区烧结（SLS）	高分子、金属、陶瓷、砂等粉末材料	成形材料广泛、应用范围广等	航空航天领域用工程塑料零部件、汽车家电等领域铸造用砂芯、医用手术导板与骨科植入物等
	三维立体打印（3DP）	光敏树脂、黏接剂	喷黏接剂时强度不高、喷头易堵塞	工业产品设计开发、铸造用砂芯、医疗植入物、医疗模型、创新创意产品、建筑等

2.3　3D 打印的工艺过程

3D 打印的工艺过程一般包括产品的前处理（三维模型的构建、三维模型的近似处理、三维模型的切片处理）、分层叠层成形和产品的后处理，如图 2-2 所示。

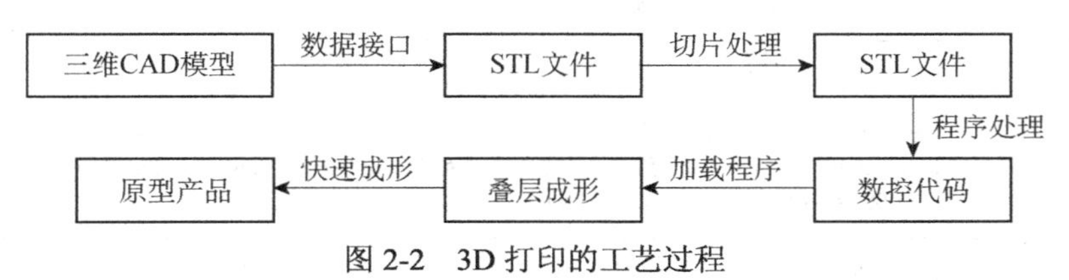

图 2-2　3D 打印的工艺过程

1. 数据处理

3D 打印制造过程中的数据处理过程如图 2-3 所示。

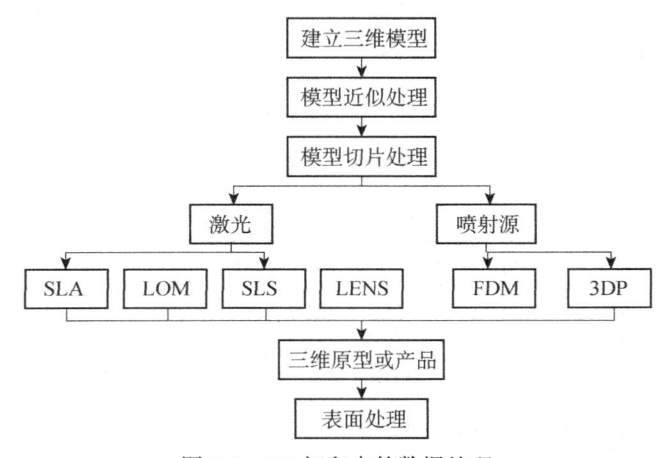

图 2-3　3D 打印中的数据处理

（1）三维模型的构建

由于 RP 系统由产品的三维 CAD 模型直接数字化驱动，因此首先需要建立产品的三维 CAD 模型，然后才能进行切片处理。建立产品数字化模型的方法主要有两种，一是应用 CAD 软件（如 Pro/E、Solidworks、I-DEAS、MDT、AutoCAD 等），根据产品的要求设计三维 CAD 模型，或将已有产品的工程图转换为三维模型，如 Pro/E 的 AutobuidZ；二是对已有的产品实体进行三坐标测量、激光扫描或 CT 断层扫描得到其点云数据，基于反求工程实现三维 CAD 模型的构建。

（2）三维模型的近似处理

由于产品上往往有一些不规则的自由曲面，因此成形前必须对其进行近似处理，以方便后续的数据处理。STL 格式文件是 3D 打印领域的标准接口文件，它是用一系列的小三角形平面来逼近自由曲面，每一个三角形用 3 个顶点的坐标和 1 个法向量来描述，三角形的大小是可以根据精度进行选择。典型的 CAD 软件都具有转换和输出 STL 格式文件的功能，如 Pro/E、Solidworks、Simense NX、AutoCAD 等。CAD 造型软件输出 STL 文件方法见表 2-2。

表 2-2　CAD 造型软件输出 STL 文件方法

软件	方法
Alibre	File（文件）→Export（输出）→Save As（另存为，选择.STL）→输入文件名→Save（保存）
AutoCAD	输出模型必须为三维实体，且 XYZ 坐标都为正值。在命令行输入命令“Faceters”→设定 FACETRES 为 1 到 10 之间的一个值（1 为低精度，10 为高精度）→然后在命令行输入命令“STLOUT”→选择实体→选择“Y”，输出二进制文件→选择文件名
CADKey	从 Export（输出）中选择 Stereolithography（立体光刻）
I-DEAS	File（文件）→Export（输出）→Rapid Prototype File（快速成形文件）→选择输出的模型→Select Prototype Device（选择原型设备）>SLA500.dat→设定 absolute facet deviation（面片精度）为 0.000395→选择 Binary（二进制）
Inventor	Save Copy As（另存复件为）→选择 STL 类型→选择 Options（选项），设定为 High（高）
IronCAD	右键单击要输出的模型→Part Properties（零件属性）>Rendering（渲染）→设定 Facet Surface Smoothing（三角面片平滑）为 150→File（文件）>Export（输出）→选择.STL
Mechanical Desktop	使用 AMSTLOUT 命令输出 STL 文件 下面的命令行选项影响 STL 文件的质量，应设定为适当的值，以输出需要的文件 ① Angular Tolerance（角度差）——设定相邻面片间的最大角度差值，默认 15 度，减小可以提高 STL 文件的精度 ② Aspect Ratio（形状比例）——该参数控制三角面片的高/宽比。1 标志三角面片的高度不超过宽度。默认值为 0，忽略 ③ Surface Tolerance（表面精度）——控制三角面片的边与实际模型的最大误差。设定为 0.0000，将忽略该参数 ④ Vertex Spacing（顶点间距）——控制三角面片边的长度。默认值为 0.0000，忽略
Pro/E	① File（文件）→Export（输出）→Model（模型） ② 或者选择 File（文件）→Save a Copy（另存一个复件）→选择.STL ③ 设定弦高为 0。然后该值会被系统自动设定为可接受的最小值 ④ 设定 Angle Control（角度控制）为 1
Pro/E Wildfire	① File（文件）→Save a Copy（另存一个复件）→Model（模型）→选择文件类型为 STL（*.stl） ② 设定弦高为 0。然后该值会被系统自动设定为可接受的最小值 ③ 设定 Angle Control（角度控制）为 1
Rhino	File（文件）→Save As（另存为.STL）

（续表）

软件	方法
SolidDesigner	File（文件）→External（外部）→Save STL（保存 STL）→选择 Binary（二进制）模式→选择零件→输入 0.001mm 作为 Max Deviation Distance（最大误差）
SolidEdge	① File（文件）→Save As（另存为）→选择文件类型为 STL ② Options（选项），设定 Conversion Tolerance（转换误差）为 0.001in 或 0.0254mm ③ 设定 Surface Plane Angle（平面角度）为 45.00
Solidworks	① File（文件）→Save As（另存为）→ 选择文件类型为 STL ② Options（选项）→Resolution（品质）→Fine（良好）→OK（确定）
Think3	File（文件）→Save As（另存为）→选择文件类型为 STL
Simense NX	① File（文件）→Export（输出）→Rapid Prototyping（快速原型）→设定类型为 Binary（二进制） ② 设定 Triangle Tolerance（三角误差）为 0.0025，设定 Adjacency Tolerance（邻接误差）为 0.12 ③ 设定 Auto Normal Gen（自动法向生成）为 On（开启），设定 Normal Display（法向显示）为 Off（关闭），设定 Triangle Display（三角显示）为 On（开启）

（3）三维模型的切片处理

3D 打印是对模型进行叠层成形，成形前必须根据加工模型的特征选择合理的成形方向，沿成形高度方向以一定的间隔进行切片处理，以便提取截面的轮廓。间隔的大小根据被成形件的精度和生产率进行选定。应用专业的切片处理软件，能自动提取模型的截面轮廓。

2. 截面轮廓的制造

根据切片处理得到的截面轮廓，在计算机的控制下，3D 打印系统中的成形头（激光头或喷头）在 x-y 平面内将自动按截面轮廓信息做扫描运动，得到各层截面轮廓。每一层截面轮廓成形后，3D 打印系统将下一层材料送至成形的轮廓面上，然后进行新一层截面轮廓的成形，从而将一层层的截面轮廓逐步叠合在一起，并将各层相黏结，最终得到原型产品。

第 3 章　熔融沉积成形工艺

3.1　熔融沉积成形的原理和特点

熔融沉积成形（Fused Deposition Modeling，FDM），又称熔丝沉积成形，由美国学者 Scott C 博士于 1988 年率先提出。熔融沉积成形是最常见的一种同步送料型工艺，也是继光固化成形和叠层实体制造工艺后的另一种应用比较广泛的 3D 打印工艺。

1. 熔融沉积成形工艺原理

熔融沉积 3D 打印工艺是利用成形和支撑材料的热熔性、黏结性，在计算机控制下进行层层堆积成形。FDM 系统主要包括喷头、送丝机构、运动机构、加热系统、工作台 5 个部分。3D 打印机的加热喷头在计算机的控制下，可根据截面轮廓的信息，作 x-y 平面运动和 z 方向的运动。材料由供丝机送至喷头，在喷头中被加热熔化，喷头底部有一喷嘴供熔融的材料以一定的压力挤出，喷头沿零件截面轮廓在填充轨迹运动时挤出材料，然后被选择性地涂覆在工作台上，快速冷却后形成截面轮廓，一层成形完成后，工作台下降一截面层的高度，再进行下一层的涂覆，与前一层黏结并在空气中迅速固化，如此循环最终成形产品。熔融沉积成形原理图如图 3-1 所示。

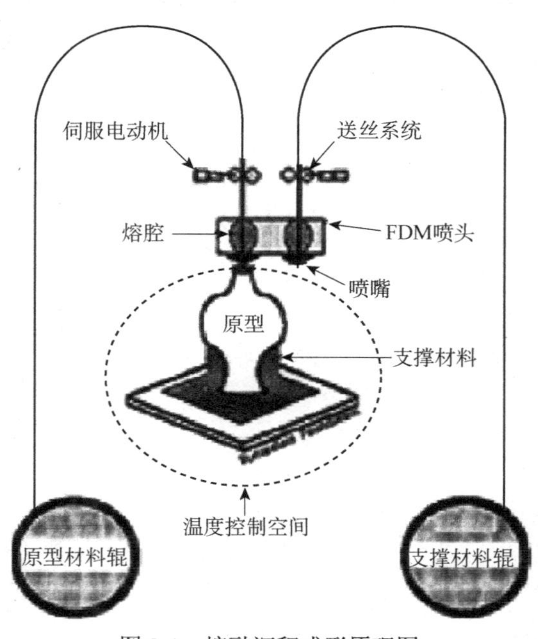

图 3-1　熔融沉积成形原理图

（1）喷头

喷头的主要作用是将其内部的固相材料加热至熔融之状态，然后由相关机构将熔融状态的物料从喷嘴挤出，挤出的材料按照切片数据层层黏结、固化，按照预定程序不断地进行，最终获得实体。在制造悬臂件时，悬臂部分由于无支撑易产生变形，为了避免悬臂部分变形情况的发生，需要添加支撑部分，这点与其他快速制造模型时有所不同。当支撑与模型材料为同一种材料，可以采用单喷头的形式，但现在多用两个喷头且相互之间独立加热的形式，各自用不同的材料制造零件和支撑，由于两种材料的特性不同，制作完毕后更易进行后处理工作。

（2）送丝机构

送丝机构的主要功能是平稳、可靠地为喷头输送原料。原材料的丝径尺寸为 1～2mm，而喷嘴的直径在 0.2～0.5mm，丝径与喷嘴直径的压力差保证了熔融物料能够在喷头扫描时被挤出成形。由两台直流电动机带动相关轮齿构成的送丝机构，通过 D/A 控制的形式控制送丝的速度及开闭。为保证送丝过程的稳定、可靠，有效避免成形过程中出现断丝或积瘤现象，送丝机构和喷头能够对丝料采用推、拉，控制进料速度。

（3）运动机构

运动机构在立体空间内 X、Y、Z 三个方向进行轴向运动，快速成形技术的基本原理是三维模型加工转化为平面层的堆积，只需要二轴联动就能完成，简化了机床对运动轴的控制。

（4）加热系统

加热系统的作用是给成形过程提供一个恒定的温度环境。熔融丝料在挤出过程中出现的翘曲和开裂，主要是温差过大、冷却速度加快引起的。传统的可控硅和温控器结合的硬件控制形式精度远落后于先进的新型模糊 PID 控制，在以后选择中可重新考虑、设计。

（5）运动控制器

FDM 利用三轴步进电动机运动控制卡作为控制系统。这种卡控系统能够实现准确的 X-Y、Z 位置控制以及精确的旋转控制，系统主要包括三部分：限位、原点开关信号输入模块，脉冲、方向信号输出模块，数字量输入输出模块。

（6）电动机及驱动器

步进电动机是一种感应电动机，根据脉冲信号产生相应的位移，驱动送丝机构及螺杆的旋转。步进电动机主要应用于开环系统中，它的结构非常简单，调试方便、工作可靠、成本低。在一定条件下（如增加编码器、光栅尺）步进电动机也可应用到闭环或半闭环的控制系统。

2．熔融沉积成形工艺特点

FDM 发展如此迅速，主要是因为它有以下其他工艺无法比拟的优点。

（1）不使用激光，维护简单，成本低

多用于概念设计的 FDM 成形机对原型精度和物理化学特性要求不高，便宜的价格是其能否推广开来的决定性因素。

（2）塑料丝材清洁，更换容易

与其他使用粉末和液态材料的工艺相比，丝材更加清洁，易于更换、保存，不会在设备中或附近形成粉末或液体污染。材料性能一直是 FDM 工艺的主要优点，其 ABS 原型强度可以达到注塑零件的三分之一。近年来又发展出 PC、PC/ABS、PPSF 等材料，强度已经接近或超过普通注塑零件，可在某些特定场合（试用、维修、暂时替换等）下直接使用。虽然直接金属零件成形（近年来许多研究机构和公司都在进行这方面的研究，是当今快速原型领域的一个研究热点）的材料性能更好，但在塑料零件领域，FDM 工艺是一种非常适宜的快速制造方式。随着材料性能和工艺水平的进一步提高，会有更多的 FDM 原型在各种场合直接使用。

（3）后处理简单

仅需要几分钟到一刻钟的时间剥离支撑后，原型即可使用。而现在应用较多的 SL、SLS、3DP 等工艺均存在清理残余液体和粉末的步骤，并且需要进行后固化处理，需要额外的辅助设备。这些额外的后处理工序一是容易造成粉末或液体污染，二是增加了几个小时的时间，不能在成形完成后立刻使用。

（4）成形速度较快

一般来讲，FDM 工艺相对于 SL、SLS、3DP 工艺来说，速度是比较慢的，但是其也有一定的优势。当对原型强度要求不高时，可通过减小原型密实程度的方法提高 FDM 成形速度。通过试验，具有某些结构特点的模型，最高成形速度已经可以达到 60cm^3/h。通过软件优化及技术进步，预计可以达到 200cm^3/h 的高速度。

熔融沉积成形工艺具有以下特点。

① 设备构造原理和操作简单，维护成本低，设备运行安全。

② 可以使用无毒的原材料，设备可以在办公环境中安装使用。

③ 用蜡成形的零件原型，可以直接用于石蜡铸造。

④ 可以成形任意复杂程度的零件，常用于成形具有很复杂的内腔、孔等零件。

⑤ 原材料在成形过程中无化学变化，制件的翘曲变形小。

⑥ 原材料利用率高，且材料寿命长。

⑦ 支撑去除简单，无须化学清洗，分离容易。

⑧ 采用多喷头时，可将多种成分的材料融入同一个实体中。

另外，除以上优点外，熔融沉积制造工艺还有以下缺点。

① 成形精度不高，最高为 0.1mm，成形零件表面粗糙，需要后续抛光处理。成形尺寸有限。由于工作台的限制，FDM 工艺只能成形中小型件。

② 成形速度较慢，由于成形设备的喷头是机械式结构，导致成形较慢。

③ 成形表明质量较差，由于 FDM 工艺是由喷头喷出的具有一定厚度的丝逐层黏接堆积而成的，因此不可避免地会产生台阶（阶梯）效应，表面有较明显的条纹。

④ 需要设计和制作支撑材料，并且对整个表面进行涂覆，成形时间较长。制作大型薄板件时，易发生翘曲变形。沿成形轴方向的零件强度比较弱。

3. 熔融沉积成形零件的结构工艺

设计熔融沉积成形工艺成形的 3D 打印模型时，为确保能够打印，保证零件的成形尺寸、精度和强度、刚度的需要，结构需要注意以下工艺。

① 存在大面积薄片，则薄片厚度大于 1.2mm；

② 存在小面积薄片，则薄片厚度大于 0.8mm；

③ 存在独立柱子，则柱子直径大于 1.2mm；

④ 存在凸字笔画，则凸字宽度大于 0.6mm；

⑤ 存在凹字笔画，则凹字宽度大于 0.4mm；
⑥ 存在直通小孔，且孔深不超过 1mm 时，则孔径大于 0.8mm；
⑦ 存在弯曲小孔、深孔或盲孔，则孔径大于 1mm；
⑧ 若设计较复杂，则须视具体结构而定具体尺寸。

3.2 熔融沉积成形的工艺过程

跟其他 3D 打印工艺一样，FDM 工艺过程一般分为前处理（包括设计三维 CAD 模型、CAD 模型的近似处理、确定摆放方位、对 STL 文件进行分层处理）、原型制作和后处理三部分。

1. 前处理

前处理内容包括以下几方面的工作。

（1）建立打印件的三维 CAD 模型

因为三维 CAD 模型数据是成形件的真实信息的虚拟描述，它将作为 3D 打印系统的输入信息，所以在加工之前要先利用计算机软件建立好成形件的三维 CAD 模型。设计人员根据产品的要求，利用计算机辅助设计软件设计出三维 CAD 模型，这是快速原型制作的原始数据，CAD 模型的三维造型可以在 Pro/E、Solidworks、AutoCAD、UG 及 Catia 等软件上实现，也可采用逆向造型的方法获得三维模型。

（2）三维 CAD 模型的近似处理

由于要成形的零件通常都具有比较复杂的曲面，为了便于后续的数据处理和减小计算量，我们首先要对三维 CAD 模型进行近似处理。在这里我们采用 STL 格式文件对模型进行近似处理，它的原理是用很多的小三角形平面来代替原来的面，相当于将原来的所有面进行量化处理，而后用三角形的法向量以及它的三个顶点坐标对每个三角形进行唯一标识，可以通过控制和选择小三角形的尺寸来达到我们所需要的精度要求。由于生成 STL 格式文件方便、快捷，且数据存储方便，目前这种文件格式已经在快速成形制造过程中得到了广泛的应用。而且计算机辅助设计软件均具有输出和转换这种格式文件的功能，这也加快了该数据格式的应用和普及。

（3）确定打印件的摆放方位

将 STL 文件导入 FDM 3D 打印机的数据处理系统后，确定原型的摆放方位。摆放方位的处理是十分重要的，它不仅影响制件的时间和效率，更会影响后续支撑的施加和原型的表面质量。一般情况下，若考虑原型的表面质量，应将对表面质量要求高的部分置于上方而或水平面。为了减少成形时间，应选择尺寸小的方向作为叠层方向。

（4）三维 CAD 模型数据的切片处理

3D 打印实际完成的是每一层的加工，然后工作台或打印头发生相应的位置调整，进而实现层层堆积。因此想要得到打印头的每层行走轨迹，就要获得每层的数据。故对近似处理后的模型进行切片处理，提取出每层的截面信息，生成数据文件，再将数据文件导入快速成形机中。切片时切片的层厚越小，成形件的质量越高，但加工效率变低，反之则成形质量低，加工效率提高。

2. 原型制作

（1）支撑的制作

由于 FEM 的工艺特点，3D 打印系统必须对产产品三维 CAD 模型做支撑处理，否则，在分层制造过程中，当前截面大于下层截面时，将会出现悬空，从而使截面部分发生塌陷或变形，影响零件的成形精度，甚至使产品不能成形。支撑还有一个作用就是建立基础层，在工作平台和原型的底层之间建立缓冲层，使原型制作完成后便于剥离工作平台，此外，基础支撑还可以给制造过程提供一个基准平面。设计支撑时，需要考虑影响支撑的几个主要因素：支撑的强度、稳定性、加工时间和可去除性等。

（2）实体制作

在支撑的基础上进行实体的造型，自下而上层层补加形成三维实体，这样可以保证实体造型的精度和品质。

3. 后处理

3D 打印的后处理主要是对原型进行表面处理。去除实体的支撑部分，对部分实体表面进行处理，使原型精度、表面粗糙度等达到要求。但是，原型的部分复杂和细微结构的支撑很难去除，在处理过程中会出现损坏原型表面的情况，从而影响原型的表面品质。于是，1999 年 Stratasys 公司开发出水溶性支撑材料，有效地解决了这个难题。目前，我国自行研发 FDM 工艺还无法做到这一点，原型的后处理仍然足一个较为复杂的过程。

3.3 熔融沉积成形设备

目前国外研究这种工艺的公司主要有 Makerbot 公司、Stratasys 公司、3D Systems 公司、以色列的 Object 公司等。其中 Stratasys 公司处于领导者的位置，在 1993 年就推出了世界上第一台商业化机型 FDM-1650 快速成形机，此后又推出了该型号的系列产品，值得关注的是五年后成功推出了 FDM-Quantum 机型，该机型首次采用挤出头磁浮定位系统，第一次实现了同时独立地控制两个打印头，相应的成形速度提高到原来的 5 倍。Stratasys 公司又进行了成形材料与支撑辅助材料分离方面的研究，在 1999 年成功推出了水溶性支撑材料，由于支撑材料遇水消融而只保留成形件本体，这一技术成功地解决了复杂成形件支撑材料和成形件本体难以分离的问题。同时，国外的大学也在对该技术进行研究并取得了相应的成果。比如美国南加州大学的 Barok Khoshnevis 申报了 Cotour Crafting 专利技术，该技术可以消除丝材在堆积过程中产生的台阶效应，将台阶变成光顺的曲面。目前 3D 打印主要的熔丝材料有 ABS、石蜡、PLA 以及低熔点金属陶瓷等。澳大利亚的 Swinburn 工业大学于 1998 年成功研制了一种塑料和金属混合在一起的复合材料，向金属丝材的成功应用又迈进了一步。Daekeon Ahn 等人在文献“FDM 中表面粗糙度的表达”中基于 FDM 技术制造的零件，对其表面粗糙度进行了相应的分析，并提出了在 FDM 算法中适用的表面粗糙度模型，并对理论模型进行了比较和验证，进一步对影响其有效性的主要因素进行了分析。目前国外主要商业化的产品、设备参数以及应用领域介绍如下。

Makerbot 公司作为当今个人级 3D 打印设备的领头羊企业，采用的技术是根据计算机中的空间扫描图，在塑料薄层上喷涂原材料，层层粘连堆积，形成成形精度很高的三维模型。

Makerbot 公司主要生产的 3D 打印机产品如图 3-2 所示。2012 年 9 月 19 日，美国 Makerbot 公司推出 Makerbot Replicator 2，2013 年 CES 大会（国际电子消费展）发布 Makerbot Replicator 2X，在 2014 年 1 月 6 日，Makerbot 公司在 CES 大会（国际电子消费展）上发布了第五代新产品，一共三款打印机，包括 Makerbot Replicator，Makerbot Replicator Mini 和 Makerbot Replicator Z18。上述 Makerbot 公司 FDM 设备参数见表 3-1。目前 Makerbot 公司的桌面级产品在市场上的销量遥遥领先其他公司的产品。

图 3-2 Makerbot 公司 3D 打印机等产品

表 3-1 Makerbot 公司 FDM 设备参数

型号	Makerbot Replicator 5 代	Makerbot Replicator Mini	Makerbot Replicator Z18	Makerbot Replicator 2X	Makerbot Replicator 2
成形范围（mm×mm×mm）	252×199×150	100×100×125	305×305×457	246×152×155	285×153×155
喷头数量	1	1	1	2	1
层分辨率（μm）		200	100	高：0.1mm，中：0.2mm，低：0.3mm	100μm
定位精度（μm）	X/Y 轴：11；Z 轴：2.5				
喷嘴直径（μm）	0.4				
打印耗材	PLA	PLA	PLA	ABS、PLA	PLA
耗材直径（mm）	1.75				

从近年的销售数据显示，Stratasys 公司生产的熔丝沉积型 3D 打印设备的销量在全世界一直处于领先地位，其设计制造的 Fortus 900mc 3D 打印机，具有很好的耐用性、精确性和互换性，制件尺寸达到了 914mm×610mm×914mm，生产零件的精准度为±0.09mm 或±0.001 5mm，

层厚度为 0.330mm、0.254mm、0.178mm，该系统配有两个材料仓，实现最大程度的不间断生产。900mc 在性能、生物相容性、静电耗散或耐热性、抗化学腐蚀性与紫外线辐射方面，为要求较高的应用提供了 12 种真正的热塑塑料。提供三种可供选择的层厚度，从而可以在打印速度和精细度之间取得平衡。该设备如图 3-3 所示。

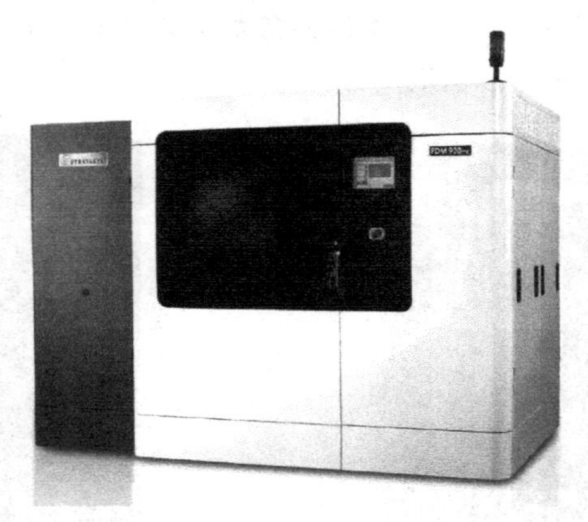

图 3-3 Stratasys 公司 Fortus 900mc 3D 打印机

在基于 FDM 工艺的产品中，3D Systems 公司推出了个人家用的 3D 打印机 Cube 系列，其以简易性和高可靠性著称，使用的打印材料为 ABS 和 PLA，可以打印的制件尺寸为 285.4mm×230mm×270.41mm，具有 Wi-Fi 技术，可以方便地在计算机与打印机之间进行无线通信，进行数据文件的传换。

美国上市公司 3D Systems 于 2014 年 1 月发布的 Cube Pro 系列 3D 打印产品，如图 3-4 所示。Cube Pro 分为单喷头、双喷头和三喷头三种不同型号，各有 23 种不同颜色的 PLA 和 ABS 材料供用户选择，两种打印材料可以同时打印。Cube Pro 的特点是具有大尺寸的内置打印平台，在超高精度的设定下，可达到 75μm 的最小层厚。Cube Pro 三头打印机，可以同时打印三种颜色，三种颜色和三种材料可以同时使用，使得打印出的模型更具表现力。超过 20 种颜色组合的选择，可使颜色组合的设计更加独特（表 3-2）。

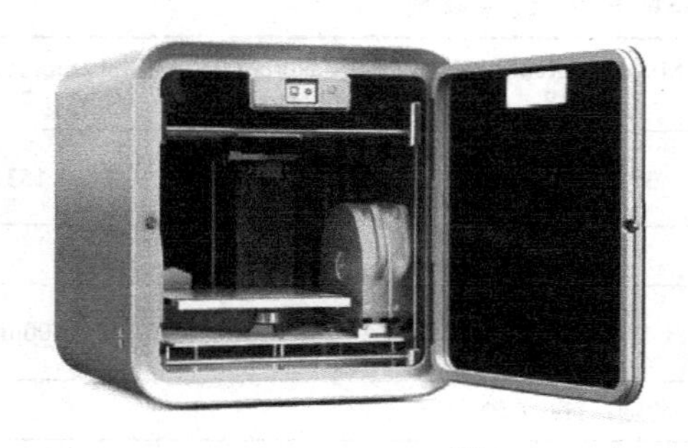

图 3-4 Cube Pro 系列 3D 打印机

以色列的 Object 公司作为世界超薄层厚光敏树脂喷射成形技术的领导者，创造了 ObietPolvJetMatrixTM 技术，实现了不同模型材料同时喷射的技术，材料使用的是 ABS 与热塑性塑料的混合，主要产品有 Dimension 1200es，产品层厚为 0.254～0.33mm，制件最大尺寸为 254mm×254mm×305mm，使用的软件为 CatalystEX，将 CAD 的 STL 文件转化为 3D 模型的打印路径。

表 3-2　Cube Pro 系列 3D 打印机技术参数

型号	Cube pro 3D 打印机（三头）	Cube pro 3D 打印机（双头）	Cube pro 3D 打印机（单头）
打印规格			
成形原理	塑料挤出打印（PJP）		
成形平台尺寸（mm×mm×mm）	185×273×241	229×273×241	273×273×241
定位精度	XY 轴：0.2mm，Z 轴：0.1mm		
打印厚度	0.075mm		
打印喷头	三喷头	双喷头	单喷头
材料挤出速度	最大 15mm^3/s（与材料种类有关）		
耗材规格			
打印材料	ABS 塑料，PLA 塑料，尼龙		
材料颜色	同时打印 3 个颜色，多种颜色选择		
物理参数			
喷头工作温度	280℃		
电源要求	AC 110～240V		

国内的科研技术人员自 20 世纪 90 年代初期才开始进入 3D 打印技术的研究中。虽然我们也有了 20 多年的发展，但目前我国在 3D 技术方面的水平基本上处于向国外先进的技术和工艺学习的阶段，国内也有一些有实力的大学和科研院所也开始着手于相关创新工艺的开发和研究。清华大学进行了熔融沉积造型、光固化立体造型、分层实体造型等快速成形技术的研究工作，各种成形工艺都已推出了比较成熟的产品，并在此基础上成功研制出了多功能应用的快速成形设备。此外还有西安交通大学、上海交通大学、浙江大学等也都在开展有关 FDM 技术的研究工作。

北京殷华激光快速成形与模具技术有限公司依托清华大学激光快速成形中心，从研制快速成形系统和开发快速成形设备入手，向着自主研发的产品进入市场化的方向努力。其研发的 3D 打印快速成形机 GI-A 具有独特的路径填充技术，能够对网格进行优化设计，有效地提高了成形件的质量。与该打印机同时开发出的系统软件能够对 STL 格式文件进行自我检验和自我修复，此外还具有类似刀补的丝材宽度补偿，从软件、机械本体以及丝材等多方面来提高成形件的精度。成形精度为±0.2mm/100mm，成形厚度为 0.15～0.4mm，成形空间达到 255mm×255mm×310mm，成形材料主要有 ABS B230 和 ABS T601。设备与制品如图 3-5 所示。

北京太尔时代科技有限公司研发的熔融挤压快速成形设备 Inspire A450，成形层厚为 0.15～0.4mm，成形速度为 5～60cm/h，采用双打印头设计，成形材料和支撑材料分别从每个打印头挤出，其中成形材料为 ABS B501，支撑材料为 ABS S301，两种材料成形空间达到 350mm×380mm×450mm，此外其研制的打印机 Up Plus 2 具有自动修复模型、提前估计打印时间和耗费等功能，成形平台尺寸为 140mm×140mm×135mm。基于其良好的性能，被美国 MAKE 杂志评为性价比最高的个人级 3D 打印机。北京太尔时代科技有限公司研发的产品如图 3-6 所示。Inspire 系列 3D 打印机技术参数见表 3-3。

图 3-5　3D 打印快速成形机 GI-A 与 MEM320

图 3-6　北京太尔时代科技有限公司研发的 3D 打印机

表 3-3　Inspire 系列 3D 打印机技术参数

	Inspire D255	Inspire D290	Inspire S	Inspire A370	Inspire A450
单喷头成形层厚（mm）	0.1		0.15		
双喷头成形层厚（mm）	0.15、0.175、0.2、0.25、0.3、0.35、0.4		0.2、0.25、0.3、0.35	0.15、0.175、0.2、0.25、0.3、0.35、0.4	
成形速度（cm/h）	5～60				
成形空间（mm×mm×mm）	255×255×310	255×290×320	150×200×250	320×330×370	350×380×450
喷头系统	单/双喷头			双喷头	
成形材料	ABS B501				

（续表）

	Inspire D255	Inspire D290	Inspire S	Inspire A370	Inspire A450
支撑材料	ABS S301				
软件	Model Wizard				
电源要求	220～240V，良好的地线			380V，良好的地线	
额定功率（kW）	2		1.5	6	
操作环境	温度 15～20℃，湿度 10～50%RH				

3.4　熔融沉积成形设备的使用

3.4.1　Up Plus 2 3D 打印机

Up Plus 2 3D 打印机的打印精度可达到 0.15mm，成形尺寸也增加到 140mm×140mm×135mm，可以制作体积较大且非常精致的作品。其开放式的机身设计方便使用，小巧的机体放在桌子上也不会占用很多空间；且机身为全金属结构，配合高质量的线性导轨，精度和可靠性可以和工业机相媲美。它具有平台自动调平和自动设置喷头高度的功能，使打印机的校准变得轻松简单，确保了打印效果和可靠性。该机型完美支持 PLA 和 ABS 打印材料，配合 UP 软件独具匠心的支撑生成功能，无论多么复杂的模型，在 Up Plus 2 面前都可迎刃而解。

1. 启动打印设备

插上 Up Plus 2 桌面型 3D 打印机的电源，进入自动开机。

2. 打开 UP 软件

打开计算机中所安装 UP 软件的图标，打开 UP 软件主界面，如图 3-7 所示，该软件由菜单栏、工具栏和模型区三部分组成。

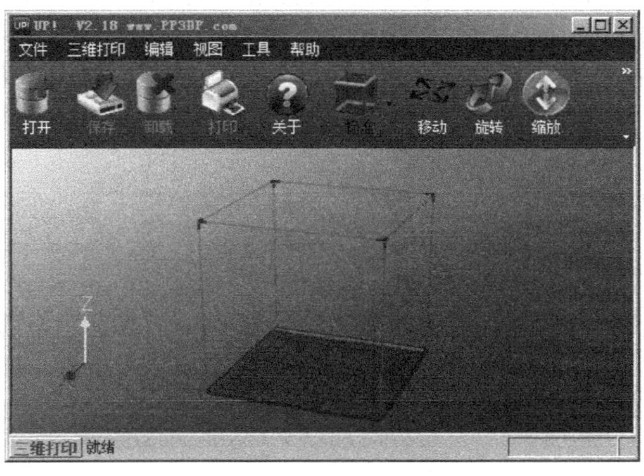

图 3-7　UP 软件主界面

编辑模型视图：

用鼠标单击菜单栏“编辑”选项，可以通过不同的方式观察目标模型。也可通过单击菜单栏下方的相应视图按钮实现。

旋转：按住鼠标中键，移动鼠标，视图会旋转，可以从不同的角度观察模型。

移动：同时按住 Ctrl 键和鼠标中键，移动鼠标，可以将视图平移，也可以用箭头键平移视图。

缩放：旋转鼠标滚轮：视图就会随之放大或缩小。

视图：该系统有 8 个预设的标准视图，存储于工具栏的视图选项中。单击工具栏上的视图按钮可以找到如下功能。

标准：用于调整模型的视图方向（前、后、左、右视等）。

移动：用于调整模型在打印平台的位置。

旋转：用于调整模型在打印平台的打印方向，若导入的模型方位不适合打印，则需要调整模型方位。

3. 导入打印模型

单击 UP 软件菜单栏“文件”→“打开”，在随后弹出的“打开”对话框里选择所需要打印的三维模型的 STL 文件，单击缩放工具按钮右边的文本输入框中的下拉按钮，选择缩放比例值 0.8。自动布局：使模型居中于打印平台（图 3-8）。

工程点拨：UP 软件仅支持 STL 格式（标准的 3D 打印输入文件）和 UP3 格式（为三维打印机专用的压缩文件）的文件，以及 UPP 格式（工程文件）。

用户可以打开多个模型并同时打印它们。只要依次添加需要的模型，并把所有的模型排列在打印平台上，就会看到关于模型的更多信息。

卸载模型：

将鼠标移至模型上，单击鼠标左键选择模型，然后在工具栏中选择卸载，或者在模型上单击鼠标右键，会出现一个下拉菜单，选择卸载模型或者卸载所有模型（如载入多个模型并想要全部卸载。

保存模型：

选择模型，然后单击保存。文件就会以 UP3 格式保存，并且大小是原 STL 文件大小的 12%～18%，非常便于存档或者转换文件。此外，还可选中模型，单击菜单中的“文件”→“另存为工程”选项，保存为 UPP（UP Project）格式，该格式可将当前所有模型及参数进行保存，当载入 UPP 文件时，将自动读取该文件所保存的参数，并替代当前参数。

修复 STL 文件：

UP 软件具有修复模型坏表面的功能。在“编辑”菜单项下有一个“修复”选项，选择模型的错误表面，单击“修复”选项即可。

STL 文件注意事项：

为了准确打印模型，模型的所有面都要超向外部。UP 软件会用不同颜色来标明一个模型是否正确。当打开一个模型时，模型的默认颜色通常是灰色或粉色。如模型有法向的错误，则模型错误的部分会显示为红色。

合并模型：

通过“编辑”菜单中的“合并”按钮，可以将几个独立的模型合并成一个模型。只需要打开所有想要合并的模型，按照希望的方式排列在平台上，然后单击“合并”按钮。保存文件后，所有的部件会被保存成一个单独的 UP3 文件。

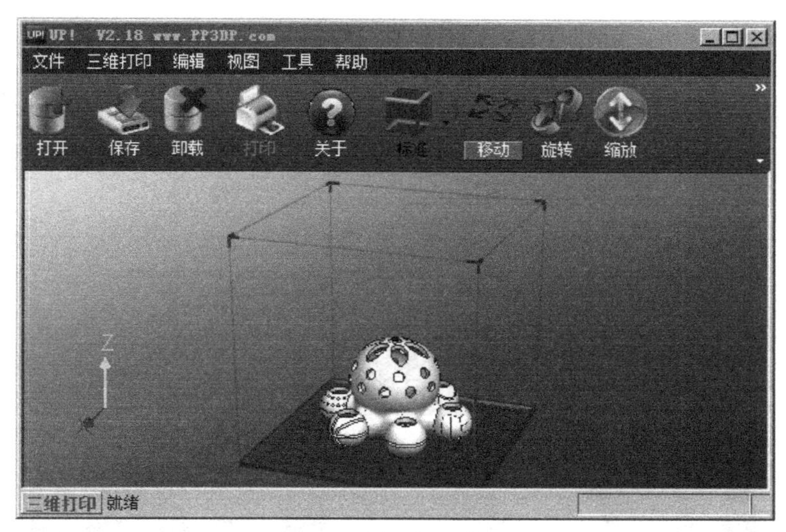

图 3-8 导入打印模型

4. 打印机初始化

在打印之前，需要初始化打印机。单击“三维打印”菜单中的“初始化”选项，当打印机发出蜂鸣声，初始化即开始。打印喷头和打印平台将再次返回到打印机的初始位置，当准备好后会再次发出蜂鸣声。

5. 调平打印平台

在正确校准喷嘴高度之前，需要检查喷嘴和打印平台四个角的距离是否一致。可以借助配件附带的“水平校准器”来进行平台的水平校准，校准前，请将水平校准器吸附至喷头下侧，并将 3.5mm 双头线依次插入水平校准器和机器后方底部的插口，当单击软件中的“自动水平校准”选项时，水平校准器将会依次对平台的九个点进行校准，并自动列出当前各点数值。

请注意：3.5mm 线接头在插入机身底部的接口时容易插不到根部，请用力插入。

如经过水平校准后发现打印平台不平或喷嘴与各点之间的距离不相同，可通过调节平台底部的弹簧来实现矫正。（见图 26、图 27）拧松一个螺钉，平台相应的一角将会升高。拧紧或拧松螺钉，直到喷嘴和打印平台四个角的距离一致。

Up Plus 2 3D 打印机的一大优势就是能够自动完成底板水平校准和自动检测喷嘴高度。告别烦琐的调节操作。将人为造成的误差降至最低，充分发挥机器的性能。3D 打印机初次使用之前都必须对打印平台的水平和喷嘴高度进行调节。市面上绝大多数 FDM 的机器都需要手工调节。这些厂家通常会告诉用户，要保证底板各个位置距喷头的距离均保持一纸张的厚度。但对于刚接触 3D 打印机的用户来说，通过手动去旋转底板四周的多个螺钉使其达到一张纸的厚度确实是件令人头疼的事情。并且，一张纸的厚度是个模糊的概念。加上用户的操作习惯不同，这些势必会造成误差，直接影响打印效果。打印机调平好后，就可以进行打印了。

Up Plus 2 3D 打印机随机会附赠一个 3.5mm 双头线和水平校准器，如图 3-9 所示。校准前，如图 3-10 所示请将水平校准器吸附至喷头下侧，并将 3.5mm 双头线依次插入水平校准器和机器后方底部的电线插孔，如图 3-11 所示。当单击 UP 软件中“三维打印”→“自动水平校准”选项时，水平校准器将会依次对平台的九个点进行校准，并自动列出当前各点数值。

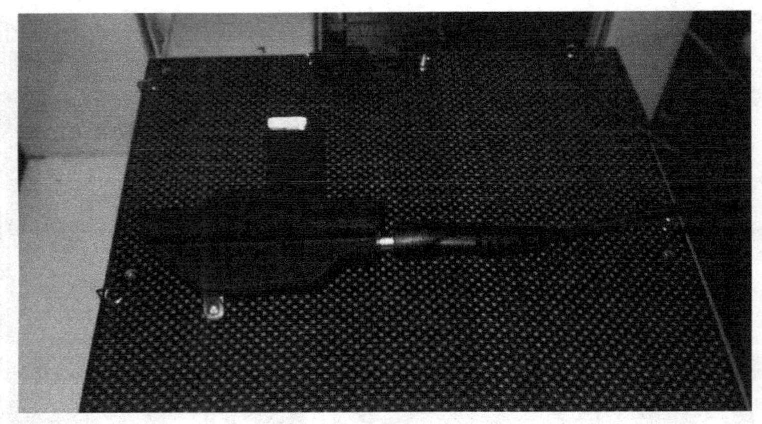

图 3-9　水平校准器

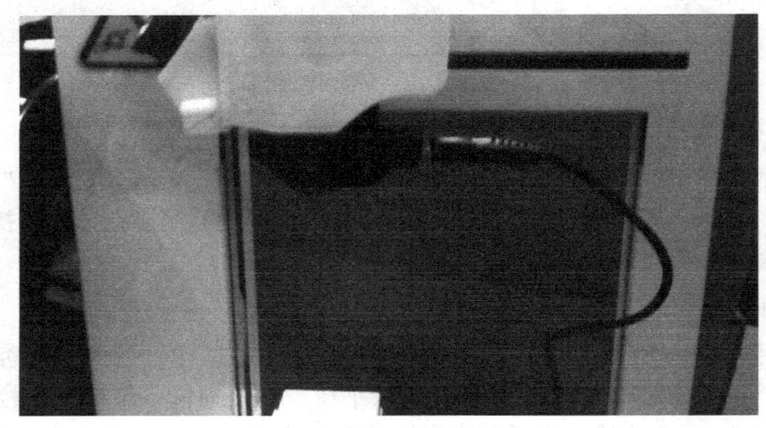

图 3-10　安装水平校准器

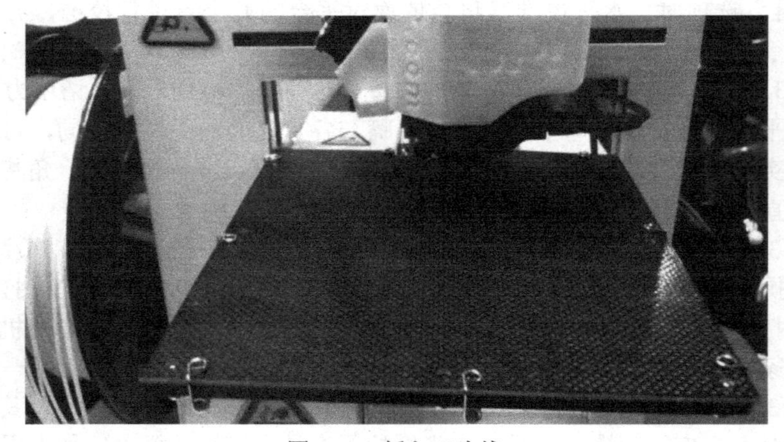

图 3-11　插入双头线

6. 校准喷嘴高度

为了确保打印的模型与打印平台黏结正常，防止喷头与工作台碰撞对设备造成损害，需要在打印开始之前校准喷头高度。该高度以喷嘴距离打印平台 0.2mm 为佳。

喷嘴自动测试：在设定喷嘴高度前，还可以借助打印平台后部的“自动对高块”来测试喷嘴高度。测试前，请将水平校准器喷头取下，并确保喷嘴干净以便测量准确。将 3.5mm 双头线分别插入自动对高块和机器后方底部的插口，然后单击软件中的“喷嘴高度测试”选项，平台会逐渐上升，接近喷嘴时，上升速度会变得非常缓慢，直至喷嘴触及自动对高块上的弹片，测试即完成，软件将会弹出喷嘴当前高度的提示框。

7. 准备打印平台

打印前，须将平台放好，才能保证模型稳固，不至于在打印的过程中发生偏移。可借助平台自带的八个弹簧固定打印平板，在打印平台下方有八个小型弹簧，请将平板按正确方向置于平台上，然后轻轻拨动弹簧以便卡住平板。

8. 设置打印参数

单击“打印”按钮，弹出参数设置对话框，在对话框中单击“选项”会继续弹出相应对话框，各项参数设置好后，单击“确定”即可开始打印。单击软件“三维打印”→“设置”，可以设定打印层厚，根据模型的不同，每层厚度设定在 0.2～0.4mm。

9. 开始打印模型

在打印前要确保以下几点：连接 3D 打印机，并初始化机器。载入模型并将其放在软件窗口的适当位置。检查剩余材料是否足够打印此模型（当开始打印时，通常软件会提示剩余材料是否足够使用），如果不够，请更换一卷新的丝材。单击“三维打印”→“预热”，打印机开始对平台加热。在温度达到 100℃时开始打印。单击“打印”按钮，在打印对话框中设置打印参数（如质量），单击 OK 开始打印，如图 3-12 所示。

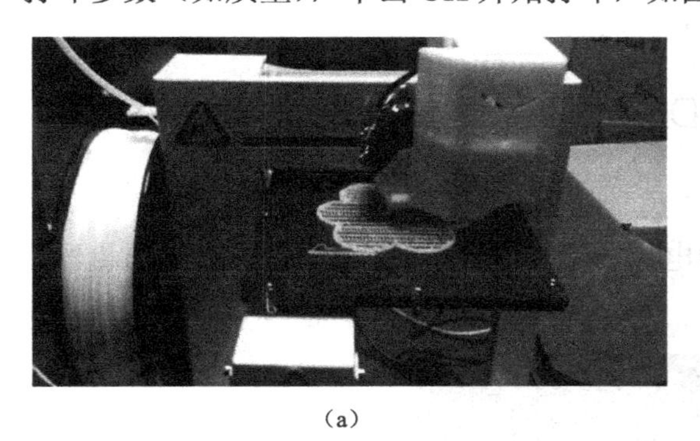

（a）

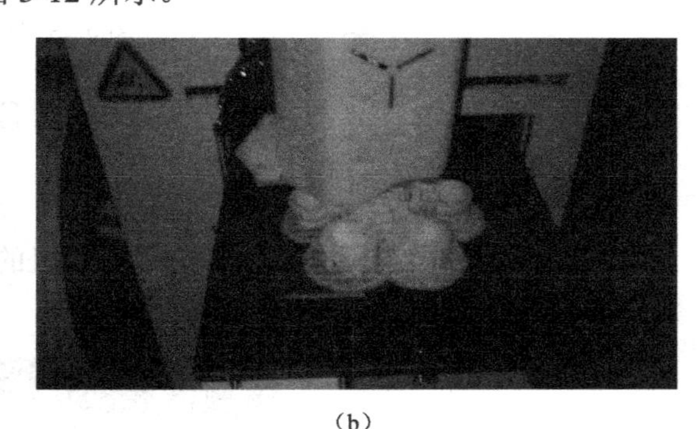

（b）

图 3-12　打印模型

10. 移除打印模型

① 当模型完成打印时，打印机会发出蜂鸣声，喷嘴和打印平台会停止加热。

② 拧下平台底部的两个螺钉，从打印机上撤下打印平台。

③ 慢慢滑动铲刀，在模型下面把铲刀慢慢地滑动到模型下面，来回撬松模型。切记在撬模型时要佩戴手套以防烫伤。

11. 去除支撑材料

支撑材料可以使用多种工具来拆除。一部分可以很容易地用手拆除，越接近模型的支撑，使用钢丝钳或者尖嘴钳更容易移除。注意：在移除支撑时，一定要佩戴防护眼罩，尤其是在移除 PLA 材料时。去除支撑以后的文件如图 3-13、图 3-14 所示。

图 3-13　3D 打印完成

（a）轴侧图

（b）俯视图

图 3-14　3D 打印笔筒

3.4.2　Makerbot Replicator Z18 3D 打印机

1. 启动 3D 打印设备

插上 Makerbot Replicator Z18 3D 打印机的电源，进入自动开机，等待 8 分钟左右机器显示主界面，如图 3-15 所示。

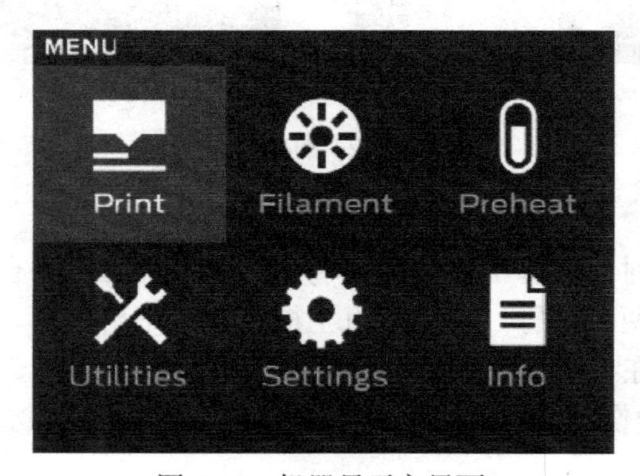

图 3-15　机器显示主界面

Print（打印）：初始化存储在 USB 驱动器或内部存储的打印件，或初始化从用户的 Makerbot 账户同步的打印文件。

Filament（耗材）：在 Makerbot Replicator 智能喷头中装载或卸载耗材。

Preheat（预热）：预热智能喷头。

Utilities（实用工具）：访问诊断和其他工具。

Settings（设置）：编辑网络和共享设置并个性化 Makerbot Replicator Z18。

Info（信息）：查看 3D 打印机的历史记录和统计数据。

选择 Preheat（预热）图标可以预热智能喷头。当选择 Preheat（预热）时，智能喷头会立即开始加热。主屏幕上将会显示当前和目标温度。

2. 材料加载与卸载

Makerbot Replicator Z18 使用 1.75mm 直径的 PLA 耗材来制作 3D 打印原型。

（1）加载材料

要装载 PLA 耗材，请执行以下操作：使用转盘选择“Load Filament”（装载耗材）。解锁并取下 Makerbot Replicator Z18 的盖子。等待智能喷头预热。切割耗材末端以形成清晰边缘。抓住喷头组件的顶部并将耗材推入智能喷头的顶部，直到可以感觉到电动机将耗材拉入。装载耗材后，将导料管插入智能喷头顶部，然后将导料管在喷头夹子中卡入位。

（2）卸载材料

要卸载耗材，请执行以下操作：使用转盘选择“Unload Filament”（卸载耗材）。解锁并取下 Makerbot Replicator Z18 的盖子。等待智能喷头预热。让智能喷头卸载耗材。等到控制面板提示用户从智能喷头中取出耗材。卸载耗材后，开始执行装载耗材的步骤或者更换并锁定 Makerbot Replicator Z18 的盖子。

3. Makerbot Desktop 软件分层切片参数设置

Makerbot Desktop 是 Makerbot 的 3D 打印管理软件，目前的版本是 3.7。将模型导入 Makerbot Desktop 软件可以进行分层切片参数设置。Makerbot Desktop 软件的基本界面如图 3-16 所示。Makerbot Desktop 由“Explore”（探索）、“Library”（库）、“Prepare”（准备）、“Store”（商店）和“Learn”（学习）等部分组成。

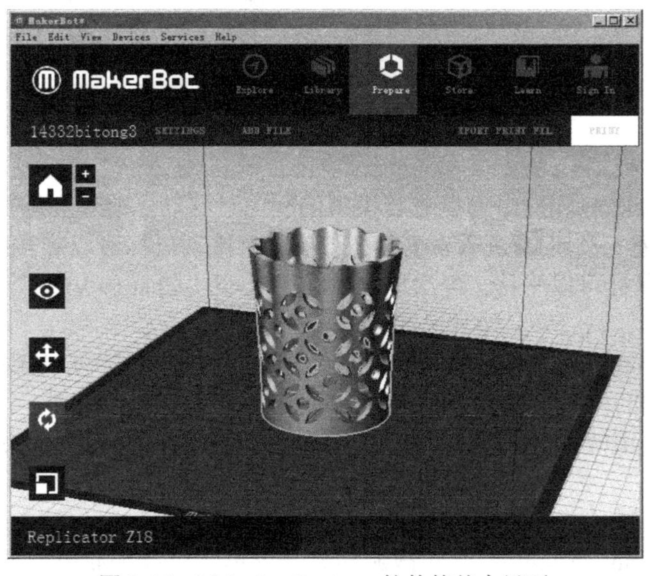

图 3-16　Makerbot Desktop 软件的基本界面

Explore（探索）：访问 Thingiverse 和由 Thingiverse 社区设计的成百上千的免费 3D 可打印物体。在 Thingiverse 中寻找灵感或可打印的新鲜事物，然后将其保存到集合或将其准备好进行打印。

Library（库）：访问 Makerbot 云库并帮助用户组织 3D 模型文件。通过它来存储在 Thingiverse 上收集或从 Makerbot 数字商店购买的内容以及自己的模型。

Prepare（准备）：将 3D 模型转换为打印文件的位置。将 3D 模型放到“Prepare”（准备）视图中，以便在虚拟打印托盘上处理这些模型。然后指定打印选项并将打印文件发送到 Makerbot Replicator Z18 上进行打印。

Store（商店）：购买高级 3D 模型的打印文件。在 Makerbot 数字商店购买某个模型后，会将适用于该打印机的打印文件添加到 Makerbot 云库中。

Learn（学习）：提供有关常用操作流程的视频教程，如导出文件、准备打印、探索 Thingiverse。新教程将在 Makerbot Desktop 的未来版本中加入。

（1）添加文件

单击 Makerbot Desktop 软件中的“ADD FILE”（添加文件）工具按钮，打开“Select Objects”（打开文件）对话框。导航到任一 STL、OBJ 或 Thing 文件的位置，并选择所需要打印模型的 STL、OBJ 或 Thing 文件，可向打印托盘中添加一个或多个模型，此处选择上述步骤所导出的 STL 文件。

注意：使用键盘快捷键 Ctrl+L 可以在托盘上自动排列多个模型。使用“Edit”（编辑）菜单中的“Paste”（粘贴）选项或键盘快捷键 Ctrl+C 和 Ctrl+V 可复制托盘上已有的模型。

系统弹出“Put object on platform”（放置模型于工作平台）对话框，单击“Move to Platform”（移动至工作平台），将模型移动至工作平台之上（图 3-17）。

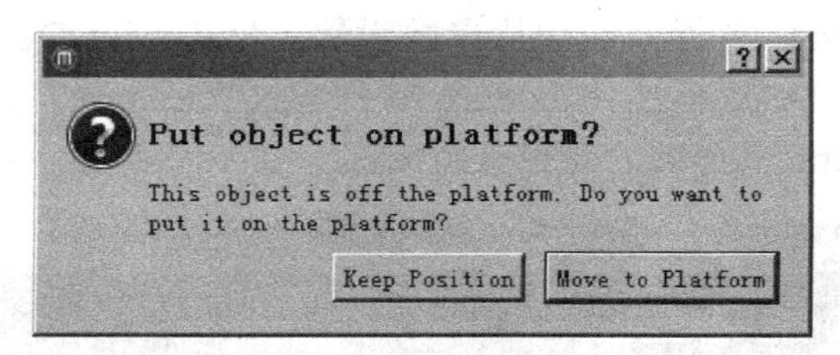

图 3-17 “Put object on platform”对话框

（2）模型编辑

在 Makerbot Desktop 软件中可以进行模型的视图、移动、旋转和缩放等编辑。

单击 View（查看）按钮进入查看模式，单击并拖动鼠标可以旋转打印托盘，按住 Shift 键同时单击并拖动鼠标可以平移。再次单击按钮打开“Change View”（更改视图）子菜单，并访问预设视图。

单击 Move（移动）按钮进入移动模式。单击并拖动鼠标可以在打印托盘上四处移动模型。按住 Shift 键的同时单击并拖动鼠标可以沿 z 轴上下移动模型。再次单击按钮打开“Change Position”（更改位置）子菜单，可以将模型置于中心或沿 x、y 或 z 轴按照指定的距离移动。

单击 Turn（旋转）按钮进入旋转模式。单击并拖动鼠标可以绕 z 轴旋转模型。再次单击按钮打开“Change Rotation”（更改旋转）子菜单，可以平放模型或使其绕 x、y 或 z 轴按照指定的度数旋转。

单击 Scale（缩放）按钮进入缩放模式，单击并拖动鼠标可以缩小或放大模型。再次单击按钮打开“Change Dimensions”（更改尺寸）子菜单，可以将模型沿 x、y 或 z 轴按照特定的比例进行缩放。

（3）打印设置

单击 Makerbot Desktop 软件中的“Settings”（设置）工具按钮，打开“Print Settings”（打印设置）对话框，可以在对话框中设置当前模型的基本打印参数。

Quality（精度）：选择 Low（低）、Standard（标准）或 High（高）精度可指定 3D 打印件的表面质量。使用 Standard（标准）精度配置文件切片的物体将使用默认设置进行打印。Standard（标准）精度打印件打印速度快，并具有很好的表面质量。使用 Low（低）精度配置文件切片的物体将以较厚的层进行打印，因此打印速度更快。使用 High（高）精度配置文件切片的物体将具有更薄的层，因此打印速度慢。

Raft（底托）：选中此复选框可以在底托上生成物体。底托充当物体及任何支撑结构的基础并确保所有一切都牢固地黏附到打印托盘上。在从打印托盘上取下完成的物体后，可以轻松去除底托。

Supports（支撑）：选中此复选框可以使打印的物体具有支撑结构。Makerbot Desktop 会自动为物体的任何外悬部分生成支撑。在从打印托盘上取下完成的物体后，可以轻松去除支撑。如果模型不包含外悬部分，请不要选择此复选框。

此处如图 3-18 所示，Quality（精度）选择 Standard（标准），并选中 Raft（底托）和 Supports（支撑）复选框，设置 Layer Height（层高）为 0.20mm，设置 Material（材料）为“MakerBot PLA”。完成后，单击 OK 按钮，在导出打印文件时，将会按照现有设置对模型进行切片处理。

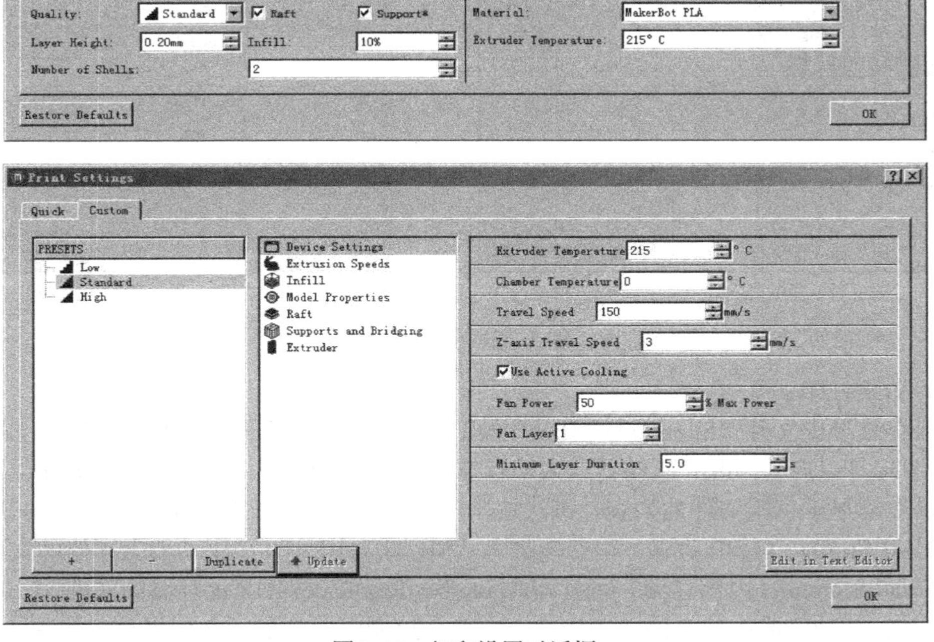

图 3-18　打印设置对话框

（4）直接打印

如果 Makerbot Desktop 软件已连接到 Makerbot Replicator Z18，可以将打印文件直接发送到 3D 打印机。单击控制面板转盘以确认并开始打印。

单击 Makerbot Desktop 软件中的 Print（打印）工具按钮，可以使用当前设置对模型进行切片，并将 bitong.makerbot 打印文件发送到 3D 打印机 Makerbot Replicator Z18 中（图 3-19）。

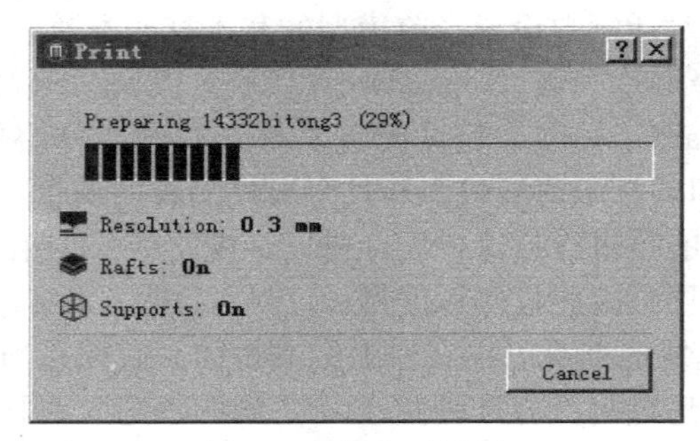

图 3-19　打印对话框

（5）导出文件

如果 Makerbot Desktop 未连接到 3D 打印机，Print（打印）按钮将会禁用，单击 Export（导出）可保存文件，以便通过 USB 驱动器将其传输到 3D 打印机。

单击 Makerbot Desktop 软件中的 Export Print File（导出打印文件）工具按钮，打开"Export"（导出）对话框，如图 3-20（a）所示，系统自动导出文件。系统弹出如图 3-20（b）所示的对话框，单击对话框中的 Print Preview（打印预览）可以对模型的具体切片过程进行预览，单击"Export Now"按钮，保存"bitong.makerbot"打印文件至 U 盘中。

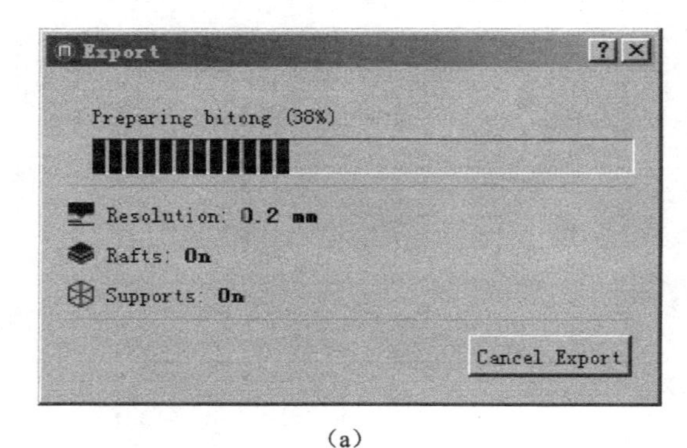

（a）

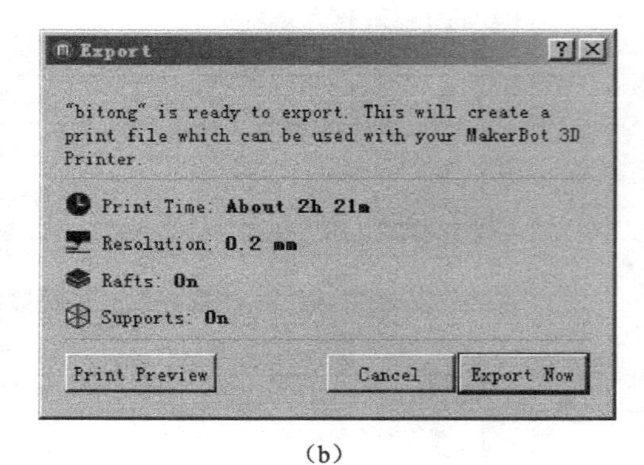

（b）

图 3-20　导出对话框

（6）加载打印

将保存有导出文件"bitong.makerbot"的 U 盘插入 3D 打印机的 USB 端口中，选择 Print（打印）图标可以启动 USB 驱动器或内部存储中存储的打印件。按压转盘可选择位置，转动转盘可以滚动显示可用文件的列表，再次按压转盘可选择一个文件。如图 3-21（a）所示，如果选择 USB Storage（USB 存储）可打印插入 USB 端口中的 USB 驱动器上存储的文件，如果选择 Internal Storage（内部存储）可打印 Makerbot Replicator Z18 上存储的文件。

从 USB 驱动器或内部存储中选择某个文件，控制面板将显示文件屏幕，如图 3-21（b）

所示。从文件屏幕中，选择要使用该部件或布局进行的操作：选择 Print（打印）开始打印该文件。选择 Info（信息）了解有关该部件或布局的更多信息。转动转盘可在三个信息屏幕之间切换。选择 Copy（复制）可将文件复制到内部存储或复制到连接的 USB 驱动器。

（a）

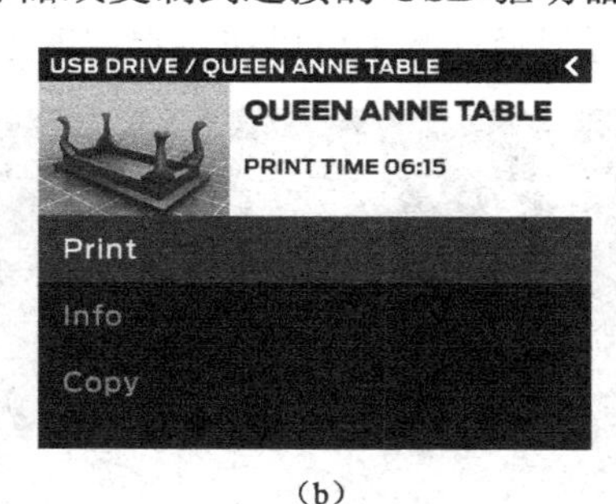

（b）

图 3-21　打印列表和文件屏幕

“Print”（打印）菜单。按控制面板上的“Menu”（菜单）按钮可打开“Print”（打印）菜单。“Print”（打印）菜单包含以下选项。

Pause（暂停）。选择此选项可以临时暂停打印。也可以通过按控制面板转盘来暂停。

Change Filament（更换耗材）。选择此选项可以暂停打印并直接转到“Filament”（耗材）菜单。

Take a Picture（拍摄图片）。选择此选项可以用 Makerbot Replicator Z18 桌面 3D 打印机的内置相机拍摄工作区的图片。该图片将被保存到内部存储。

Set Pause Height（设置暂停高度）。选择此选项可以将打印设置为在预先确定的高度暂停。

Cancel（取消）。选择此选项可以取消打印。也可以通过按后退按钮来取消打印。

（7）取下打印件

打印完成后，需要从托盘表面取下打印件。首先转动打印托盘闩锁，并向前滑动顶板将其松开。然后将顶板抬出 Makerbot Replicator Z18。然后将打印件轻轻拉下顶板。再将顶板安装到铝合金底座上的凸出部，并将其向后滑动以卡扣到位。转动打印托盘闩锁以固定托盘。切勿在完成打印后立即关闭 Makerbot Replicator Z18。始终让智能喷头冷却至 50°C 后再断电（图 3-22）。

图 3-22　笔筒的 3D 打印

（8）修整模型

观察模型整体造型是否打印完整，细节是否完整，手感是否光滑，有没有出现衔接不了的结构，或出现材料结块的现象。如果出现少许的材料结块现象，一般是正常的，用小锉刀或砂纸进行轻轻打磨都可以在一定程度上消除不平整部分（图 3-23）。

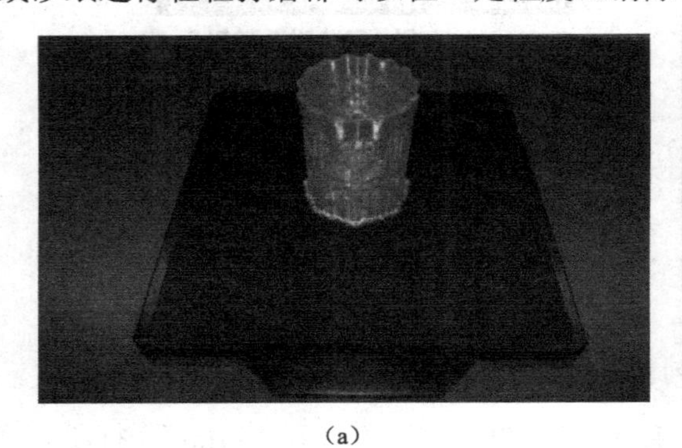

（a）

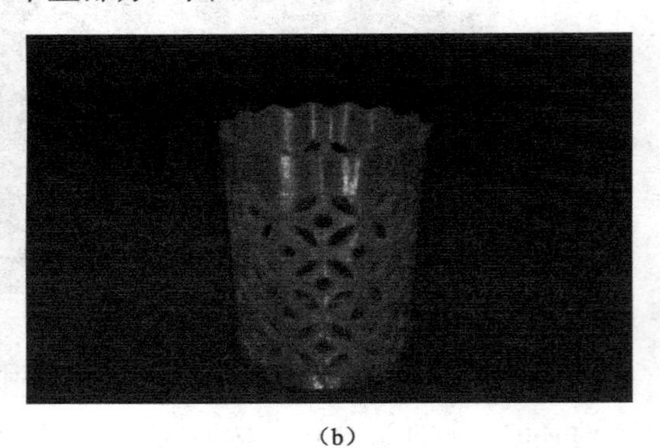

（b）

图 3-23　笔筒的后处理

Makerbot Replicator Z18 常见问题的具体解决方案见表 3-4。

表 3-4　Makerbot Replicator Z18 常见问题的具体解决方案

问题	解决方案
无法向 Makerbot Replicator 智能喷头中装载耗材	尝试卸载并重新装载。将智能喷头固定到位，然后尝试穿入耗材。用力推；只要将智能喷头固定到位，推动耗材就不会将其损坏
无法将耗材从智能喷头中取出	尝试运行耗材进料脚本并让塑料挤出几秒，然后再次尝试卸载
耗材不从智能喷头中挤出	尝试卸载并重新装载耗材。今后，应该等智能喷头冷却至 50℃后再关闭 Makerbot Replicator Z18，以避免喷头堵塞
打印的物体粘在打印托盘上	从 Makerbot Replicator Z18 取下塑料顶板（如果还未这样操作）。如果仍然无法从打印托盘上取下打印件，请尝试稍微弯曲塑料板
在打印过程中，物体从打印托盘上剥落	确保打印托盘胶带干净且牢固粘贴在打印托盘上。如果打印件继续从托盘上剥落，托盘可能不再平整。请按照说明书第 57 页上的说明调平打印托盘。还可以尝试使用底托进行打印。有关使用底托进行打印的更多信息，请参见说明书第 38 页
触摸屏无响应	Makerbot Replicator Z18 上的控制面板屏幕不是触摸屏。转动转盘可在屏幕上滚动显示可用的选项。按压转盘可进行选择
无法访问 Makerbot Desktop 的“Library”（库）、“Explore”（探索）和“Store”（商店）部分	可能未登录到 Makerbot 账户。只有在登录后，才能访问这些功能。如果登录到了 Makerbot 账户而仍然无法访问“Library”（库）、“Store”（商店）和“Explore”（探索）部分，计算机可能未连接到 Internet
Makerbot Replicator Z18 连接到了网络，但 Makerbot Desktop 只允许导出，而不允许打印	可能未在 Makerbot Desktop 和 Makerbot Replicator Z18 之间建立连接。在 Makerbot Desktop 中，转到 Devices→Connect to a New Device（设备→连接至新设备）。从网络上的 Makerbot 3D 打印机列表中选择 Makerbot Replicator Z18，然后单击 Connect（连接）。收到提示时，按 Makerbot Replicator Z18 上的转盘以确认连接
智能喷头已经安装，但 Makerbot Replicator Z18 无法识别它	拆下智能喷头并通过转到 Utilities→System Tools→Attach Smart Extruder（实用工具→系统工具→连接智能喷头）来运行喷头连接脚本
打印意外暂停	确保 Makerbot Replicator Z18 的前门已关闭。如果在打印过程中打开前门，打印就会自动暂停。如果在启动打印时或在预热期间打开前门，则会取消打印或预热 为确保不会发生这种情况，请务必牢固关闭 Makerbot Replicator Z18 的前门，然后再开始打印或预热

第 4 章　光固化成形工艺

4.1　光固化成形的原理和特点

光固化成形（Stereo lithography Apparatus，SLA），也称立体光刻、光固化立体成形、立体平板印刷。光固化成形是最常见的一种 3D 打印工艺，由 Charles W. Hull 于 1984 年获得美国专利，也是最早发展起来的 3D 打印工艺，他由此于 1986 年创办了 3D Systems 公司。自 1998 年美国 3D Systems 公司最早推出 SLA-250 商品化 3D 打印机以来，SLA 已成为目前世界上研究最深入、技术最成熟、应用最广泛的一种 3D 打印工艺。它以光敏树脂为原料，通过计算机控制紫外激光使其逐层凝固成形。这种方法能简捷、全自动地制造出表面质量和尺寸精度较高、几何形状较复杂的原型。

1. 光固化成形工艺原理

光固化立体造型工艺以光敏树脂为原料，其成形原理如图 4-1 所示。3D 打印机上有一个盛满液态光敏树脂的液槽，激光器发出的紫外激光束在控制设备的控制下，按零件的各分层截面信息在光敏树脂表面进行逐点扫描，使被扫描区域的树脂薄层吸收能量，产生光聚合反应而固化，形成零件的一个薄层截面。当一层固化完毕后，工作台下降一个层厚的高度，以使在原先固化好的树脂表面再敷上一层新的液态树脂，刮板将黏度较大的树脂液面刮平，然后进行下一层的扫描加工，新固化的层牢固地黏结在前一层上，如此反复直到整个零件原型制造完成。当实体原型完成后，首先将实体取出，并将多余的树脂去除。之后去掉支撑，进行清洗，完成成形原型后处理，从而获得成形原型件。

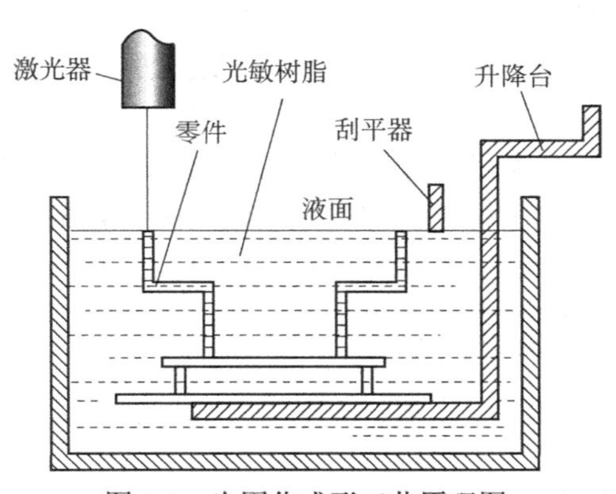

图 4-1　光固化成形工艺原理图

因为树脂材料的高黏性，在每层固化之后，液面很难在短时间内迅速流平，这将会影响实体的精度。采用刮板刮切后，所需数量的树脂便会被十分均匀地涂敷在上一叠层上，这样经过激光固化后可以得到较好的精度，使产品表面更加光滑和平整；并且可以解决残留体积的问题。

2. 光固化成形工艺特点

经过多年的发展，光固化成形工艺技术已经日益成熟、可靠，光固化成形工艺具有以下显著的特点。

① 成形精度高，可以做到微米级别，比如 0.025mm。

② 表面质量优良，比较适合成形结构十分复杂、尺寸比较精细的零件。

③ 成形速度快，系统工作相对稳定。

④ 可以直接制作面向熔模精密铸造的具有中空结构的消失型。

⑤ 制作的原型可以在一定程度上替代塑料件。

⑥ 材料利用率极高，接近 100%。

光固化成形工艺的缺点如下。

① SLA 设备造价昂贵，使用维护成本较高。

② 成形零件为树脂类零件，材料价格昂贵，强度、刚度、耐热性有限，不利于长期保存。

③ 光敏树脂对环境有污染，会使人皮肤过敏。

④ 成形时需要设计支撑，支撑去除容易破坏成形零件。

⑤ 经光固化成形后的原型，树脂并未完全固化，所以一般都需要二次固化。

3. 光固化成形工艺应用

光固化成形技术特别适合于新产品的开发、不规则或复杂形状零件制造（如具有复杂形面的飞行器模型和风洞模型）、大型零件的制造、模具设计与制造、产品设计的外观评估和装配检验、快速反求与复制，也适用于难加工材料的制造。这项技术不仅在制造业具有广泛的应用，而且在材料科学与工程、医学、文化艺术等领域也有广阔的应用前景。在航空航天领域，SLA 模型可直接用于风洞试验，进行可制造性、可装配性检验。

光固化成形工艺主要应用范围有如下几个方面。

① 各类注型、模具的设计与制造（特别是塑料模具）；

② 产品的外观设计及效果评价，如汽车、家电、化妆品、体育用品、建筑设计等；

③ 医疗、手术研究用骨骼模型、代用血管、人造骨骼模型等；

④ 流体实验用模型，如飞机、船舶、高大建筑等；

⑤ 艺术摄影作品实物化、胸像制作、首饰的金属模等；

⑥ 学术研究、分子和遗传因子的立体模型、利用生物显微镜切片制作立体模型等。

4.2 光固化成形的工艺过程

1. 光固化成形工艺过程

光固化 3D 打印工艺过程一般包括前期数据准备（创建 CAD 模型、模型的面化处理、设计支撑、模型切片分层）、成形加工和后处理。

1）前期数据准备

前期数据准备主要包括以下几个方面。

（1）造型与数据模型转换

CAD 系统的数据模型通过 STL 接口转换到光固化 3D 打印系统中。STL 文件用大量的小三角形平面来表示三维 CAD 模型，这就是模型的面化处理。三角小平面数量越多，分辨率越高，STL 表示的模型越精确。因此高精度的数学模型对零件精度有重要影响，需要加以分析。

（2）设计支撑

通过数据准备软件自动设计支撑。支撑可选择多种形式，例如点支撑、线支撑、网状支撑等。支撑的设计与施加应考虑可使支撑容易去除，并能保证支撑面的光洁度。

（3）模型切片分层

CAD 模型转化成面模型后，接下来的数据处理工作是将数据模型切成一系列横截面薄片，切片层的轮廓线表示形式和切片层的厚度直接影响零件的制造精度。切片过程中规定了两个参数来控制精度，即切片分辨率和切片单位。切片单位是软件用于 CAD 单位空间的简单值，切片分辨率定义为每 CAD 单位的切片单位数，它决定了 STL 文件从 CAD 空间转换到切片空间的精度。切片层的厚度直接影响零件的表面光洁度，切片轴方向的精度和制作时间，是光固化 3D 打印中最广泛使用的变量之一。当零件的精度要求较高时，应考虑更小的切片厚度。

2）成形加工

通过数据处理软件完成数据处理后，通过控制软件进行制作工艺参数设定。主要制作工艺参数有扫描速度、扫描间距、支撑扫描速度、跳跨速度、层间等待时间、涂铺控制及光斑补偿参数等。设置完成后，在工艺控制系统控制下进行固化成形。首先调整工作台的高度，使其在液面下一个分层厚度，开始成形加工，计算机按照分层参数指令驱动镜头使光束沿着 X-Y 方向运动，扫描固化树脂，底层截面（支撑截面）黏附在工作台上，工作台下降一个层厚，光束按照新一层截面数据扫描、固化树脂，同时牢牢地黏结在底层上。依次逐层扫描固化，最终形成实体原型。

3）后处理

后处理是指整个零件成形完成后进行的辅助处理工艺，包括零件的清洗、支撑去除、打磨、表面涂覆以及后固化等。

零件成形完成后，将零件从工作台上分离出来，用酒精清洗干净，用刀片等其他工具将支撑与零件剥离，之后进行打磨喷漆处理，为了获得良好的机械性能，可以在后固化箱内进行二次固化。通过实际操作得知，打磨可以采用水砂纸，基本打磨选用 400～1000 号最为合适。通常先用 400 号，再用 600 号、800 号。使用 800 号以上的砂纸时最好沾一点水来打磨，这样表面会更平滑。

光固化成形件作为装配件使用时，一般需要进行钻孔和铰孔等后续加工。通过实际操作得知，光固化成形件基本满足机械加工的要求，如对 3mm 厚度的板进行钻孔，孔内光滑、无裂纹现象；对外径 8mm 高度 20mm 的圆柱体进行钻孔，加工出 5mm 高度 10mm 的内孔，孔内光滑，无裂纹，但是随着圆柱体内外孔径比值增大，加工难度增加，会出现裂纹现象。

4.3　光固化成形的材料和设备

成形设备的研究与开发是快速成形制造技术的重要部分，其先进程度是衡量快速成形技术发展水平的标志。随着 1988 年 3D Systems 公司推出第一台商品化快速成形设备 SLA-250

以来，世界范围内相继推出了多种快速成形工艺的商品化设备和实验室阶段的设备。

光固化成形设备的研发机构有美国的 3D Systems 公司、Aaroflex 公司，德国的 EOS 公司、F&S 公司，法国的 Laser 3D 公司，日本的 SONY/D-MEC 公司、Teijin Seiki 公司、Denken Engieering 公司、Meiko 公司、Unipid 公司、CMET 公司，以色列的 Cubital 公司以及国内的西安交通大学、华中科技大学、上海联泰科技有限公司等。

3D Systems 公司生产的 ProX 950 立体光刻打印机如图 4-2 所示，能够精确无缝地成形尺寸 1500mm×750mm×550mm、最大零件重量 150kg、外观和力学性能优良的制件，支持多种 SLA 工业材料，可以打印韧性强的类 ABS 材料，也可以打印透明的类树脂材料。

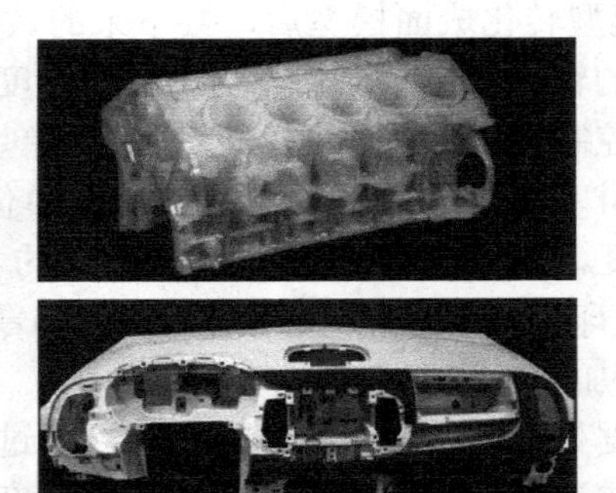

图 4-2　ProX 950 立体光刻打印机及打印件

陕西恒通智能机器有限公司开发的 SPS 系列固体激光快速成形机如图 4-3、图 4-4 所示，技术参数见表 4-1。

图 4-3　光固化激光快速成形机

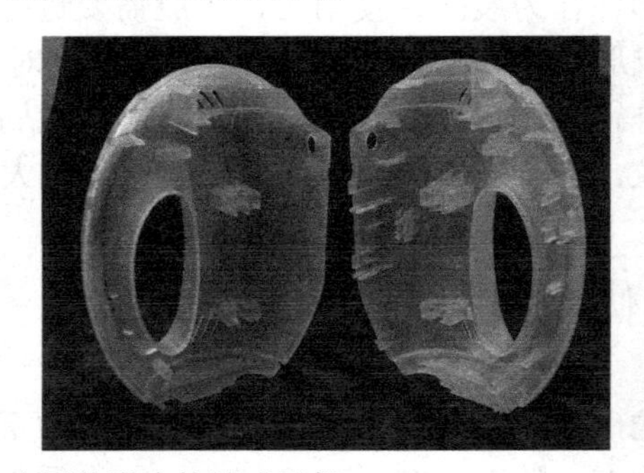

图 4-4　光固化激光快速成形机

表 4-1　SPS 系列技术参数

型号	SPS800	SPS600	SPS450	SPS350
最大激光扫描速度	10m/s			
激光光斑直径	≤0.15mm			
成形空间（mm×mm×mm）	800×600×400	600×600×400	450×450×350	350×350×350
加工精度	±0.1mm（L≤100mm）或±0.1%（L>100mm）			
加工层厚	0.06～0.2mm			
最大成形速度	80g/h	80g/h	60g/h	60g/h
设备体积（mm×mm×mm）	2065×1245×2220	1865×1245×1930	1665×1095×1930	1565×995×1930
设备功率	6kW	3kW	3kW	3kW

4.4　光固化成形设备使用

4.4.1　涡轮叶片的三维 CAD 建模

在 Pro/E 软件系统中，进行涡轮叶片的三维 CAD 建模，建立的三维 CAD 模型如图 4-5 所示。

图 4-5　产品三维 CAD 模型

4.4.2　产品三维模型的数据处理

① 在 Pro/E 软件系统中，对涡轮叶片的三维 CAD 模型进行数据转换，通过保存副本方式生成 STL 格式的数据文件，STL 数据处理实际上就是采用若干小三角形片来逼近模型的外表面，如图 4-6 所示。这一阶段需要注意的是 STL 文件生成的精度控制，设置“弦高”为 0.2，“角度控制”为 0.5。

② 加载快速成形设备。在 MAGICS 9.5 数据处理软件中加载快速成形设备 MPS280。注意设置该设备的主要数据处理工艺参数，如图 4-7 所示。

导出 STL
坐标系
PRT_CSYS_DEF:F4(坐标系)
格式
二进制 ASCII
允许负值
偏差控制
弦高: 0.200000
角度控制: 0.500000
步长大小: 10.278217
文件名称
impeller1
确定 应用 取消

（a）导出 STL 对话框

（b）STL 文件模型

图 4-6　数据转换

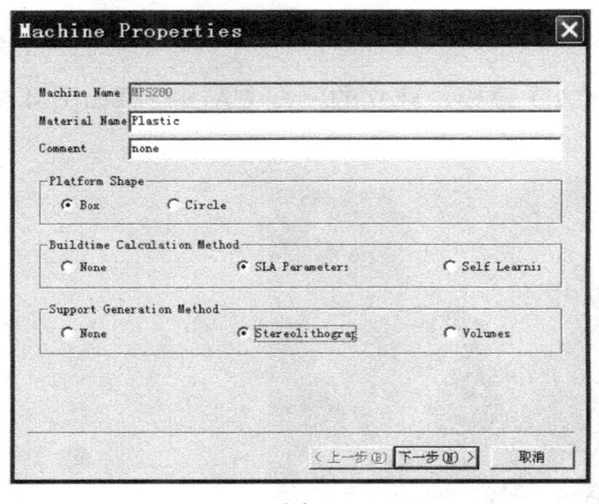

（a）

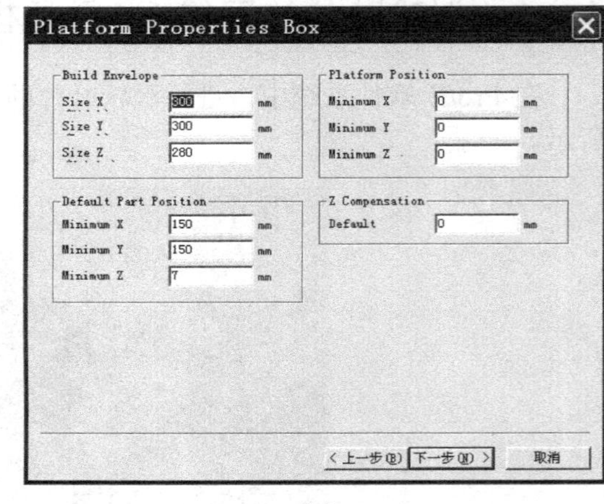

（b）

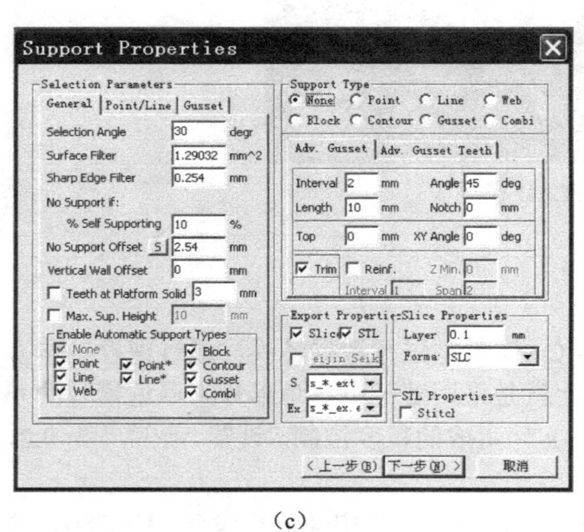

（c）

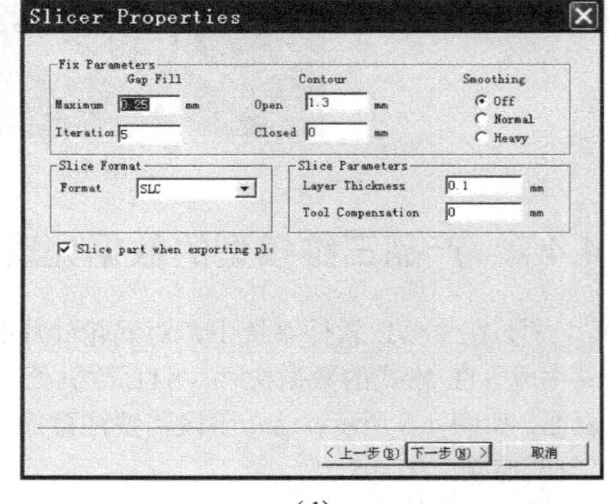

（d）

图 4-7　设置成形设备的数据处理工艺参数

③ 确定产品本体模型的摆放方位。根据模型结构尺寸及精度的要求，考虑模型制作的效率以及支撑施加，需要确定相对比较合理的摆放方位。对于结构复杂的模型制作，摆放方位的确定是十分重要的，有时需要反复尝试后给出合理的摆放方位。有时为了减少支撑，还常常将模型倾斜一定的角度进行摆放。本产品加载到 MAGICS 9.5 软件中，默认位置如图 4-8（a）所示，如图 4-8（b）所示使用移动零件对话框中的“Translate to Default Position”（移动至默认位置），移动模型至软件坐标（150，150，7）对应位置，再如图 4-8（c）所示移动至工作台中间位置，最终放置位置如图 4-8（d）所示。

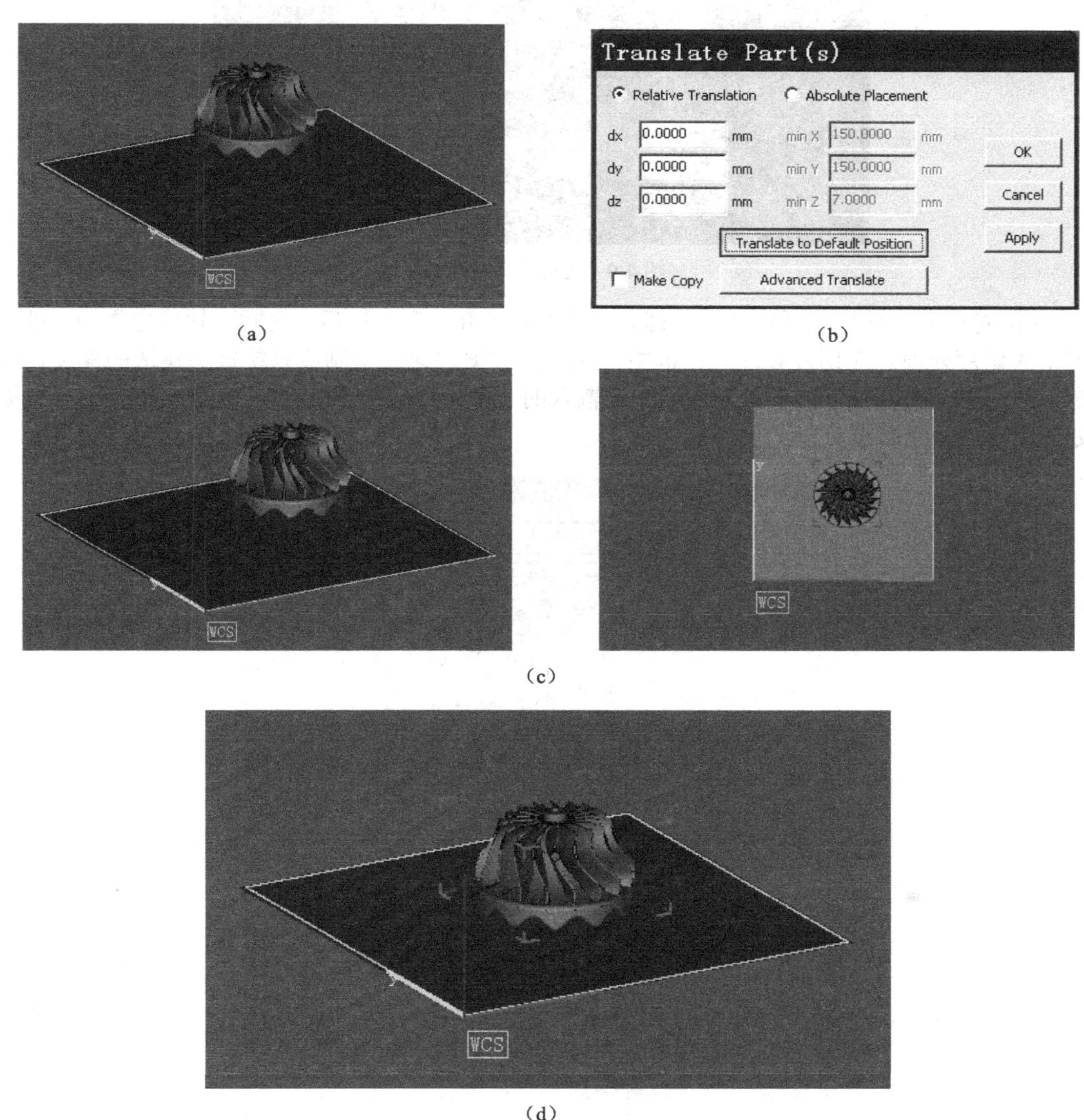

（a）　（b）

（c）

（d）

图 4-8　产品的放置

④ 对产品本体模型进行自动施加支撑。当模型摆放方位确定后，还应尽可能将模型置于工作台板的中心，而且模型底面要高出工作台板 7mm 以上，便于施加基础支撑。当模型的位

置和方位确定后，便可以在 MAGICS 9.5 软件中进行支撑的自动施加，并根据支撑强度需要手动添加必要的支撑，去除系统自动生成的不必要的支撑，最终生成的支撑文件如图 4-9 所示。

图 4-9　支撑文件的生成

⑤ 对产品本体模型进行切片处理。当施加支撑并处理完毕后，返回到软件主界面，进行模型的切片处理。在切片处理对话框中，主要是根据快速原型制造系统每层建造的厚度，确定切片的层厚为 0.1mm，设置零件和支撑输入的文件格式均为“SLC”，如图 4-10 所示，数据处理完毕后输出数据处理的文件。

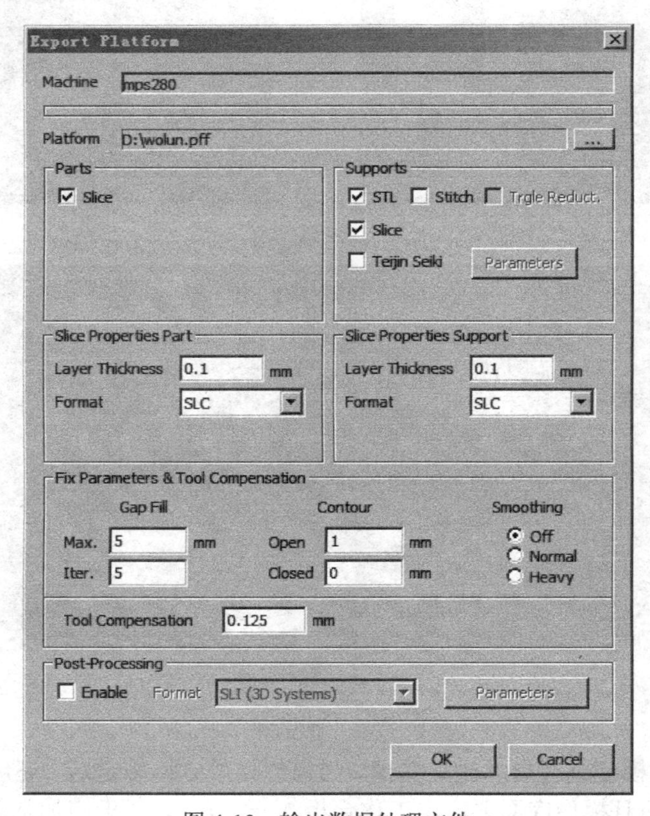

图 4-10　输出数据处理文件

4.4.3　涡轮叶片的快速成形制作

1. 启动快速成形设备

光固化成形过程是在专用的光固化快速成形设备系统 MPS280 上进行的，如图 4-11 所示。在原型制作前，需要提前启动光固化快速成形设备系统，使得树脂材料的温度达到预设的合理温度 32°，激光器点燃后也需要一定的稳定时间。按下控制面板上总电源开关“电源 ON”按钮。电源指示灯 ON 表示通电，柜门风扇通电转动。按下“加热”按钮。加热指示灯 ON，即开始给树脂加热，温度控制仪开始控制树脂加热。树脂温度上升至 32℃时，可以开始制作零件。加热过程大约需要一小时（如若工作间隔不长，可不必关断加热及电源，免去长时间的加热等待）。打开激光器，旋转控制面板“激光”钥匙开关至 ON 位置，即打开激光器电源。激光器长时间没有闭合，重新闭合后需要预热 20 分钟左右；临时断开再闭合，预热 3～5 分钟。打开计算机，启动 Windows 2000。运行 RpBuild 控制程序。打开后柜门，并旋转激光控制箱钥匙开关至 POWER ON 指示灯亮。按 QS-ON 按钮，相应灯亮。按 SHT-ON 按钮，相应灯亮。按 DIODE 按钮，相应灯亮。按 CURRENT+按钮加电流至 IS=5.8A。按下“伺服”按钮。伺服指示灯 ON，即给伺服系统加上电源。在 RpBuild 控制程序中操作：单击控制菜单检查 UV 光束功率应大于 130mW。单击控制菜单中的“工作台移动”→“工作台移至零位”。单击控制菜单启用搅拌树脂程序使树脂搅拌均匀。

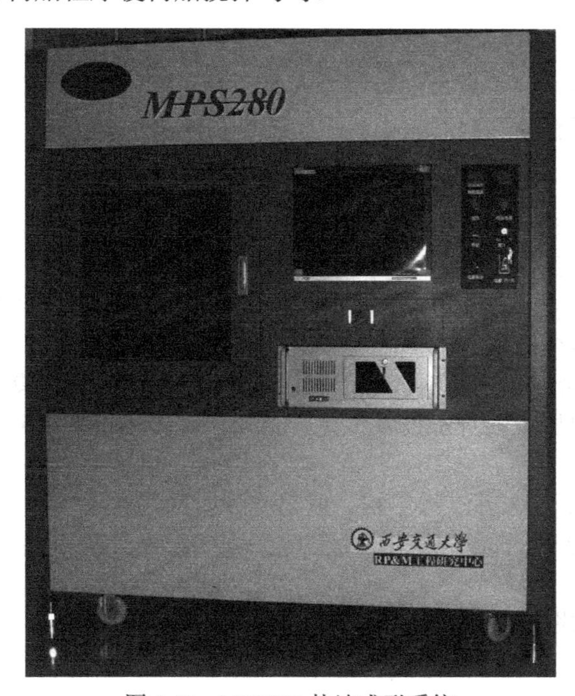

图 4-11　MPS280 快速成形系统

2. 加载数据处理文件

设备运转正常后启动原型制作控制软件，读入前处理生成的层片数据文件。打开 SPS300C 快速成形工艺控制系统 V6.0，单击系统主菜单“文件”→“加载 SLC 数据文件”，把数据处理的零件 SLC 文件加载到系统中，注意不必加载支撑 SLC 文件，因为系统将其自动和零件

SLC 文件一起加载。通过该系统可进行产品轮廓检视。也可进行产品的制作过程仿真，如图 4-12 所示，是第 335 层的模型制作仿真。

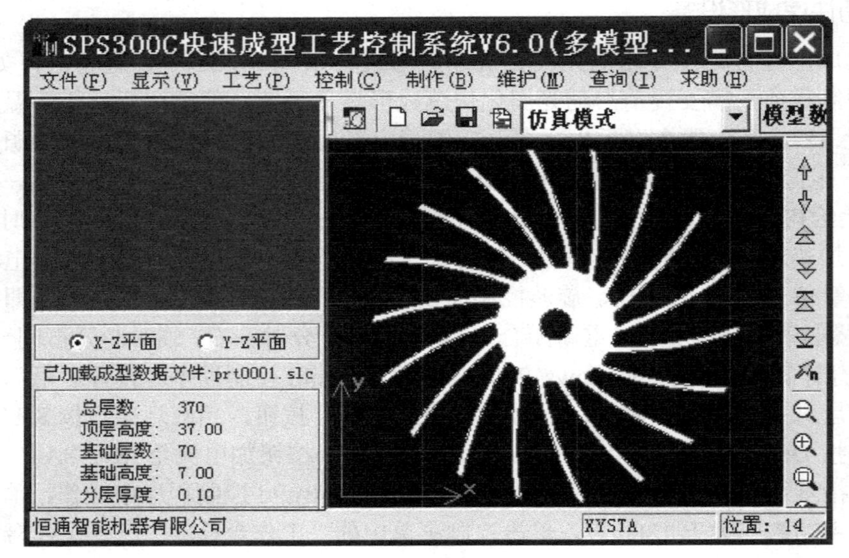

图 4-12　产品制作仿真

3. 产品快速制作

当一切准备就绪后，就可以启动叠层制作了。整个叠层的光固化过程都是在软件系统的控制下自动完成的，所有叠层制作完毕后，系统自动停止。

4. 模型的后处理

光固化原型的后处理主要包过原型的清除、去除支撑、后固化以及必要的打磨等工作。以下是后续处理步骤和具体过程。

① 原型叠层制作结束后，工作台升出液面，停留 5～10min，以晾干滞留在原型表面和排除包裹在原型内部多余的树脂。

② 将原型和工作台网板一起斜放晾干，并将其浸入丙酮、酒精等清洗液体中，搅动并刷掉残留的气泡。如果网板是固定于设备工作台上的，直接用铲刀将原型从网板上取下，进行清洗。

③ 原型清洗完毕后，去除支撑结构。取出支撑时应注意不要刮伤原型表面和精细结构。

④ 再次清洗后置于紫外烘干箱中进行整体后固化。对于有些性能要求不高的原型，可以不做后固化处理。

最终得到的产品如图 4-13 所示。

5. 关机

关机的具体步骤如下：将后柜门打开，按 CURRENT 按钮将激光控制器电流降至 0。按 DIODE 按钮，相应灯熄。按 SHT-ON 按钮，相应灯熄。按 QS-ON 按钮，相应灯熄。旋转激光控制箱钥匙开关，至 POWER OFF 指示灯熄。旋转控制面板激光开关至 OFF 位置，即关掉激光电源。注意：关闭激光器之前，不应关闭伺服及 RpBuild 控制程序。按下“加热”按钮，加热指示灯 OFF。按下“伺服”按钮，伺服指示灯 OFF，即给伺服系统断掉电源。关闭计算机。按下控制面板上总电源开关“电源 OFF”按钮。电源指示灯 OFF 表示断电，柜门风扇停止转动。

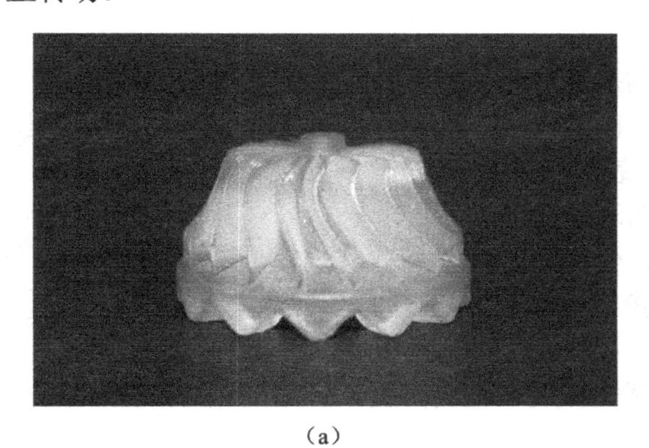

（a）

（b）

图 4-13　产品快速成形原型

4.4.4　MPS280 激光快速成形机操作规程

实验操作步骤如下。

环境达到规定要求后才能开机。电源：220±10V，50±2Hz，3kW，须配备精密净化稳压电源。室温：22～24℃，要求有空调及通风设备。照明：要求采用白炽灯照明，禁止使用日光灯等近紫外灯具，工作间窗户有防紫外线窗帘，防止日光直射。湿度：相对湿度为 30%～50%，要求有除湿设备。污染：工作间无腐蚀性、有毒气体、液体及固体物质。振动：不允许存在振动。

按下控制面板上总电源开关“电源 ON”按钮。电源指示灯 ON 表示通电，柜门风扇通电转动。

按下“加热”按钮。加热指示灯 ON，即开始给树脂加热，温度控制仪开始控制树脂加热。树脂温度上升至 32℃时，可以开始制作零件。加热过程大约需要一小时（如若工作间隔不长，可不必关断加热及电源，免去长时间的加热等待）。

打开激光器，步骤如下。

① 旋转控制面板激光钥匙开关至 ON 位置，即打开激光器电源。激光器长时间没有闭合，重新闭合后需要预热 20 分钟左右；临时断开再闭合，预热 3～5 分钟。

② 打开计算机，启动 Windows 98/2000。

③ 运行 RpBuild 控制程序。

④ 打开后柜门，并旋转激光控制箱钥匙开关至 POWER ON 指示灯亮。

⑤ 按 QS-ON 按钮，相应灯亮。

⑥ 按 SHT-ON 按钮，相应灯亮。

⑦ 按 DIODE 按钮，相应灯亮。

⑧ 按 CURRENT + 按钮加电流至 IS=5.8A。

按下“伺服”按钮。伺服指示灯 ON，即给伺服系统加上电源。

在 RpBuild 控制程序中进行如下操作。

① 单击控制菜单检查 UV 光束功率应大于 130mW。

② 加载待加工零件的*.SLC 文件。

③ 单击控制菜单中的“工作台移动”→“工作台移至零位”。

若继续制作上次中断的零件，则不要移动托板。

④ 单击控制菜单启用搅拌树脂程序使树脂搅拌均匀。

⑤ 单击重新制作，计算机提示是否自动关闭激光器，选择“否”后进入自动制作过程。

⑥ 制作完成后，屏幕出现“RP 项目制作完成”提示，单击“完成”。

⑦ 将托板升出液面，取出制件，将托板清理干净。

⑧ 清理过程中，可以按下“照明”按钮，使用照明。

⑨ 继续制作其他项目，则重复步骤②～⑧。

关机，步骤如下。

① 将后柜门打开，按 CURRENT-按钮将激光控制器电流降至 0。

② 按 DIODE 按钮，相应灯熄。

③ 按 SHT-ON 按钮，相应灯熄。

④ 按 QS-ON 按钮，相应灯熄。

⑤ 旋转激光控制箱钥匙开关，至 POWER OFF 指示灯熄。

⑥ 旋转控制面板“激光”开关至 OFF 位置，即关掉激光电源。

注意：关闭激光器之前，不应关闭伺服及 RpBuild 控制程序。

⑦ 按下“加热”按钮，加热指示灯 OFF。

⑧ 按下“伺服”按钮，伺服指示灯 OFF，即给伺服系统断掉电源。

⑨ 关闭计算机。

⑩ 按下控制面板上总电源开关“电源 OFF”按钮。电源指示灯 OFF 表示断电，柜门风扇停止转动。

实验注意事项如下。

（1）设备电源

① 总电源开关建议不断开，目的在于缩短下次开机时间，延长激光器使用寿命。

② 关闭电源时，应先关闭激光电源，后关闭计算机。对其他关闭顺序无严格要求。

③ “加热”、“伺服”、“激光”任一指示灯未 OFF 时，不能按下“电源”按钮，使电源断掉。

④ 若长时间不使用机器，则应关闭各电源开关，最后关闭总电源。

（2）伺服系统

① “伺服”按钮按下后，指示灯处于 ON 状态时，表示通电。通电时，Z 轴升降台电动机、XY 扫描系统、刮板电动机、液位控制电动机、液位传感器通电。

② 在伺服电源打开的情况时，不可以用手拖动同步带运动，以防电动机失步或损坏。

（3）激光器

① 激光器是精密设备，除特殊情况外，不要频繁启动激光器，否则会对其寿命有影响。

② 零件制作完成后，如不继续制作，要及时关闭激光器电源，如短时间不再制作，只需要将激光器电流降到 0，RpBuild 控制程序可以不关，如长时间不制作，按正常的关闭激光器的顺序关闭激光器。

③ 前面控制面板的钥匙是给激光器电源箱供电的。

（4）托板、导轨及其他装置

① 向上手动移动托板时，注意不要超过刮板位置。

② 不加工零件时应将托板降至液面 10mm 以下。

③ 注意保护导轨的清洁，不受树脂的污染，并定时擦 20 号机油。

④ 不要长时间注视扫描光点，防止激光伤害眼睛。

⑤ 切记不可让激光直射眼睛，以防伤害。

⑥ 不要将外接光纤打折，并注意保护外接光纤。

⑦ 电源总开关断电时，请注意在重新开机时预热 20 分钟（以确保激光器安全）。

第5章　激光选区烧结工艺

5.1　激光选区烧结工艺的原理和特点

激光选区烧结（SLS）技术是几种最成熟的3D打印技术之一，也称选择性激光烧结。激光选区烧结工艺最初是由美国德克萨斯大学奥斯汀分校的Carl Deckard于1989年在其硕士论文中提出的，稍后组建成DTM公司，并于1992年开发了基于SLS的商业成形系统Sinterstation。激光选区烧结工艺是利用粉末材料（金属或非金属）在激光照射下烧结的原理，在计算机控制下层层堆积成形。其原理与光固化成形十分相似，主要区别在于所使用的材料及其形状不同。使用粉末材料是激光选区烧结的主要优点之一，理论上任何可熔粉末都可以用来制造真实的原型制件。

1. 激光选区烧结工艺原理

激光选区烧结工艺的原理如图5-1所示，该工艺采用CO_2激光器作为能源，目前使用的造型材料多为各种粉末状材料（如塑料粉、陶瓷和黏结剂的混合粉、金属与黏结剂的混合粉）。成形时采用铺粉辊将一层粉末材料平铺在已成形零件的上表面，并加热至恰好低于该粉末烧结点的某一温度，控制系统控制激光束按照该层的截面轮廓在粉层上扫描，使粉末的温度升至熔化点，进行烧结并与下面已成形的部分实现黏接。当一层截面烧结完成后，工作台下降一个层的高度，铺粉辊又在上面铺上一层均匀密实的粉末，进行新一层截面的烧结，如此循环直到完成整个模型。全部烧结完后去掉多余的粉末，再进行打磨、烘干等处理便获得零件。

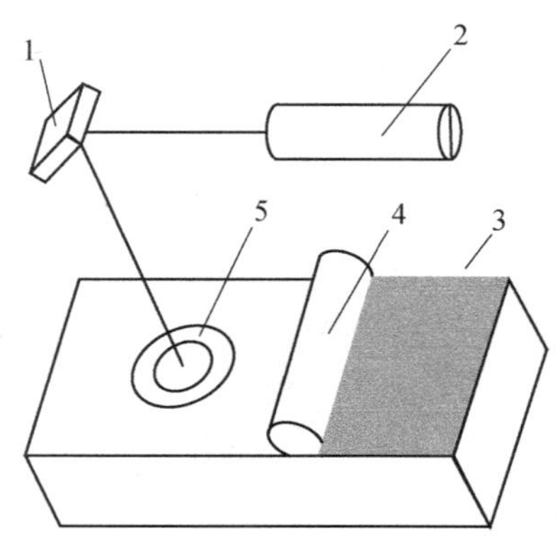

1—扫描镜；2—CO_2激光器；3—粉末；4—铺粉辊；5—当前加工截面轮廓线

图5-1　激光选区烧结工艺原理图

目前，根据SLS成形材料以及烧结件是否需要二次烧结，金属粉末SLS技术分为直接法和间接法。直接法是指烧结件直接为全金属制件；间接法金属SLS的烧结件为金属粉末与聚合物黏结剂的混合物，要经过降解聚合物、二次烧结等后处理工序才能得到全金属制件。

2. 激光选区烧结工艺特点

激光选区烧结工艺作为 3D 打印技术的重要分支之一，是目前发展最快和应用最广的技术之一。它和 SLA、LOM、FDM 构成 3D 打印技术的核心技术。与其他 3D 打印技术相比，SLS 以选材广泛、无须设计和制造复杂支撑并且可直接生产注塑模、电火花加工电极以及可快速获得金属零件等功能性零件而受到了越来越广泛的重视。选择性激光烧结工艺工作时具体的方法是，依据零件的三维 CAD 模型，经过格式转换后，对其分层切片，得到各层截面的轮廓形状，然后用激光束选择性地烧结一层层的粉末材料，形成各截面的轮廓形状，再逐步叠加成三维立体零件。该工艺具有如下特点。

① 可采用多种材料。从原理上说，激光选区烧结可采用加热时黏度降低的任何粉末材料，通过材料或各类含黏结剂的涂层颗粒制造出任何实体，适应不同的需要。

② 制造工艺比较简单。由于可用多种材料，激光选区烧结工艺按采用原料不同，可以直接生产复杂形状的原型、型腔模三维构件或部件及工具。例如，制造概念原型，可安装为最终产品模型的概念原型，蜡模铸造模型及其他少量母模生产，直接制造金属注塑模等。

③ 高精度。依赖于使用的材料种类和粒径、产品的几何形状和复杂程度，该工艺一般能够达到工件整体范围内±（0.05～2.5mm）的公差。当粉末粒径为 0. 1mm 以下时，成形后的原型精度可达±10%。

④ 无须支撑结构。和叠层实体制造工艺类似，激光选区烧结工艺也无须设计支撑结构，叠层过程中出现的悬空层面可直接由未烧结的粉末来实现支撑。

⑤ 材料利用率高。由于激光选区烧结不需要支撑结构，也不像叠层实体制造工艺那样出现许多工艺废料，也不需要制作基底支撑，所以该工艺在常见的几种 3D 打印工艺中，材料利用率是最高的，可认为是 100%。

激光选区烧结工艺的缺点如下。

① 成形零件精度有限。在激光烧结过程中，热塑性粉末受激光加热作用要由固态变为熔融态或半熔融态，然后再冷却凝结为固态。在上述过程中会产生体积收缩，使成形工件尺寸发生变化，因收缩还会产生内应力，再加上相邻层间的不规则约束，以致工件产生翘曲变形，严重影响成形精度。

② 无法直接成形高性能的金属和陶瓷零件，成形大尺寸零件时容易发生翘曲变形。

③ 由于使用了大功率激光器，整体制造和维护成本非常高，一般消费者难于承受。

④ 目前成形材料的成形性能大多不太理想，成形坯件的物理性能不能满足功能性制品的要求，并且成形性能较好的国外材料的价格都比较昂贵，使得生产成本较高。

3. 激光选区烧结工艺应用

激光选区烧结成形技术一直以速度最快、原型复杂系数最大、应用范围最广、运行成本最低著称，在产品概念设计可视化、造型设计评估、装配检验、熔模铸造型芯、精密铸造、快速制模母模等方面得到了迅速应用。

（1）SLS 在快速铸造工艺中的应用

3D 打印与传统铸造技术相结合形成快速铸造技术（Rapid Casting，RC），其基本原理是利用 3D 打印技术直接或者间接地制造铸造用消失模、聚乙烯模、蜡样、模板、铸型、型芯或型壳，然后结合传统铸造工艺，快捷地铸造零件，大大地提高了企业的竞争力。SLS 技术与铸造结合，所得到的铸件精度高、光洁度好，能充分发挥复杂形状制造能力，极大地提高生产效率和制造柔性，经济、快捷，大大缩短制造周期，对铸造产品质量的提高，加速新产品的开发以及降低新产品投产时工装模具的费用等方面都具有积极意义。

（2）SLS 在航空航天中的应用

SLS 在航空航天中的应用主要是以下三个方面，一是外形验证，整机和零部件外形评估及测试、验证；二是直接产品制造，例如无人飞机的机翼、云台、油箱、保护罩等，而美国一些大飞机中也有 30 多个部件采用 SLS 工艺直接制造零件；三是精密熔模铸造的原型制造，采用精密浇铸工艺来制作部件原型。

（3）电子电器应用

SLS 工艺在电子产品加工领域有独到的优势，特别适合小尺寸零件的打样和小尺寸塑胶类有力学要求或绝缘要求的零件小批量甚至中等批量的生产。比如塑胶类的卡扣、小电动机的绝缘片、电器接线端子、紧固件、螺钉等。在电器产品方面特别合适小尺寸的结构复杂的外壳件打样。

（4）汽车应用

SLS 工艺已经在汽车零部件的开发和赛车的零部件制造方面得到了广泛的应用。这些应用包括了汽车仪表盘、动力保护罩、装饰件、水箱、车灯配件、油管、进气管路、进气歧管等零件。

（5）艺术产品应用

SLS 工艺可以直接制造传统注塑工艺不能脱模的产品，从此塑胶艺术品开始廉价得以普及，也是城市雕塑工程招投标、快速制造样品的首选。

5.2 激光选区烧结工艺的工艺过程

和其他 3D 打印工艺过程一样，粉末激光烧结 3D 打印工艺过程也分为前处理、叠层制造及后处理三个阶段。下面以某壳型件的原型制作为例介绍粉末激光烧结 3D 打印工艺过程。

1. 前处理过程

（1）CAD 模型及 STL 文件

各种快速原型制造系统的原型制作过程都是在 CAD 模型的直接驱动下进行的，因此有人将快速原型制作过程称为数字化成形。CAD 模型在原型的整个制作过程中相当于产品在传统加工流程中的图纸，它为原型的制作过程提供数字信息。用于构造模型的计算机辅助设计软件应有较强的三维造型功能，包括实体造型（Solid Modelling）和表面造型（Surface Modelling），后者对构造复杂的自由曲面具有重要作用。

目前国际上商用的造型软件 Pro/E、UG NX、Catia、Cimatro、Solid Edge、MDT 等的模型文件输出格式都有多种，一般都提供了直接能够由快速原型制造系统中切片软件识别的 STL 数据格式，而 STL 数据文件的内容是将三维实体的表面三角形化，并将其顶点信息和法矢有序排列起来而生成一种二进制或 ASCII 信息。随着 3D 打印制造技术的发展，由美国 3D 系统公司首先推出的 CAD 模型的 STL 数据格式已逐渐成为国际上承认的通用格式。

（2）三维模型的切片处理

SLS 技术等快速原型制造方法是在计算机造型技术、数控技术、激光技术、材料科学等基础上发展起来的，在快速原型 SLS 制造系统中，除了 3D 打印设备硬件外，还必须配备将

CAD 数据模型、激光扫描系统、机械传动系统和控制系统连接起来并协调运动的专用操控软件，该软件通常称为切片软件。

由于 3D 打印是按一层层截面形状来进行加工的，因此，加工前必须在三维模型上用切片软件，沿成形的高度方向，每隔一定的间隔进行切片处理，以便提取界面的轮廓。间隔的大小根据被成形件精度和生产率的要求来选定。间隔愈小，精度愈高，但成形时间愈长，否则反之。间隔的范围为 0.1～0.3mm，常用 0.2mm 左右，在此取值下，能得到比较光滑的成形曲面。切片间隔选定之后，成形时每层烧结材料粒度应与其相适应。显然，层厚不得小于烧结材料的粒度。

2. 分层烧结堆积过程

（1）工艺参数

从 SLS 技术的原理可以看出，该制造系统主要由控制系统、机械系统、激光器及冷却系统等几部分组成。SLS 3D 打印工艺的主要参数如下。

① 激光扫描速度影响着烧结过程的能量输入和烧结速度，通常是根据激光器的型号规格进行选定。

② 激光功率应当根据层厚的变化与扫描速度综合考虑选定，通常是根据激光器的型号规格不同按百分比选定。

③ 烧结间距的大小决定着单位面积烧结路线的疏密，影响烧结过程中激光能量的输入。

④ 单层厚度直接影响制件的加工烧结时间和制件的表面质量，单层厚度越小制件台阶纹越小，表面质量越好，越接近实际形状，同时加工时间也越长。并且单层厚度对激光能量的需求也有影响。

⑤ 扫描方式是激光束在“画”制件切片轮廓时所遵循的规则，它影响该工艺的烧结效率并对表面质量有一定影响。

（2）原型烧结过程

预热：

由于粉末烧结需要在一个较高的材料融化温度下进行，为了提高烧结效率改善烧结质量需要首先达到一个临界温度，为此烧结前应对成形系统进行预热。

原型制作：

当预热完毕，所有参数设定之后，便根据给定的工艺参数自动完成原型所有切层的烧结堆积过程。

3. 后处理过程

从 SLS 成形系统中取出的原型包裹在敷粉中，需要进行清理，以便去除敷粉，露出制件表面，有的还需要进行后固化、修补、打磨、抛光和表面处理等，这些工序统称后处理。

（1）制件清理

制件清理是将成形件附着的未烧结粉末与制件分离，露出制件真实烧结表面的过程。制件清理是一项细致的工作，操作不当会对制件质量产生影响。大部分附着在制件表面的敷粉可采用毛刷刷掉，附着较紧或细节特征处应仔细剔除。制件清理过程在整个成形过程中是很重要的，为保证原型的完整和美观，要求工作人员熟悉原型，并有一定的技巧。

（2）后处理

为了使烧结件在表面状况或机械强度等方面具备某些功能性需求，保证其尺寸稳定性、精度等方面的要求，需要对烧结件进行相应的后处理。

对于具有最终使用性功能要求的原型制件，通常采取渗树脂的方法对其进行强化；而用做熔模铸造型芯的制件，通过渗蜡来提高表面光洁度。

另外，若存在原型件表面不够光滑，其曲面上存在因分层制造引起的小台阶，以及因 STL 格式化而可能造成的小缺陷：原型的薄壁和某些小特征结构（如孤立的小柱、薄筋）可能强度、刚度不足，原型的某些尺寸、形状还不够精确，制件表面的颜色可能不符合产品的要求等，通常需要采用修整、打磨、抛光和表面涂覆等后处理工艺。

5.3 激光选区烧结工艺的设备和材料

激光选区烧结设备的研发机构有美国的 DTM 公司、3D Systems 公司，德国的 EOS 公司以及国内的华中科技大学、北京隆源自动成形设备有限公司和中北大学。

华中科技大学目前已经研制成功世界上成形范围最大的 HRPS 系列激光选区烧结设备，如图 5-2 所示，该设备以粉末为原料，可直接制成蜡模、砂芯（型）或塑料功能零件，其平面扫描范围达 1400mm×1400mm×500mm，制件精度为 200mm±0.2mm 或±0.1%，层厚为 0.08～0.3mm。HRPS 系列粉末烧结快速成形系统规格见表 5-1。

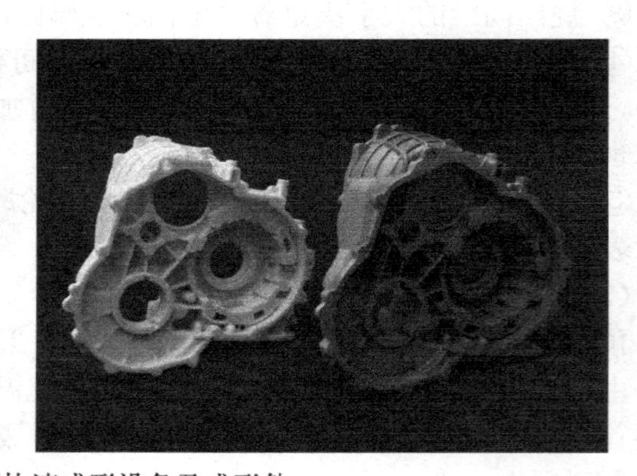

图 5-2　HRPS 系列快速成形设备及成形件

表 5-1　HRPS 系列粉末烧结快速成形系统规格

基本参数						
型号	HRPS-II	HRPS-IV	HRPS-V	HRPS-VI	HRPS-VII	HRPS-VIII
成形空间 L×W×H（mm）	320×320×450	500×500×400	1000×1000×600	1200×1200×600	1400×700×500	1400×1400×500
外形尺寸 L×W×H（mm）	1610×1020×2050	1930×1220×2050	2150×2170×3100	2350×2390×3400	2520×1790×2780	2390×2600×2960
分层厚度	0.08～0.3mm					
制件精度	±0.2mm（L≤200mm）或±0.1%（L>200mm）					
送粉方式	三缸式下送粉	上/下送粉	自动上料、上送粉			
电源要求	三相四线、50Hz、380V、40A		三相四线、50Hz、380V、60A			

（续表）

光学性能					
激光器	CO_2、进口				
最大扫描速度	4000mm/s	5000mm/s	8000mm/s	7000mm/s	7000mm/s
扫描方式	振镜式聚焦		振镜式动态聚集		
其他参数					
成形材料	HB 系列粉末材料（聚合物、覆膜砂、陶瓷、复合材料等）				
系统软件	Power Rp 终身免费升级				
软件工作平台	Windows 2000 运行环境				
可靠性	无人看管下工作				

美国 3D Systems 是一家实力很强、设备很齐全的 3D 打印设备公司，其中主要以光固化设备和 SLS 设备为主，成形材料为树脂和高分子材料。目前也开发出了成形金属材料的 sPro140 SLS 和 sPro 230 SLS 设备，如图 5-3 所示，3D Systems 系列粉末烧结快速成形系统规格见表 5-2。

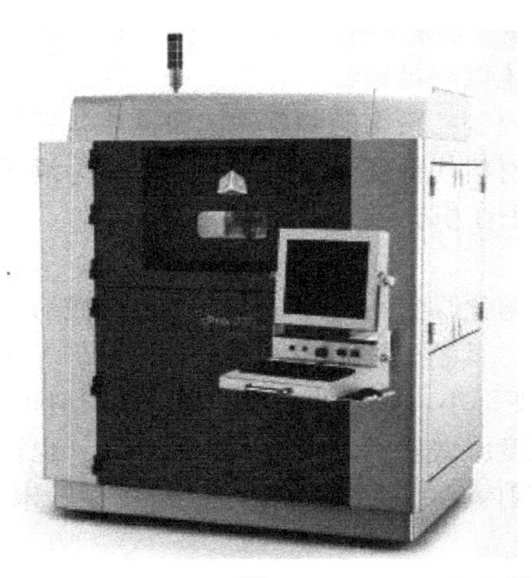

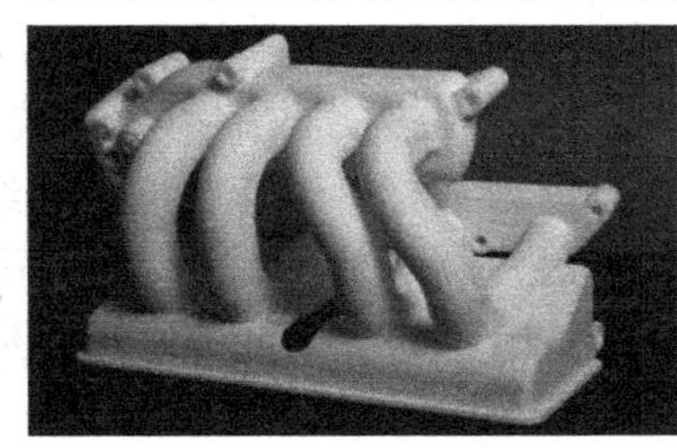

图 5-3　sPro 140 SLS 和 sPro 230 SLS 设备

表 5-2　3D Systems 系列粉末烧结快速成形系统规格

规格	sPro 140 Base	sPro 140 HS	sPro 230 Base	sPro 230 HS
建模外容量	550mm×550mm×460mm，139L		550mm×550mm×750mm，227L	
粉末压模工具	精密对转辊			
层厚范围	最小 0.08mm，最大 0.15mm，（0.1mm）			
成像系统	ProScan DX 数字成像系统	ProScan GX 双模式高速数字成像系统	ProScan DX 数字成像系统	ProScan GX 双模式高速数字成像系统
扫描速度	10m/s	15m/s	10m/s	15m/s
激光功率/类型	70W/CO_2	200W/CO_2	70W/CO_2	200W/CO_2
建模体积速率	3L/h	5L/h	3L/h	5L/h
电源系统	208V/17kVA，50/60Hz，3-phase（System）			

激光对烧结粉末材料的作用本质上是一种热作用。从理论上讲，所有受热后能相互黏结的粉末材料或表面覆有热塑（固）性黏结剂的粉末都能用做选择性激光烧结的材料。但要真正用做选择性粉末激光烧结 3D 打印材料，则粉末材料必须具有良好的热塑（固）性，一定的导热性，粉末经激光束烧结后要有足够的黏结强度；粉末材料的粒度应适当，否则会影响成形件的精度，而且选择性粉末激光烧结 3D 打印材料还应有较窄的“软化—固化”温度范围，该温度范围较大时，制件的精度会降低。国内外使用的激光烧结粉末材料主要有蜡、高分子材料粉（包括尼龙、聚苯乙烯、聚碳酸酯等）、金属、陶瓷的包衣粉或与高分子材料的混合物等。

一般来说，选择性粉末激光烧结 3D 打印工艺对烧结材料的要求如下：具有良好的烧结成形性能，即无须特殊工艺即可快速精确低成形；对于直接制作功能件时，其力学性能和物理性能（包括强度、刚性、热稳定性及加工性能）要满足使用要求；当成形件被间接使用时，要有利于快速、方便地进行后续处理和加工。常用的选择性粉末激光烧结快速工艺采用的材料如下。

（1）蜡粉

用做选择性粉末激光烧结 3D 打印用的蜡粉既要具备良好的烧结成形性，又要考虑后续的精密铸造工艺。传统的熔模精铸用蜡（烷烃蜡、脂肪酸蜡等）其熔点在 60℃左右，烧熔时间短，烧熔后残留物少，但其蜡模强度较低，难以满足精细、复杂结构铸件的要求；另外对温度敏感，烧结时熔融流动性大，使成形不易控制；粉末的制备也比较困难。针对这一情况，国内外一些研制了低熔点的高分子蜡的复合材料代替实际意义上的蜡粉；为满足精密铸造的要求，开发可达到精铸蜡模要求的烧结蜡粉正在积极研究中。

（2）聚苯乙烯（PS）

聚苯乙烯属于热塑性塑料，其受热后可熔化、黏结，冷却后可以固化成形。聚苯乙烯材料吸湿率小，仅为 0. 05%，收缩率也比较小，其粉末材料经改性后，可以作为选择性激光烧结用粉末材料。该粉末材料熔点较低，烧结变形小，成形性良好，且粉末材料可以重复利用。其烧结的成形件经浸树脂后可进一步提高强度用做功能件；经浸蜡处理后，也可以作为精密铸造的蜡模使用。由于其成本低廉，目前是国内使用最为广泛的一种选择性粉末激光烧结 3D 打印材料。

（3）工程塑料（ABS）

ABS 与聚苯乙烯的烧结成形性能相近，烧结温度比聚苯乙烯材料高 20℃左右。可是 ABS 烧结成形一工件的力学性能较高，其在国内外被广泛用于制作要求性能高的快速制造原型及功能件。

（4）聚碳酸酯（PC）

聚碳酸酯烧结性能良好，烧结成形工件力学性能高、表面质量较好，且脱模容易，主要用于制造熔模铸造的消失模，比聚苯乙烯更适合制作现状复杂、多孔、薄壁铸件。另外，聚碳酸酯烧结件可以通过渗入环氧树脂及其他热固性树脂来提高其密度和强度来制作一些要求不高的模型。

（5）尼龙（PA）

尼龙材料可由选择性激光烧结成形方法烧制成功能零件，目前应用较多的有四种成分的材料：标准的 DTM 尼龙（StandardNylon），DTM 精细尼龙（DuraForm GF），DTM 医用级的精细尼龙（Fine Nylon Medical Grade）、原型复合材料（ProtoForm TM Composite）。

（6）金属粉末

粉末激光烧结快速成形采用的金属粉末，按其组成情况可以分为三种：单一的粉末；两种金属粉末的混合体，其中一种具有低熔点，起黏结剂作用；金属粉末和有机树脂粉末的混合体。目前多采用有机树脂包覆的金属粉末进行来进行激光烧结 3D 打印制造工件。

（7）覆膜陶瓷粉末

覆膜陶瓷粉末制备工艺与覆膜金属粉末工艺类似。常用的陶瓷颗粒为 Al_2O_3、ZrO_2 和 SiC 等。采用的黏结剂为金属黏结剂和塑料黏结剂（包括树脂、聚乙烯蜡、有机玻璃等），有时也采用无机黏结剂，如聚甲基丙烯酸酯作为黏结剂，可以制备铸造用陶瓷型壳。

（8）覆膜砂

可以利用铸造用的覆膜砂进行选择性激光烧结快速成形制备形状复杂的工件的型腔来生产一些形状复杂的零件，也可以直接制作型芯等。铸造用的覆膜砂制备，工艺已经比较成熟。

（9）纳米材料

用粉末激光烧结快速成形工艺来制备纳米材料是一项新工艺。目前所烧结的纳米材料多为基体材料与纳米颗粒的混合物，由于其纳米颗粒极其微小，在不是很大的激光能量冲击作用下，纳米颗粒粉末就会发生飞溅，因而利用 SLS 方法烧结纳米粉体材料是比较困难的。

5.4　激光选区烧结工艺设备的使用

以选区激光快速成形制备铸型（芯）为例，介绍 Lasercore 5300 激光烧结快速成形系统的特点及使用。

5.4.1　Lasercore 5300 快速成形系统的特点

北京隆源自动成形系统有限公司研发的 Lasercore 5300 激光选区烧结快速成形设备，如图 5-4 所示，该设备在遵循原有机型工程化配套的基础上，又在激光器、扫描工艺以及供料、铺料和取活等环节进行了全面改造和升级，使整机自动化程度进一步提高。因此，更适合用于工业化生产，特别适合烧结整体蜡模和复杂整体砂芯和型。其优势更见于产品试制阶段的复杂芯型无模具制造和小批量生产。

Lasercore 5300 激光选区烧结快速成形设备的主要技术参数如下。

激光器类型：射频 CO_2 50W/100W。光学系统：动态聚焦高精度扫描振镜。成形体积：700mm×700mm×500mm。成形层厚（mm）：0.1～0.35。扫描速度：6000mm/s。成形速度：90～130cm^3/h。操作系统：Windows XP。控制软件：AFS Win。数据处理软件：Magic RP。数据格式：STL。成形材料：树脂砂/精铸模料。电源：380V/50Hz/15kVA/三相五线。主机：1970mm×1460mm×2630mm。操控台：660mm×800mm×1600mm。主机重量（t）：2.0。运行环境温度：15～28℃。相对湿度：＜80%。

Lasercore 5300 成形系统的主体结构是在一封闭成形室中装有一个活塞筒用于工件成形和一个供料机构用于供料。成形开始前，供料系统受控将料吸至供料箱。成形过程开始，供料机构自动将一定量粉末置于铺粉小车内，铺粉小车将粉末均匀地铺在加工平面上。激光束

图 5-4　Lasercore 5300 激光选区烧结快速成形设备

在计算机的控制下透过激光窗口以一定的速度和能量密度扫描。激光束的开与关与待成形零件的第一层信息相关。激光束扫过之处，粉末烧结成一定厚度的片层，未扫过的地方仍然是松散的粉末，这样零件的第一层就制造出来了。这时，成形活塞下移一定距离，这个距离与设计零件的切片厚度一致。铺粉小车回程运行，再次将粉末铺平后，激光束开始依照设计零件第二层的信息加工。激光扫过之后，所形成的第二个片层同时也烧结在第一层上。如此反复，一个三维实体就制造出来了。其烧结成形不受复杂程度限制，复杂芯型可方便自如地一次整体成形出来。

Lasercore 5300 技术特点如下。

① 成形体积大。具有 700mm×700mm×500mm 的成形腔体。该机平面最大单向成形尺寸为 960mm，立体单向最大成形尺寸为 1 000mm。

② 成形效率高。对于中小形制件，通过软件的科学排布，一次可烧结多个零件，其效率能成倍提高；由于一次成形体积大，可减少实际生产过程中的拼接次数，也进一步提高了效率。

③ 自动供料。本机改变了传统的成形机缸体活塞式下供料模式，采用了上供料的设计。其供料系统完全自动化，而且烧结余料可自动回收，流程循环密闭，方便可靠，既减轻了劳动强度，又提高了环保水平。

④ 往复式铺料。该系统为自动往复式铺料，使无效行程最小化，铺料速度提高 80%；由于采用了斗式铺料机构，使得铺覆材料表面平整、密度一致，而且避免了辊式推铺料的摩擦。因此，更有利于加工覆膜砂等材料。

⑤ 激光功率大。该机选配 100W CO_2 激光器，其功率连续可调，以便适应烧结不同的材料。

⑥ 扫描精度高。专门订制了专用扫描振镜系统，提高了线速度（正常 6m/s），其大视野、定视场更适用于大尺寸的加工，大大提高了扫描系统和机械结构的配套精度。

⑦ 温度场组分控制。采用了 PID 调节、单层红外控温技术，可分区独立控制，确保整个温度场的均匀度。

⑧ 结构紧凑，主机成形腔室采用单缸结构，平开门操作。操作系统自动超温报警、电控系统过载保护。

实际应用案例：

应用 Lasercore 5300 成形系统为汽车发动机试制单位采用快速成形方法烧结组合砂芯（型），快速开发生产发动机缸盖、缸体、进排气管等多款动力总成部件。这一工艺方案省略了制作模具的工序和周期，一套发动机的主要部件，包括缸体、缸盖、进排气管等在几周内就可制造完成，用于后期的试验和标定。如果设计需要局部变更，只需要更改 CAD 工艺数据，激光烧结快速成形机几乎可同步生产砂芯或砂型，这样在很短的时间内就可制作出修改后样机，进行进一步的试验评定。

以缸盖制作为例：某汽车制造企业新开发的一款发动机缸盖，需要进行性能测试，要求提供 6 件测试样机，交货期 5 周。隆源公司接单后，综合考虑其制造时间与成本，组织技术人员制定工艺方案。确定砂芯部分用激光烧结方法制作，外模部分用 CNC 加工树脂模，用自硬砂手工造型。每套砂芯，包括一个水套芯和二组气道芯，激光烧结时间仅为 10 几小时，清整及固化时间为几小时，6 套砂模仅用 10 几天就完成烧结和组模，在一个月的时间内就交付了 6 件合格铸铝毛坯，保证了其新产品试制任务的完成。图 5-5 为同样工艺路线制作的发动机缸体、排气管的砂模和铸铁毛坏，这一快速无模具生产解决方案，有力地支持了客户样件制造。

图 5-5　发动机缸体、排气管的砂模和铸铁毛坏

5.4.2　Lasercore 5300 快速成形系统的使用

1. 数据处理

在 Pro/E 软件系统进行零件的三维造型，得到零件三维 CAD 模型，如图 5-6 所示，对零件数模图进行反求，得到对应的铸型模型图，将铸型模型图以 STL 格式保存；在 MAGICS 软件中加载铸型模型文件，并调整铸型模型的放置位置，并如表 5-3 所列设置烧结工艺参数。

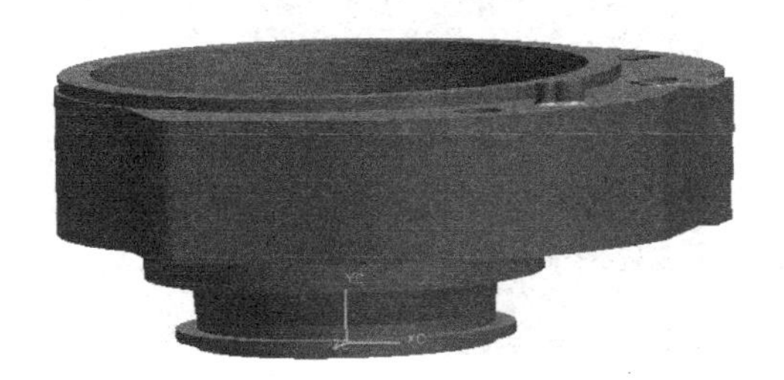

图 5-6　零件的三维 CAD 模型

表 5-3　切片参数设置

slice format	slice parameters
format：cli	layer thickness：0.1～0.3mm
units：0.01mm	tool compensation：0.2mm

然后再用 Arps 3000 软件进行扫描模拟，如表 5-4 所列设置参数，生成扫描轨迹，输出激光烧结需要的铸型模型 AFI 格式文件。

表 5-4　扫描参数设置

扫描线宽	0.2
扫描方式	X、Y 方向交替
扫描轮廓	后扫描轮廓
路径优化原则	深度-广度混合原则

2. 设备开机

检查并清扫铺粉轨道及工作台，使之清洁无异物，检查完毕关闭大门；打开电源钥匙开关，接通电源；按下绿色启动开关按钮，使成形机通电、计算机开启；检查集料箱中的集料状况，成形一般件应保证集料箱存料低于箱三分之一高度，成形超高件应保证空箱；清洁激光窗口镜，使之清洁无粉尘附着。窗口镜特别脏时要用镜头纸浸湿丙酮轻轻擦拭。注意：取下和安装窗口镜时要轻拿轻放，窗口镜有正反之分，安装时千万不要安装反了，否则激光束无法通过；启动控制程序，电动机、通风、上料机等电源自动开启，激光器冷却器、扫描器、激光器等电源须手动开启；开启抽气送料开关；打开除湿机，控制实验室的湿度。

3. 烧结成形

设备的成形操作过程如下：打开待成形零件的 AFI 文件；如需同时制作多个零件或同时加工不同的零件，可用零件菜单中的排列 AFI 文件和添加 AFI 文件进行操作；预览，逐层查看零件各层状态，若有异常，如出边界、数据反转等，应返回切片软件检查错误并修改；修改成形参数；加料；适当调整成形缸位置；铺粉 4～5 遍；设置成形温度，打开加热器；测试粉末表面温度是否达到要求，待粉末表面温度达到要求后，打开激光器进行烧结实验。观察烧结过程，如图 5-7 所示，若有异常，应按“终止”按钮退出，修改工艺参数后选择“加工”菜单中的“继续加工”重新开始加工。

图 5-7　激光烧结过程

4. 停机取件

零件加工完成后，应首先观察铺粉小车是否回位，若无，应先使铺粉小车回位；打开大门和侧门，将加热灯移出至成形缸一侧；使成形缸分段上升至适当高度，用毛刷将零件轮廓未烧结的粉轻轻扫落；用吸尘机将成形缸中未烧结的粉吸出；取出零件，铸型、铸芯如图 5-8 所示。清理成形缸中剩余的未烧结的粉，关闭各控制开关后退出程序。按下红色停止钮后关闭钥匙开关，关闭除湿机后关闭总闸。

图 5-8　激光烧结的铸型（芯）

5. 后处理

清除从成形缸取出的零件表面及内部空腔中未烧结的粉；用喷枪适当地喷烧零件表面，提高其表面的初强度；将零件埋入玻璃微珠中，注意使玻璃微珠能够充满零件的每个内部型腔；将埋入玻璃微珠中的零件放入鼓风加热炉中进行后固化；设定合适的后固化温度与时间，为保证零件质量，应采用阶梯式升温；取出零件，并清除零件表面及内腔中的玻璃微珠；检查零件尺寸，对零件局部偏差部分进行修补与打磨；完成后续处理得到最终激光选区烧结成形零件。

6. 注意事项

开机前，确定冷却器已开启，保证成形室的湿度不超过 60%，温度不超过 28℃；冷冻机中，冷却水的高度不应高于传感器，否则会报警；烧结实验前，接通激光冷却水水路，确定通水后无泄漏；本系统使用的 CO_2 激光属强的不可见光。强烈的激光束对人体的皮肤和眼睛有强烈的烧伤作用，操作过程中严防激光照射到身体的任何部位，在调整激光和光路时，必须佩戴防护眼镜；粉尘有害健康。在加料、取件和后处理过程中均有一定的粉尘污染。操作者应戴好防尘口罩，注意通风排尘；成形室内的加热灯开启时，切勿用手触摸。成形过程中，系统内部温度较高，切勿用手触摸加热灯等金属部件，以免烫伤，成形完毕后，待系统温度冷却后，再进行取件处理；零件加工过程中，机器的门窗均应处于良好的关闭状态；确定待加的粉料与料缸中的粉属于同一类型；粉料中应无烧结块、板结块或其他杂物，否则必须用振动筛筛分；加料过程中排风装置必须始终处于开启状态；成形烧结过程中，切忌身体的任何部位进入成形室，以避免激光的烧伤；清粉前应检查集料箱是否有足够的空间，若没有，请先清除干净。如果零件周围的粉有板结现象，切勿扫入料缸。每次清理完成形缸里的粉，接着继续烧下一个铸型时，切勿直接把粉放入料缸直接继续烧，防止粉料里有杂质破坏铸型的成形质量。

烧结完成后，取出零件之前，应检查铺粉小车是否回位；清理激光窗口镜时，注意不要把激光窗口镜安装反了；清理刚从成形缸取出的零件时，要轻缓，不可用坚硬物触碰。

烧结完成一个零件，继续烧下一个零件之前，应先关闭系统和总电源，然后重新启动，以减少和防止成形机以及操作系统因长时间工作而造成的烧结过程中的机器或系统故障；取件和对零件进行清粉时，应了解零件的结构，避免损坏零件。

第 6 章　三维立体打印工艺

6.1　三维立体打印工艺的原理和特点

三维立体打印快速成形技术的概念最早是由美国麻省理工学院的 Scans E.M.和 Cima M.J.等人于 1992 年提出的。三维打印是一种基于液滴喷射成形的快速成形技术，单层打印成形类似于喷墨打印过程，即在数字信号的激励下，使打印头工作腔内的液态材料在瞬间形成液滴或者由射流形成液滴，以一定的频率和速度从喷嘴喷出，并喷射到指定位置，逐层堆积，形成三维实体零件。根据喷射材料的不同，将三维打印快速成形技术分为两类——粉末黏结成形三维打印和直接成形三维打印。该技术的优点是成形速度快，不用支撑结构，缺点是模型精度和强度不高。但是在制药工业应用方面，该技术比较容易生成多孔结构，在药物可控释放上有显著的优势。

1. 三维立体打印工艺原理

（1）粉末黏结成形三维打印

三维打印采用静电墨水喷嘴，按照制件截面轮廓信息，有选择性地向已铺好的粉末材料层喷射液体黏结剂，层层黏接成形制件。铺粉过程跟选择性激光烧结工艺一样，采用粉末材料成形，如陶瓷粉末、金属粉末，所不同的是材料粉末不是通过烧结连接起来的，而是通过喷头用黏结剂（如硅胶）将零件的截面“印刷”在材料粉末上面的。

粉末黏结成形三维打印是通过打印头喷射（打印）黏结剂将粉末材料逐层黏结成形以得到制件的成形方法。其工作原理如图 6-1 所示，首先在成形室工作台上均匀地铺上一层粉末材料，接着打印头按照零件截面形状，将黏结剂材料有选择性地打印到已铺好的粉末材料上，使零件截面有实体区域内的粉末材料黏结在一起，形成截面轮廓，一层打印完后工作台下移一定高度，然后重复上述过程。如此循环逐层打印直至工件完成，最后除去未黏结的粉末材料并经固化或打磨等后处理，得到成形制件。

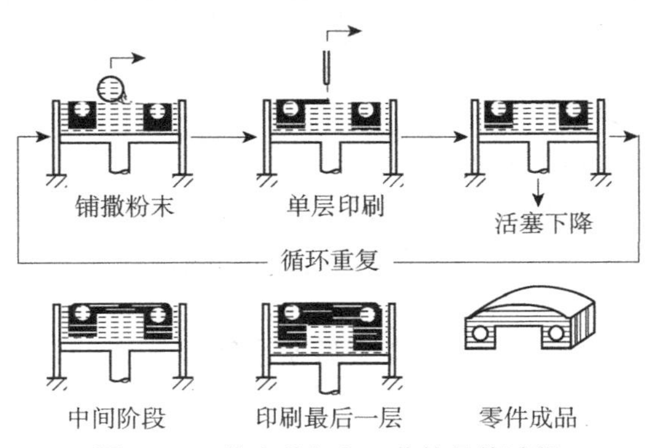

图 6-1　三维立体打印工艺的具体过程

黏结剂黏结的零件强度较低，还要进行后处理，即先烧掉黏结剂，然后高温渗入金属，使零件致密化以提高强度。

由粉末黏结成形三维打印的工作原理可知，基于该技术的三维打印快速成形系统主要应由以下几部分组成：打印头及其控制系统（包括打印头、打印头控制和黏结剂材料供给与控制）、粉末材料系统（包括粉料存储、喂料、铺料及回收）、三个方向的运动机构与控制（包括打印头在X轴和Y轴方向的运动，工作台在Z轴方向的运动）、成形室、控制硬件和软件。

由于未黏结的粉末材料可以作为支撑，因此粉末黏结成形三维打印中不需要考虑支撑，打印头的个数最少可以只设置1个。若将黏结剂材料制成彩色，则粉末黏结成形三维打印可以直接制造出彩色的模型或原型件。

（2）直接成形三维打印快速成形

直接成形三维打印快速成形是直接由打印头打印出光固化成形材料、热熔性成形材料或其他成形材料，然后经固化成形得到制件。

图6-2是光固化三维打印快速成形（由打印头喷射光敏树脂材料）的工作原理图，其工作过程如下。根据零件截面形状，控制打印头在截面有实体的区域打印光固化实体材料和在需要支撑的区域打印光固化支撑材料，在紫外灯的照射下光固化材料边打印边固化。如此逐层打印逐层固化直至工件完成，最后除去支撑材料得到成形制件。打印其他成形材料三维打印快速成形的工作原理与此相似，只是固化方式有所不同。

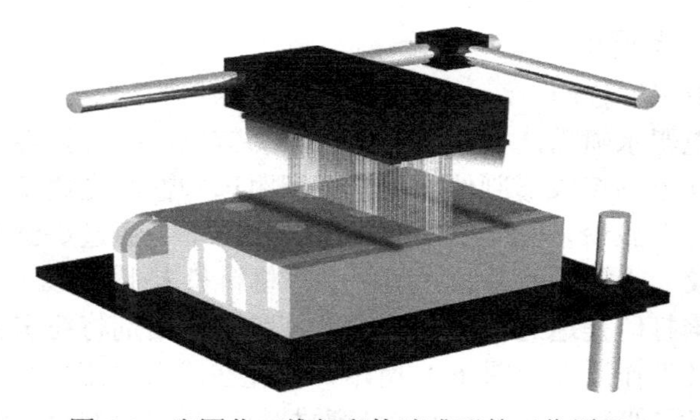

图6-2　光固化三维打印快速成形的工作原理

与粉末黏结成形的三维打印快速成形系统相比，直接成形的三维打印快速成形系统因其中没有粉末材料系统，结构和控制相对要简单。直接成形三维打印快速成形中，对于制件有悬臂的地方需要制作支撑，因此，基于该技术的快速成形系统中打印头的数量至少要设置两个，一个打印实体材料，另一个打印支撑材料。

2. 三维立体打印工艺特点

三维立体打印工艺具有以下特点。

① 成形速度快，耗材价格便宜，一般的石膏粉都可以成形原型零件。

② 成形过程不需要支撑材料，多余粉末容易去除，尤其适用内部结构复杂的原型零件制作。

③ 能够直接打印彩色原型零件，不需要后期上色。

三维立体打印工艺具有以下缺点。

① 石膏强度较低，只能做概念模型，而不能做功能性试验。

② 成形的精度不高，制作的原型零件表面粗糙。

6.2　三维立体打印工艺的设备

在三维打印快速成形技术十多年的发展过程中，有很多单位和机构进行过三维打印快速成形设备的研究，到目前为止已经成功商品化生产，影响较大的单位主要有 3 家：美国的 Z Corporation 公司、3D Systems 公司和以色列的 Object 公司。

Z Corporation 公司 1995 年获得 MIT 的专利授权后，开始进行粉末黏结成形三维打印快速成形设备的研发，于 1997 年推出了第一台商用粉末黏结三维打印快速成形机 2402，该设备采用 Canon 喷墨打印头，拥有 128 个喷孔，成形材料为淀粉掺蜡或环氧树脂的复合材料。2402 因其成形速度快、设备价格便宜、运行和维护成本低，深受用户欢迎，迅速打开了销售局面。此后 Z Corporation 公司于 2000 年推出了能制作出彩色原型件的三维打印设备 Z402C，该设备采用 4 种不同颜色的黏结剂材料，能产生 8 种不同的色调。2001 年 Z Corporation 公司又推出了一台能够制作真彩色原型件的三维打印快速成形设备 2406，这是世界上第一台真正意义上的彩色快速成形设备，可以成形出颜色逼真的彩色原型件。2406 采用的是 HP 公司的 HP2000 打印机的打印头，黏结剂材料有 4 种基本颜色，4 基色可组合成 600 万种颜色，每种颜色的打印头分别拥有 400 个喷嘴，共 1 600 个喷嘴，因此可以快速地制造出颜色逼真的彩色原型件。可以制出通过有限元模拟得到的彩色原型件，用来表示零件三维空间内的热应力分布情况，切割开原型件，就可以清楚地看出零件内的温度和应力变化情况。Z Corporation 公司经过十来年致力于粉末黏结成形三维打印快速成形设备的研究，已成功开发出高速成形、彩色成形和大尺寸零件成形多个系列的三维打印快速成形机，成形材料遍及石膏、淀粉、人造高弹橡胶、熔模铸蜡和可直接铸造低熔点金属的铸造砂等。目前，Z Corporation 公司已成为全球最大的生产和销售粉末黏结快速成形机的公司，也是全球唯一生产彩色快速成形设备的公司。

3D Systems 公司本是全球最大的生产 SLA 快速成形机的公司，但因 SLA 快速成形设备的价格昂贵，运行和维护成本也很高，一般用户买不起也用不起，市场很有限，难以扩大。为了改变这种现状和适应快速成形技术发展的需要，3D Systems 公司开展了成本相对较低的三维打印快速成形设备的研发，1999 年推出了首台热喷式（Thermojet）三维打印快速成形机，该设备以蜡为材料，工作原理是将蜡熔融后从喷嘴中直接喷出经冷却成形，设备采用的打印头包含 352 个喷嘴，可以快速制造蜡质原型件。此后，3D Systems 公司又开发出了热塑性塑料的热喷式三维打印快速成形机和喷打光敏树脂材料的三维打印快速成形机，该设备具有较高的成形精度，可以快速地制造出塑料件用于功能试验。目前，3D Systems 公司正在把热喷式三维打印快速成形机向低价位、小型桌面化的快速成形设备发展，已取得了很好的销售业绩。

Object 公司主要致力于光固化三维打印快速成形设备的研发，2000 年正式推出了商业化的光固化三维打印快速成形机 Quadra，喷头有 1536 个喷嘴，每次喷射的宽度为 60mm，成形的精度非常高，每层厚度小至 20μm。此后，Object 公司又推出了成形精度更高的 Eden 系列三维打印快速成形机，成形的层厚为 16μm，成形分辨率很高，可以成形较为平坦和光顺的表面，不需要打磨后处理，成形零件的整体尺寸精度误差小于±0.1mm。所使用的支撑材料是一种类似胶体的水溶性光敏树脂，零件制作完后可以用水枪或水洗轻松去除，后处理非常方便。目前，Object 公司正在向材料自由组装的三维打印快速成形机发展，即将两种或多种不同性能的成形材料根据设计的需要，按一定比例进行喷射组合（类似于彩色打印原理），以成形在不同部位具有不同性能的单个制件或同时成形具有不同性能的多个制件，利用这种技术可以直接快速地制造出具有多个不同性能零件装配在一起的部件，具有非常好的市场前景。

ProJet X60 全彩色 3D 打印机（原 Zprinter 系列三维打印机）如图 6-3 所示，技术参数见表 6-1。该设备采用的是彩色立体打印技术，与 SLS 粉末选择性烧结工艺类似，采用粉末材料成形，通过喷头用黏结剂将零件的截面“印刷”在材料粉末上面，层层叠加，从下到上，直到把一个零件的所有层打印完毕。

图 6-3　ProJet X60 全彩色 3D 打印机

表 6-1　ProJet X60 全彩色 3D 打印机（Zprinter 系列）技术参数

产品型号	ProJet 160	ProJet 260C	ProJet 360	ProJet 460Plus	ProJet 660Plus	ProJet 860Plus
特性	最物美价廉（单色）	最物美价廉（彩色）	环保型（单色）	适合办公室使用（彩色）	精选色彩，最高分辨率	工业级强度，精选色彩，最高分辨率
分辨率	300×450dpi	300×450dpi	300×450dpi	300×450dpi	600×540dpi	600×540dpi

（续表）

产品型号	ProJet 160	ProJet 260C	ProJet 360	ProJet 460Plus	ProJet 660Plus	ProJet 860Plus
最小细节尺寸	0.4mm	0.4mm	0.15mm	0.15mm	0.1mm	0.1mm
色彩	白	64 色	白	2800 000 色	6000 000 色	6000 000 色
垂直成形速度	20mm/h	20mm/h	20mm/h	23mm/h	28mm/h	5～15mm/h，速度随着成形量的增加而提升
构建尺寸	236mm×185mm×127mm	236mm×185mm×127mm	203mm×254mm×203mm	203mm×254mm×203mm	254mm×381mm×203mm	508mm×381mm×229mm
层厚	0.1mm					
打印头数量	1	2	1	2	5	5
棒球大小模型可一次成形数量	10	10	18	18	36	96
远程控制	支持使用 PC、平板电脑、智能手机进行远程监控和操作					
电源要求	90～100V，7.5A 110～120V，5.5A 208～240V，4.0A	90～100V，7.5A 110～120V，5.5A 208～240V，4.0A	90～100V，7.5A 110～120V，5.5A 208～240V，4.0A	100～240V，15～7.5A	100～240V，15～7.5A	100～240V，15～7.5A
材料	VisiJet PXL 高性能复合材料）					
文件格式	STL、VRML、PLY、SDS、FBX、ZPR					

在制药方面，基于黏接材料的 3DP 技术能够生成药物所需要的多孔结构，因而在可控释放药物的制作上有独特的优势。MIT 实验室利用这种多喷嘴 3DP 技术，将几种用量相当精确的药物打入生物相融的、可水解的聚合物基层中，实现可控释放药物的制作。

上海的富奇凡机电科技有限公司基于黏接材料成形原理，成功研制出 LTY 系列三维打印快速成形机，当时该技术在国内尚属首创，成形件的最大尺寸为 250mm×200mm×200mm，打印的分辨率为 600×600dpi，成形件精度为±0.2mm，其所用的成形材料为特定配方的石膏粉与黏结剂，陶瓷粉与黏结剂，设备及各种结构制件如图 6-4 所示。

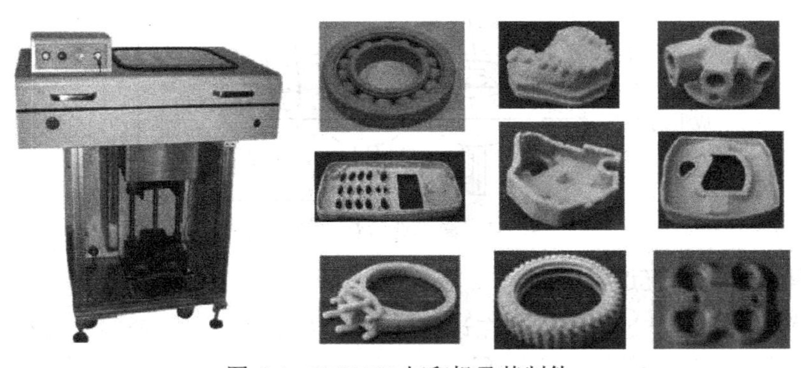

图 6-4　LTY-200 打印机及其制件

第 7 章　激光选区熔化工艺

7.1　激光选区熔化工艺的原理和特点

激光选区熔化（SLM）的概念在 20 世纪 90 年代由德国 Fraunhofer 激光技术研究所首次提出。目前 SLM 装备研发机构主要有德国 SLM Solutions、ConceptLaser、EOS，英国 Renishaw，国内华南理工大学、华中科技大学等。在原理上，选区激光熔化与激光选区烧结相似，但因为采用了较高的激光能量密度和更细小的光斑直径，成形件的力学性能、尺寸精度等均较好，简单处理后即可投入使用，并且成形所用原材料无须特别配制。

1. 选区激光熔化工艺原理

SLM 成形设备中的具体成形过程如图 7-1 所示：激光束开始扫描前，铺粉装置先把金属粉末平推到成形缸的基板上，激光束再按当前层的填充轮廓线选区熔化基板上的粉末，加工出当前层，然后成形缸下降一个层厚的距离，粉料缸上升一定厚度的距离，铺粉装置再在已加工好的当前层上铺好金属粉末。设备调入下一层轮廓的数据进行加工，如此逐层加工，直到整个零件加工完毕。整个加工过程在通有惰性气体保护的加工室中进行，以避免金属在高温下与其他气体发生反应。

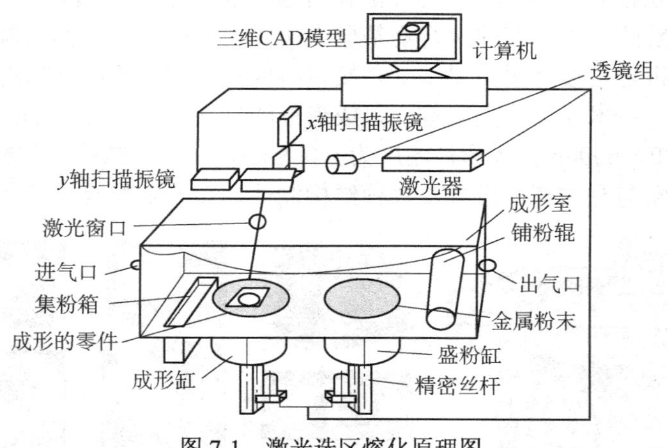

图 7-1　激光选区熔化原理图

2. 选区激光熔化工艺过程

SLM 技术的基本工艺过程是：先在计算机上利用 Pro/E、UG NX、CATIA 等三维造型软件设计出零件的三维实体模型，然后通过切片软件对该三维模型进行切片分层，得到各截面的轮廓数据，由轮廓数据生成填充扫描路径，设备将按照这些填充扫描线，控制激光束选区熔化各层的金属粉末材料，逐步堆叠成三维金属零件。

3. 选区激光熔化成形工艺

影响 SLM 成形效果的因素很多，导致 SLM 工艺复杂。现有的研究表明，影响激光选区熔化的因素有 150 多个。可将其分为 6 部分，激光与光路、材料、扫描因素、机械因素、几何数据处理、环境因素。并将成形效率、可重复性、稳定性以及成形性能作为评价指标，如图 7-2 所示。

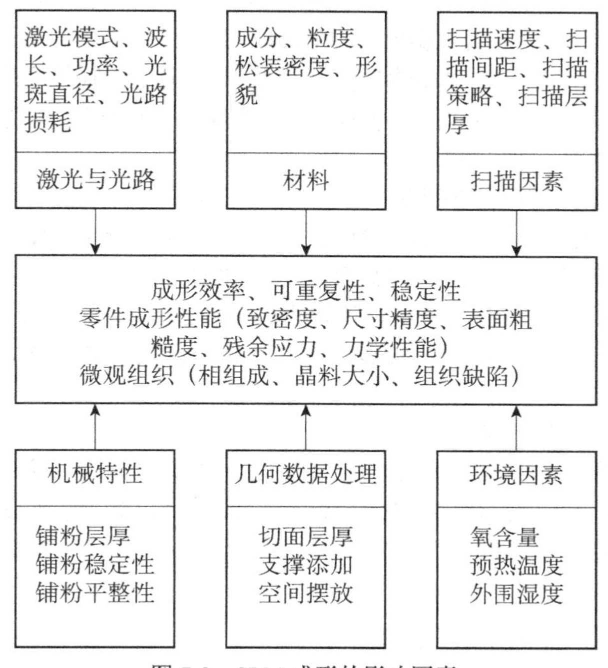

图 7-2 SLM 成形的影响因素

4. 选区激光熔化工艺特点

这种方法是在激光选区烧结（SLS）基础上发展起来的，但又区别于激光选区烧结技术，选区激光熔化工艺具有以下特点。

（1）成形材料广泛

从理论上讲，任何金属粉末都可以被高能束的激光束熔化，故只要将金属材料制备成金属粉末，就可以通过 SLM 技术直接成形具有一定功能的金属零部件。

（2）复杂零件制造工艺简单，周期短

传统复杂金属零件的制造需要多种工艺配合才能完成，如人工关节的制造就需要模具、精密铸造、切削、打孔等多种工艺的并行制造，同时需要多种专业技术人员才能完成最终的零件制造，不但工艺烦琐，而且制件的周期较长。而 SLM 技术是由金属粉末原材料直接一次成形最终制件，与制件的复杂程度无关，简化了复杂金属制件的制造工序，缩短了复杂金属制件的制造时间，提高了制造效率。

（3）制件材料利用率高，节省材料

传统的铸造技术制造金属零件往往需要大块的坯料，最终零件的用料远小于坯料的用料；而传统机加工金属零件的制造主要是通过去除毛坯上多余的材料而获得所需的金属制件。而用 SLM 技术制造零件耗费的材料基本上和零件实际相等，在加工过程中未用完的粉末材料可以重复利用，其材料利用率一般高达 90%以上。特别对于一些贵重的金属材料（如黄金等），其材料的成本占整个加工成本的大部分，大量浪费的材料将加工制造费用提高数倍，节省材料的优势往往就能够更加凸显出来。

（4）制件综合力学性能优良

金属制件的力学性能是由其内部组织决定的，晶粒越细小，其综合力学性能一般就越好。相比较铸造、锻造而言，SLM 利用高能束的激光选择性地熔化金属粉末，其激光光斑小、能量高，制件内部缺陷少。制件的内部组织是在快速熔化/凝固的条件下形成的，显微组织往往具有晶粒尺寸小、组织细化、增强相弥散分布等优点，从而使制件表现出特殊优良的综合力学性能，通常情况下其大部分力学性能指标都优于同种材质的锻件性能。

（5）适合轻量化多孔制件的制造

对一些具有复杂细微结构的多孔零件，传统方法无法加工出制件内部的复杂多结构。而采用 SLM 工艺，通过调整工艺参数或者数据模型即可达到上述目的，实现零件的情量化、多孔化的需求。如人工关节往往需要内部具有一定尺寸的孔隙来满足生物力学和细胞生长的需求，但传统的制造方式无法制造出满足设计要求的多孔人工关节，而对 SLM 技术而言，只要通过修改数据模型或工艺参数，即可成形出任意形状复杂的多孔结构，从而使其更好地满足实际需求。

（6）满足个性化金属零件制造需求

利用 SLM 技术可以很便利地满足一些个性化金属零件制造，摆脱了传统金属零件制造对模具的依赖性。如一些个性化的人工金属修复体，设计者只需要设计出自己的产品，即可利用 SLM 技术直接成形出自己设计的产品，而无须专业技术人员来制造，满足现代人的个性需求。

5. 选区激光熔化工艺应用及发展趋势

SLM 成形件的应用范围比较广，主要是机械领域的工具及模具、生物医疗领域的生物植入零件或替代零件、电子领域的散热器件、航空航天领域的超轻结构件、梯度功能复合材料零件。

用 SLM 技术制造的航空超轻钛结构件具有高的表面积、体积比，零件的重量可以减轻 90%左右；利用 SLM 方法制造的具有随形冷却流道的刀具和模具，可以使其冷却效果更好，从而减少冷却时间，提高生产效率和产品质量；利用 SLM 方法可以快速制造具有交叉流道的微散热器，流道结构尺寸目前可以做到 0.5mm，表面粗糙度可以达到 *Ra* 8.5μm。这种微散热器可以用于冷却高能量密度的微处理器芯片、激光二极管等具有集中热源的器件，主要应用于航空电子领域；用 SLM 方法制造的生物构件，形状复杂，密度可以任意变化，体积孔隙度可以达到 75%～95%。

欧洲宇航防务集团于 2012 年展示了用选区熔化成形的钛合金零件替代空客 A320 发动机舱的铸钢铰链支架，如图 7-3 所示，可以优化地在有载荷的位置布置金属，削减了 75%的原材料，节省 10kg/套件的重量，减少了生产、运作和最终回收过程中的能源和排放。美国霍尼韦尔公司的航空航天部采用精密激光选区熔化成形技术制造了热交换器和金属支架。美国联合技术公司使用该技术制造了喷射发动机内压缩机叶片，如图 7-4 所示，并在康涅狄格大学成立了选区熔化成形研究中心。空客公司在其最新的 A350XWB 型飞机上应用了 Ti-6Al-4V 增材制造结构件，如图 7-5 所示，且已通过 EASA 及 FAA 的适航认证。

图 7-3　空客 A320 发动机舱铰链支架

图 7-4　喷射发动机内压缩机叶片

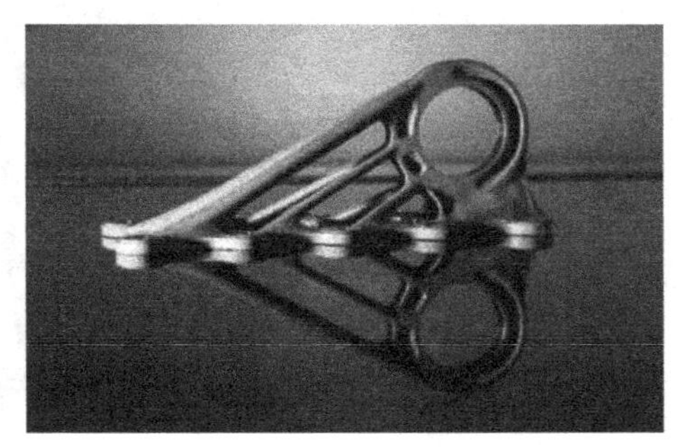

图 7-5　Ti-6Al-4V 结构件

波兰波兹南理工大学的 Ryszard Uklejewski 等用 SLM 技术成形出微创髋关节置换术的植入体，并成功与模型进行匹配，如图 7-6 所示。德国 Fraunhofer 研究所 SLM 制造钛合金髋关节杯用于外科手术，如图 7-7 所示。

（a）研磨和抛光处理后的髋关节植入体

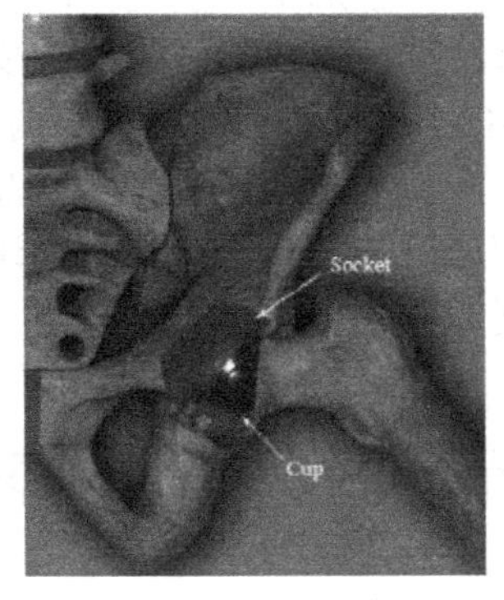

（b）髋关节植入体与模型匹配

图 7-6　SLM 技术成形出微创髋关节置换术的植入体

近年来，SLM 技术在国内外得到了飞速的发展，从设备的开发、材料与工艺研究等方面都有了较高的突破，并且在许多领域得到了应用。但针对其自身存在一些缺点和不足，SLM 技术未来的发展应该主要注意以下几个方面。

① 改善 SLM 的相关设备，提高现有设备的不稳定性及其加工精度以制造出组织均匀、性能良好的零件，降低成本，使 SLM 技术应用更广泛。

② 提出合理的方案，降低或消除加工过程中产生的球化效应、翘曲变形等缺陷对零件产生的影响。

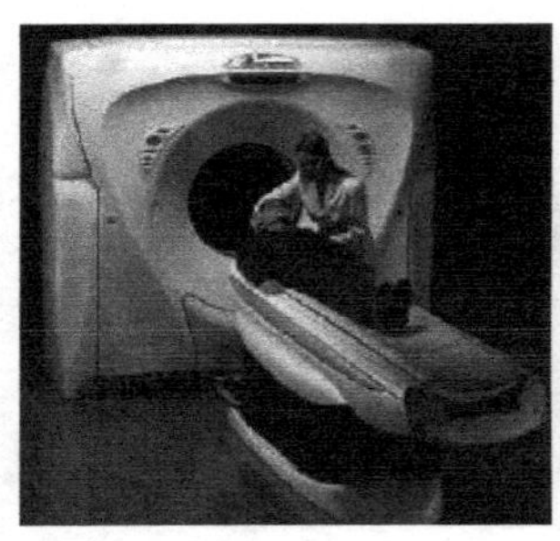

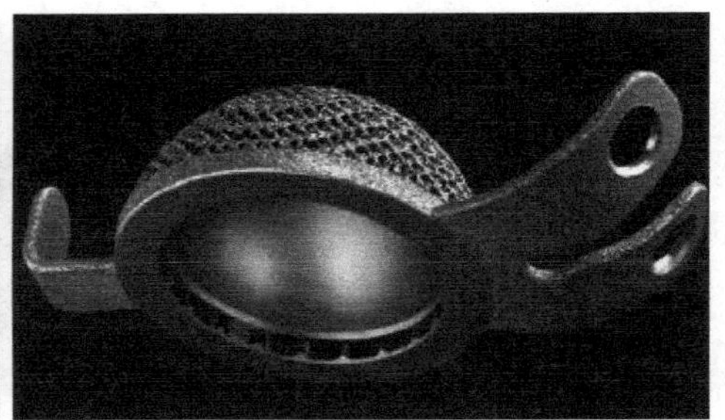

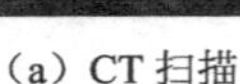

（a）CT 扫描　　（b）钛合金髋关节杯 SLM 制造

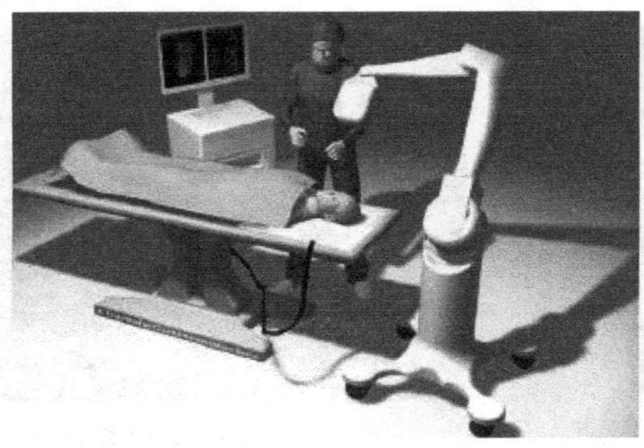

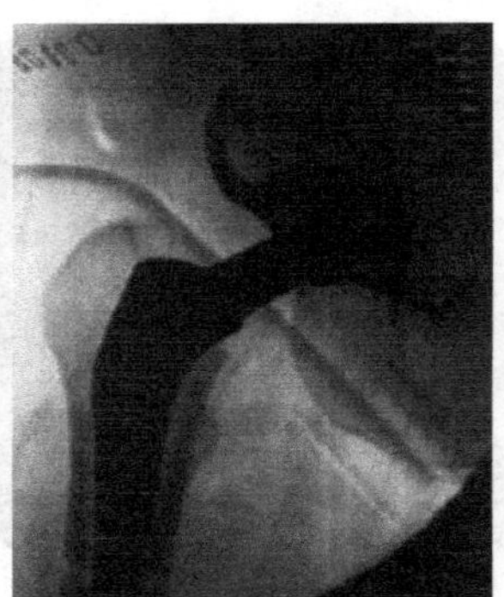

（c）ORBIT 三维 X 光扫描仪实时监测手术进展　　（d）髋关节杯造影图

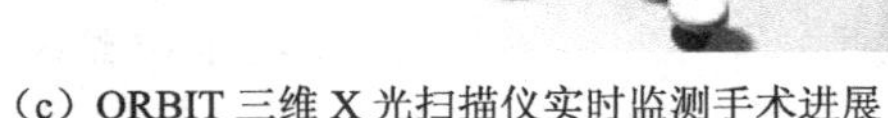

图 7-7　德国 Fraunhofer 研究所 SLM 制造钛合金髋关节杯用于外科手术

③ 在粉末粒度、热物理性能、激光熔化机理等方面对 SLM 粉末材料做更加深入的研究，研发出更易于加工且加工性能优良的粉末材料。

④ 开发设计出低能耗、低污染的 SLM 设备与加工工艺，为建设环境友好型社会做出贡献。

由于用 SLM 技术能直接成形结构复杂、尺寸精度高、表面粗糙度好的致密金属零件，减少了制造金属零件的工艺过程，为产品的设计、生产提供了更加快捷的途径，从而加快了产品的市场响应速度，更新了产品的设计理念、生产周期。由此可知，SLM 技术代表了快速制造领域的发展方向。

7.2　激光选区熔化工艺材料

成形材料是 SLM 技术发展中的关键环节之一，它对制件的物理机械性能、化学性能、精度及其应用领域起着决定性作用，直接影响到 SLM 制件的用途以及 SLM 技术与其他金属增材制造技术的竞争力。SLM 工艺对不同的材料具有广泛的适应性，国内外众多学者对 SLM 成形材料进行了广泛的研究。目前主要用于 SLM 技术研究的材料包括预合金粉末材料（如 316L 不锈钢，Ti6Al4V 合金、镍 525 合金等）、非铁纯金属材料（如钽、金、钛等）以及金属基复合材料（如 VAC-Co-Cu 复合材料、Cu- Cu Sn-CuP 复合材料等）。

1. 预合金粉末

在预合金粉末 SLM 过程中，应注意避免组分间发生反应而生成脆性大、易破碎金属间化合物，否则会严重影响烧结件机械强度。需要指出的是，由于液态金属快速冷却所引起的热应力易导致制件内部产生裂纹。Simchi A 等人在其研究中指出，制件中残余应力水平取决于工艺参数和材料特性，特别是弹性模量和热膨胀系数，因此在粉末合金化过程中可使用热膨胀系数低的材料。此外，激光熔化过程中的某些相变将引起制件体积膨胀，可补偿由凝固造成的收缩，这显然有助于控制残余应力水平，故 SLM 中的可控相变对减少或消除烧结件的变形和残余应力具有潜在可能性。目前，研究的预合金粉末材料主要有铁基、钛基、钴基、铜基、铝基及镍基预合金粉末材料。

铁基合金材料因是工程技术中使用范围最广泛、最重要的合金材料，其材料来源广泛，价格便宜，是 SLM 技术研究较早、较深的一类合金材料。同时，其粉末材料具有易于制备、流动性好以及抗氧化能力强等特点，属于 SLM 工艺中易于成形的材料之一。目前，利用 SLM 工艺成形的铁基合金材料主要有 H13 工具钢、316L 不锈钢、304L 不锈钢等。

镍基合金材料综合性能（包括拉伸性能、蠕变极限、耐腐蚀/抗氧化性能等）优异，在航空航天领域具有重要的用途，其产品往往具有附加值高、形状复杂等特点，是目前 SLM 技术研究的热点材料之一。镍基合金材料由于具有抗氧化能力强、密度大、粉末易制备等特点，是较适合 SLM 成形工艺材料。但在镍基合金 SLM 成形过程中，微裂纹形成甚至开裂倾向明显，通常需要结合后续热处理工艺（如热等静压，HIP）来消除，以改善镍基合金零件激光成形综合机械性能。目前，主要研究的材料包括镍 625 合金和镍 718 合金。

钛基合金材料因其独特的化学、机械性能及良好的生物相容性，主要应用于航空航天和生物医学领域，是 SLM 技术中较常采用的合金材料，但钛合金在高温下抗氧化能力差，需要严格控制成形气氛。同时，钛合金的导热性差，成形过程中对能量的输入也有严格的要求。目前，SLM 成形钛合金的种类主要有 Ti6A14V 合金，Ti-6A1-7Nb 合金和 Ti-24Nb-4Zr-8Sn 合金等。钴基合金因具有良好的生物相容性，同时具有耐疲劳性好、抗腐蚀性强以及综合力学性能高的特点，在口腔修复体和人工关节领域具有极其重要的地位。其粉末易制备，抗氧化能力强，流动性好，是最适合 SLM 工艺的材料之一，利用 SLM 技术成形的钴基合金产品目前广泛应用与口腔修复领域，主要材料包括 Co-29Cr-fiMo 合金、F75Co-Cr 合金以及其他牌号的 Co-Cr 合金粉末等。

铝基合金因其密度小、导热性好而在散热和轻量化结构制造领域具有突出的优势，近年来也是 SLM 技术研究的热点材料之一。但由于其自身的物理特性（吸收率低、导热率高、密度小）导致 SLM 成形时会出现熔体润湿性差、粉末铺粉不均匀等问题，属于 SLM 工艺中较难成形的一类材料。近年来，德国 Fraunhofer 激光技术研究所在 SLM 成形铝合金零件研究及应用方面获得突破性进展。目前，用于 SLM 工艺研究的材料主要有 AISi10Mg 合金和 Al-12Si 合金。铜合金具有良好的导热、导电性能和较好的耐磨性能，在电子、机械、航空航天等领域具有广泛的应用。但铜粉易氧化，在 SLM 成形过程中润湿性较差，往往需要添加辅助剂来增强其成形特性。国内南京航空航天大学的顾冬冬教授对 Cu 基合金的 SLM 成形做了深入的探索研究，深入研究了铜基合金粉末的制备、冶金机理及其显微组织。

2. 纯金属材料

目前，对 SLM 成形纯金属的研究主要集中在非铁纯金属，其中主要以用于生物医疗的纯钛为主，如 Santos EC 等人研究了 SLM 成形纯钛的显微组织和机械性能，Santos EC 等人研究了 SLM 成形纯钛的致密化机制、显微组织的变化及其磨损性，如 Zhang BC 等人研究了在真空条件下纯钛的 SLM 成形特性等。其他利用 SLM 成形的纯金属材料包括有 Ta、Au 等，但相关研究报告较少，仍然不是 SLM 研究的主流材料。与合金粉末材料相比，纯金属粉末材料不是 SLM 技术的主要研究对象，究其原因主要有以下三个方面：第一，纯金属自身的性质（相对于其合金）较弱，其不仅具有较低的机械性能，还有较弱的抗氧化性、抗腐蚀性等性质，这些都降低了从事纯金属 SLM 制造的研究人员的研究热情；第二，适合于 SLM 工艺使用的金属粉末粒径一般很细（大约 20～100μm），流动性好的球形纯金属粉末制造加工很困难，这也是阻碍 SLM 成形纯金属粉末研究的因素；第三，纯金属材料的应用范围较小，目前主要在医学和首饰行业应用较多，工业应用中大多数材料都属于合金材料，这也进一步限制了其研究的广泛性和深入性。

3. 金属基复合材料

金属基复合材料在性能上往往具有特殊的优势，其一般可以同时具备多种材料的性能或者通过设计可以使某些性能表现出梯度变化的特征。其中，外加颗粒增强是制备金属基复合材料的主要方法，且具有材料的可设计性，增强相尺寸则由添加的陶瓷颗粒尺寸所决定，一般为数十微米，较少达到 1μm 以下。与之相对，原位自生增强是通过外加化学元素之间发生化学反应而生成增强相，与基体具有直接原子结合的界面结构，可使界面洁净、结合牢固，故在界面控制方面具有优势。故利用 SLM 技术制备金属基复合材料也是近年来的研究热点。目前，主要有铜基复合材料、钛基复合材料以及铁基复合材料的研究报道，具体涉及材料的制备、成形工艺、显微组织的形成机制及性能方面的研究，尚无应用方面的研究。

7.3 激光选区熔化工艺设备

世界范围内已经有多家成熟的 SLM 设备制造商，包括德国 EOS 公司（EOSING M270 及其 M280），德国 ReaLizer 公司，SLM Solutions 公司，Concept laser 公司（M Cusing 系列），美国 3D 公司（Sinterstation 系列），Renishaw PLC 公司（AM 系列）和 Phenix systems 公司等。上述厂家都开发出了不同型号的机型，包括不同的零件成形范围和针对不同领域的定制机型等，以适应市场的个性化需求。虽然各个厂家 SLM 设备的成形原理基本相同，但是不同设备之间的参数还有很大的不同，对国外不同 SLM 设备的对比见表 7-1。

表 7-1　国外 SLM 设备参数对比

厂家	设备名称	典型材料	能量源	成形件范围（mm×mm×mm）	铺粉装置	层厚（μm）	光学系统	聚焦光斑直径（μm）	最大扫描速度（m/s）	成形室内环境
EOS	EOSING M270	铁基合金、铜合金、钛合金等	200W fiber laser	250×250×215	压紧式铺粉刷	30～100	F-Θ 聚焦镜+扫描振镜	100～500	5	预热+真空
	EOSING M280		200W/400W fiber laser	250×250×325		30～60		60～300	7	预热+真空
ReaLizer	SLM 100	不锈钢、钛合金、钴铬合金等	50W fiber laser	Φ125×100	柔性铺粉刷	20～50	F-Θ 聚焦镜+扫描振镜	30～50	5	无预热+真空
	SLM 250		200W fiber laser	250×250×300		20～50		50～100	5	无预热+真空
	SLM 300		200W/400W fiber laser	300×300×300		20～100		70～200	5	无预热+真空

（续表）

厂家	设备名称	典型材料	能量源	成形件范围（mm×mm×mm）	铺粉装置	层厚（μm）	光学系统	聚焦光斑直径（μm）	最大扫描速度（m/s）	成形室内环境
Concept laser	M1	不锈钢、钛合金、钴铬合金等	50W fiber laser	120×120×120	压紧式铺粉刷	20～50	F-Θ 聚焦镜+数控激光头移动	30～50	5	无预热+无真空
	M2		200W fiber laser	250×250×280		20～50		50～200	5	无预热+无真空
	M3		200W fiber laser	300×350×300		20～50		70～300	7	无预热+真空
	Mlab		100w/50w fiber laser	90×90×80		20～50		20～80	7	无预热+无真空
SLM solutions	SLM 250HL	不锈钢、钛合金、钴铬合金、铜合金等	200W fiber laser	250×250×250	压紧式铺粉刷	30～100	F-Θ 聚焦镜+扫描振镜	70～300	5	无预热+真空
	SLM 280HL		400w/1000w fiber laser	280×280×350		30～300		70～200	5	无预热+真空
3D Systems	sPro 125	不锈钢、钛合金等	100W fiber laser	150×150×150	柔性铺粉刷	50～100	F-Θ 聚焦镜+扫描振镜	70～200	7	无预热+真空
	sPro 250		200W fiber laser	250×250×300		50～200		50～150	7	无预热+真空
Renishaw PLC	AM125	不锈钢、钛合金、钴铬合金	100W fiber laser	125×125×125	压紧式铺粉滚筒	30～100	F-Θ 聚焦镜+扫描振镜	70～100	5	无预热+真空
	AM250		200W/400W fiber laser	250×250×300		30～100		70～100	5	无预热+真空
Phenix systems	PXL	不锈钢、钛合金等	200W fiber laser	250×250×300	柔性铺粉刷	20～50	F-Θ 聚焦镜+扫描振镜	50～100	7	无预热+真空

EOS 是一家较早进行激光成形设备开发和生产的公司，其生产的 SLM 设备具有世界领先的技术。图 7-8 所示是 EOS 生产的 SLM 设备 EOSING M280，该设备的各种参数都具有很大的优势。EOSING M280 采用 EOS 公司研发的 DMLS 技术（Direct Metal Laser-Sintering）进行金属件制作。EOSING M280 激光烧结系统采用的是 Yb-fibre 激光发射器，具有高效能、长寿命等特点。精准的光学系统能够保证模型的表面光滑度和准确度。氮气发生装置以及空压系统则使设备的使用更加安全。

图 7-8　EOSING M280

EOSING M280 设备成形的金属零件致密度可以达到近乎 100%，最大成形尺寸为 250mm×250mm×325mm，尺寸精度在 20～100μm，表面粗糙度在 *Ra*15～40μm，打印速度为 2～30mm^3/s，最大功率为 8 500W，能够成形的最小壁厚是 0.3～0.4mm。可以打印不锈钢、钴铬钼合金 MP1、钴铬钼合金 SP1、马氏体钢、钛合金、纯钛、超级合金 IN718 和铝合金等材料。

德国 Concept Laser 公司是 Hofmann 集团的成员之一，是世界上主要的金属激光熔铸设备生产厂家之一。公司 50 年来丰富的工业领域经验，为生产高精度金属熔铸设备夯实了基础。Concept Laser 公司目前已经开发了四代金属零件激光直接成形设备：M1、M2、M3 和 Mlab。其成形设备比较独特的一点是它并没有采用振镜扫描技术，而使用 x/y 轴数控系统带动激光头行走，所以其成形零件范围不受振镜扫描范围的限制，成形精度同样达到 50μm 以内。该产品能广泛用于航空航天、汽车、医疗、珠宝设计等行业。

2015 年德国 Concept Laser 公司又推出了升级版最新机型 X line 2000R，刷新了激光烧结金属 3D 打印机构建容积的新纪录，如图 7-9 所示。Concept Laser 一直在激光熔化（Laser CUSING）技术领域处于领先地位，该公司在 2013 年宣布推出巨型激光烧结金属 3D 打印机 X line 1000R。X line 1000R 拥有 630mm×400mm×500mm 的构建容积，据称是世界最大的选择性激光烧结 3D 打印机。

X line 2000R 构建体积相比 X line 1000R 增加了 27%，从 126L 增长到 160L。实际打印尺寸为 800mm×400mm×500mm。这款 3D 打印机主要面向航天航空及汽车制造领域，Concept Laser 是空客公司 Airbus 的最主要供应商之一。

该产品安装了双激光系统，每束激光在打印过程中释放出 1000W 能量，极大加速了成形速度，建造区域被分在两个不同区间。除了构建体积更大、打印速度更快之外，这个新系统还将滚筒筛置换为静音振动筛，全封闭设计则有利于保持打印环境的清洁。X line 2000R 还配置了封闭自动化的粉末循环室，在惰性气体环境下运作。这样既保证了直属粉末质量，又有利保护操作人员安全。标准过滤器能够在水冲刷过程中钝化，在更换过滤器时保证安全。另外，用户可以选择采用双构建模块，加快生产效率。

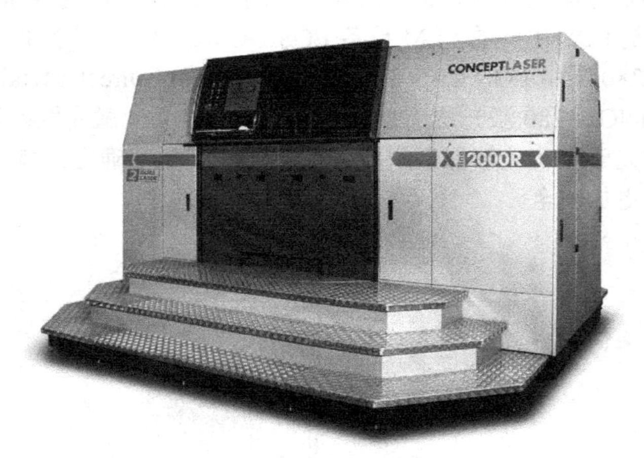

图 7-9　Concept Laser 公司 X line 2000R

德国 SLM Solutions 公司是一家总部位于吕贝克的 3D 打印设备制造商，专注于选择性激光烧结（SLM）技术。公司前身是 MTT 技术集团德国吕贝克有限公司，2010 年更名为 SLM Solutions GmbH。而 MMT 隶属于英国老牌上市公司 MCP 技术，2000 年推出 SLM 技术，2006

年推出第一个铝、钛金属 SLM 3D 打印机。产品主要有 SLM 125、SLM 280、SLM 500 系列选择性激光熔融 SLM 3D 金属打印机。SLM 500 如图 7-10 所示，最大成形空间达到 500mm×280mm×325mm，成形层厚为 20～200μm，扫描速度为 15m/s，甚至可以装配 2×400W 或 2×1 000W 的 YLR-Faser-Laser 激光器。这种技术是采用高精度激光束连续照射包括钛、钢、铝、金在内的金属粉末，将其焊接成形的技术，而德国 SLM Solutions 在这一技术上有着多项专利，居于领先地位。其 3D 打印机已经应用于汽车、消费电子、科研、航空航天、工业制造、医疗等行业。

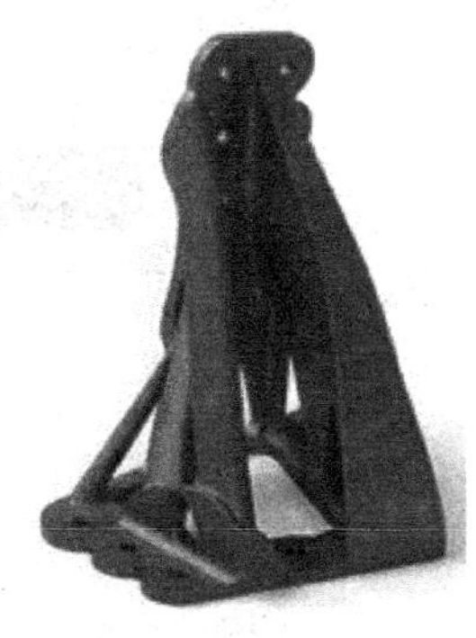

图 7-10　德国 SLM Solutions 公司 SLM 500

由于 SLM 技术的众多优点，近年来国内有部分高校和科研单位也从事了该项技术的研究和推广工作。随着研究的深入国内研制的 SLM 设备在设备性能、工艺研究水准、成形材料开发、加工成形质量和精度方面都有了相当大的提高。国内的 SLM 领域，主要有华南理工大学、华中科技大学、南京航空航天大学、北京工业大学和中北大学等高校。每个单位的研究重点各有优势与不同。表 7-2 是国内 SLM 设备的参数对比。

表 7-2　国内 SLM 设备的参数对比

机构	设备名称	典型材料	能量源	成形件范围（mm×mm×mm）	铺粉装置	层厚（μm）	光学系统	聚焦光斑直径（μm）	最大扫描速度（m/s）	成形室内环境
华南理工大学	Dimetal-240	不锈钢与纯钛、钛合金、钴铬合金等	200W YAG	240×240×250	压紧式铺粉滚筒	20～100	普通聚焦镜+扫描振镜	50～70	5	无预热+无真空
	Dimetal-280		200W fiber laser	280×280×300	压紧式铺粉刷	20～100	F-Θ 聚焦镜+扫描振镜	50～70	5	
	Dimetal-100		200W fiber laser	100×100×130	柔性铺粉刷	20～100	F-Θ 聚焦镜+扫描振镜	20～60	7	
华中科技大学	HRPM-Ⅰ	不锈钢与钛合金等	150W YAG	250×250×400	压紧式铺粉滚筒	50～100	三维振镜动态聚焦	60～120	5	无预热+无真空
	HRPM-Ⅱ		100W fiber laser	250×250×400	压紧式铺粉滚筒	50～100	F-Θ 聚焦镜+扫描振镜	50～80	5	

华南理工大学先后自主研发了 Dimetal-240（2004 年），Dimetal-280（2007 年），Dimetal-100

（2012 年）三款设备，其中 Dimetal-100 已经预商业化。Dimetal-240 设备采用了额定功率 200W、平均输出功率 100W 的半导体泵浦 YAG 激光器，通过透镜组将激光束光斑直径聚焦到 100μm 左右。采用高精度丝杆控制铺粉，铺粉厚度控制精确，误差在±0.01mm 以内。采用整体和局部惰性气体保护的方法。所用软件包括 AT6400 电动机控制软件、Arps2000 扫描路径生成与优化软件、Afswin240 操作系统软件等。该设备的成形空间为 80mm×80mm×50mm，制件尺寸精度达到±0.01mm，表面粗糙度为 *Ra* 30～50μm，相对密度接近 100%（图 7-11）。

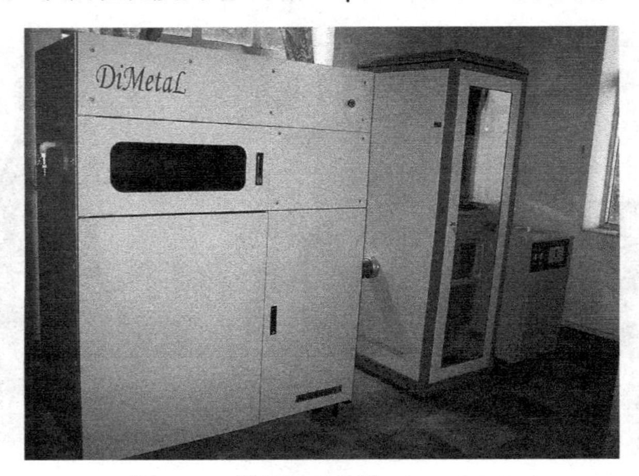

图 7-11　华南理工大学 Dimetal-240

华中科技大学模具国家重点实验室快速制造中心是国内较早从事 SLM 技术的研究工作的单位，并且已经在 SLM 系统制造技术上取得了创新和突破。目前，该中心先后推出了两套 SLM 设备 HRPM-Ⅰ和 HRPM-Ⅱ，HRPM-Ⅰ系统主机主要由 YAG 激光器及扫描装置、检测装置、自动送粉装置、可升降工作台、预热装置等组成。针对现有国外 SLM 系统难以直接制造大尺寸零件的现状，从预热装置、预热温度控制和激光扫描方式等相关方面而进行攻关和创新，解决了大尺寸 SLM 零件易于变形的难题，成功开发出具有大面积的工作台面（250mm×250mm）的 SLM 系统。HRPM-Ⅱ系统的主机和控制系统与 HRPM-Ⅰ系统基本相同，最大的区别在于激光器与送粉装置的不同，如图 7-12 所示。

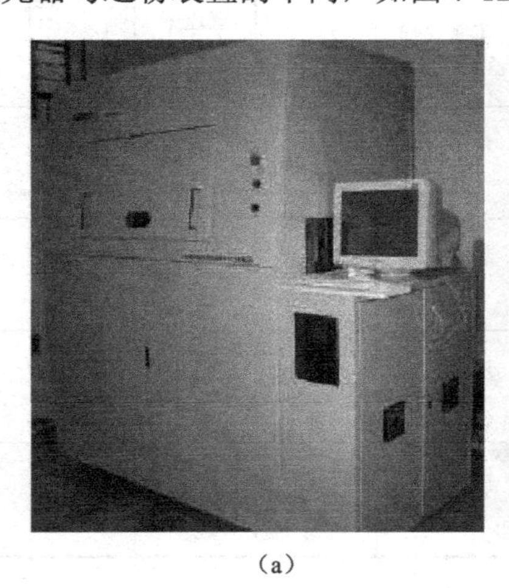

（a）

（b）

图 7-12　华中科技大学研制的 SLM 快速成形设备 HRPM-Ⅰ型和 HRPM-Ⅱ型

总体来说，国内对于 SLM 设备的研究取得了越来越多的成果，但还需要更深入的研究激光熔化成形过程、零件的变形机理以及工艺参数优化，使国内的 SLM 技术更加完善。

7.4　激光选区熔化设备的工程应用

7.4.1　Dimetal-100 SLM 成形设备的介绍

华南理工大学自主研发的 Dimetal-100 SLM 成形设备，如图 7-13 所示。该成形设备的主要参数指标如下：配备英国 SPI 连续式光纤激光器，波长为 1 064nm，光束质量因子 M2≤1.1，光斑直径为 30～50μm，最大激光功率为 200W，具有性能可靠、寿命长、转换效率高、光束模式接近基模等优点。最大成形尺寸为 100mm×100mm×150mm，成形速度为 2～10cm^3/h，成形层厚为 20～50μm，尺寸精度为 20～100μm，无后处理的表面粗糙度为 *Ra*10～30μm，焦距为 163mm，F-theta 振镜式激光扫描速度为 50～2000mm/s；成形室内充满氩气或者氮气，含氧量可控制在 0.1%以下，室内环境控制较好。成形材料主要是不锈钢、工具钢、钛合金和钴铬合金等。

激光选区熔化成形设备系统具有快速响应、自动化程度高的优点，其运用的软件包括比利时 Materialise 公司用于设计模型摆放、支撑添加和模型切片的 MAGICS 14.0，华南理工大学自主研发的扫描策略规划软件 RPSCAN 和 SLM 成形控制软件 RP-FBC，Raylase 公司的扫描振镜光路控制软件 Weld MARK 2.0。

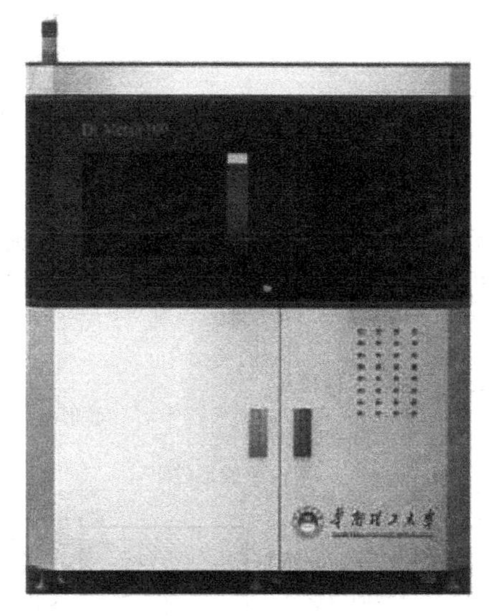

图 7-13　SLM 成形设备 Dimetal-100

1. 光学系统

正如数控机床中刀具大小对加工精度的影响，激光聚焦光斑是激光选区熔化设备的重要指标。而影响激光聚焦光斑的因素主要是光学系统。激光选区熔化设备的光学系统包括激光器、扩束镜、扫描振镜、聚焦镜四部分。其中将激光器列入光学协同，因为激光器是激光产生“源”，光晶体在光电转换下产生激光，并经过光学放大器输出具有一定功率的激光。激光选区熔化设备最开始使用的是 YAG 激光，但 YAG 激光光晶体容易损耗，稳定性不如目前的光纤激光器，所以目前几乎所有的设备生产商都采用光纤激光器。光纤激光器具有光电转换率高（25%左右）、光束质量好（可实现基模形式，光束质量 12M）、寿命长（预计寿命在 10 年左右）、风冷、容易操作等优点。

激光器产生的光可以用柔性光纤传输，在光纤内传输时，光损耗小。在出光口处有光隔离器，光隔离器的作用是为了防止激光作用在材料上时，激光反射光对激光器产生损害，目前大部分光纤激光器生产商在光隔离器中内置激光器。而激光在成形缸基准平面的运动主要是扫描振镜的驱动。扫描振镜为两个互垂直的镜片：X/Y 镜片。而为了减少激光入射发射角，获得更小的聚焦光斑，一般情况下需要将激光扩束准直。激光扩束后，也可以减少激光能量密度，激光作用在扫描振镜上的面积更大，从而能量密度减少，减轻对镜片的损伤。激光扩束后，经扫描振镜的驱动后，光束可能发生枕形畸变，此时需要经过 F-theta 镜校准聚焦。整个光学系统如图 7-14 所示。

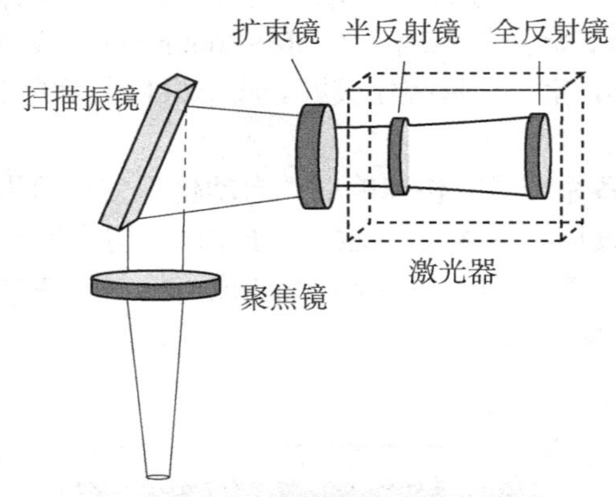

图 7-14 激光选区熔化光学系统

2. 铺粉系统

铺粉质量直接影响了激光选区熔化成形质量。因此铺粉系统是 SLM 设备中重要的组成部分。目前常用的铺粉方式有两种，一种料斗式，从上而下地漏粉；另一种是双杠式，从下而上升粉，如图 7-15 所示。

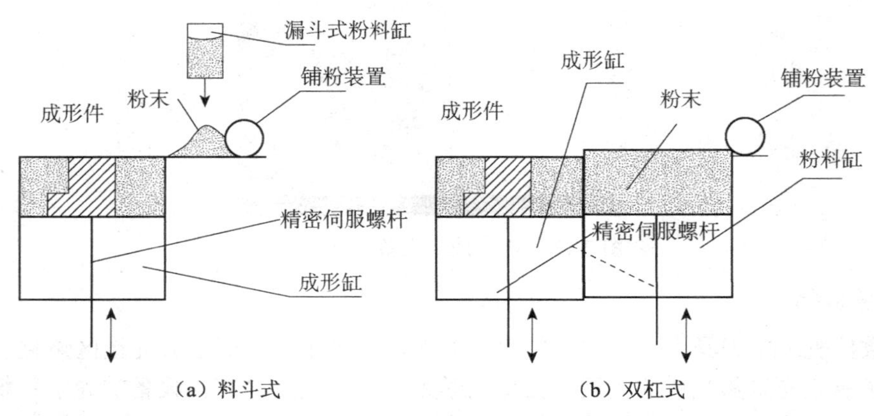

图 7-15 两种铺粉方式示意图

目前 Dimetal-100，Dimetal-280 均采用第二种方式，国外 Renishaw、SLM Solutions 等公司设备采用第一种方式。两者共同点都是在扫描前，粉末经过铺粉装置的运动，将粉末平推到成形缸中，且为了保证成形缸内粉末铺满，供粉量一般是成形缸下降体积的 1.2～2 倍。两者的不同点是，第一种方式采用漏粉式控制，第二种方式采用精密伺服螺杆控制粉料缸的上升高度控制供粉量。

只有将粉末平整、均匀地铺在成形缸上，才可能获得高密度、高精度的成形件，并保证成形过程流畅。尽管在理论上，每一层厚度由精密伺服螺杆控制，应该是等厚度的，但是实际在成形过程，由于凝固过程中材料的润湿性，熔池冷却凝固后成形弧形面的熔道，熔道与熔道搭接成形，其表面呈现凹凸不平现象，同时有时候当加工条件发生恶化时，如加工悬垂面时，由于应力产生翘曲变形，凸起部分高过铺粉厚度时，可能造成铺粉装置与翘曲部分发生碰撞。如果采用刚性的铺粉装置，碰撞会比较激烈，影响铺粉质量，甚至会发生卡顿卡停现象，导致成形失败。为了避免这种情况，Dimetal-100 采用了柔性刷，如图 7-16 所示。

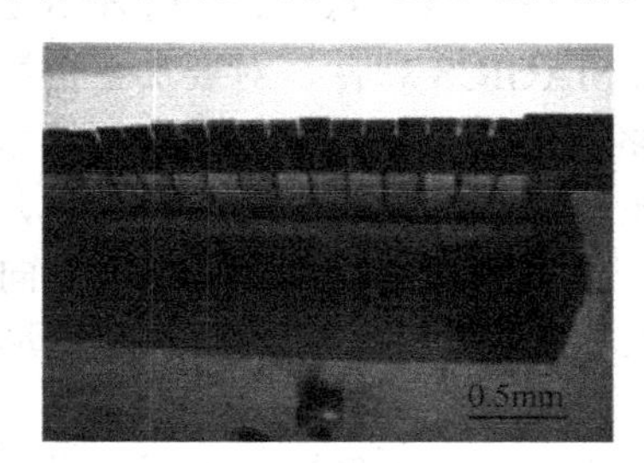

（a）柔性铺粉装置

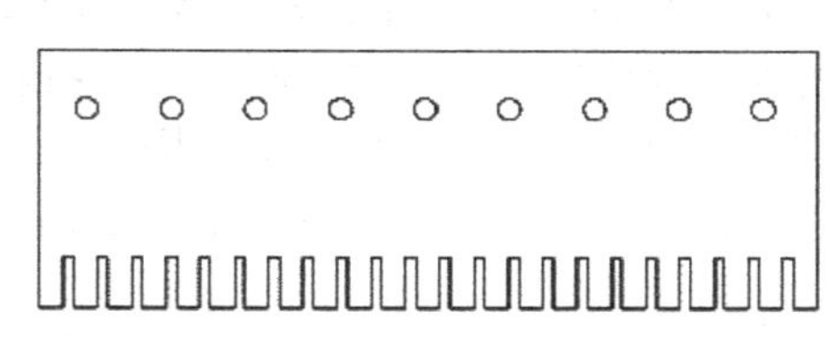

（b）柔性铺粉片

图 7-16　柔性铺粉装置

柔性铺粉装置的优势：对凸起部分具有兼容性，但如果凸起特别严重时，柔性铺粉片在凸起部分受到阻力，发生变形，在越过凸起时，柔性铺粉片回弹，将凸起物前方粉末弹走，造成前方铺粉不足现象，如图 7-17 所示。因此这种方式对成形过程中出现缺陷有纠错性，但是有一定限制。

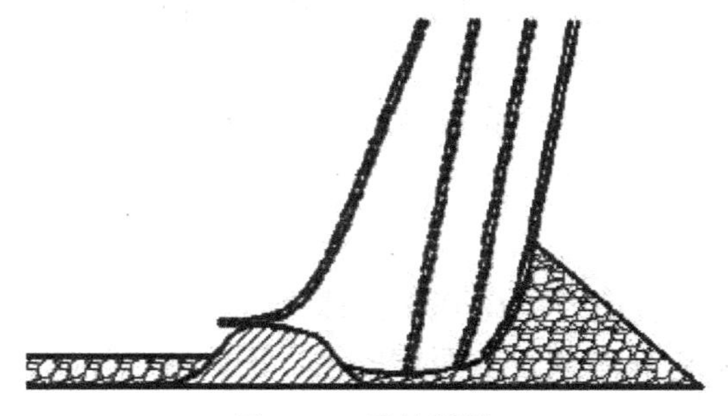

图 7-17　柔性铺粉

3. 气体循环系统

激光作用在金属粉末上，金属粉末快速熔化、凝固，这个过程必须在气保护环境中进行，避免成形过程中发生氧化。与此同时，成形过程中会产生一定黑烟，为了避免黑烟对光学系统的影响以及对粉末的污染，采用气体循环过滤系统。特别是在生物医用材料激光选区熔化成形过程中，必须保持成形室内清洁，保证成形材料不被杂质污染。因此，激光选区熔化设备在医学中应用时，特别要保证成形室内氧含量以及成形气氛的清洁性。

在对 316L 不锈钢以及钴铬合金成形时，气体保护可使用氮气，但成形钛合金、铝合金材料时，气体保护环境只能用惰性气体，如 Ar 气等。一般情况下，成形密封室氧含量需要保持在 0.2%以下，对于活性金属材料，其氧含量必须更低，在 0.02%以下。在激光扫描运行开始前，需要对成形密封室进行气体置换，充满保护气体。目前该设备采用真空泵抽空，再通保护气的形式，保证气体快速置换。一般情况下，要通过多次抽真空、通气的形式将氧含量迅速降低到需求程度。

4. 系统软件

激光选区熔化的控制软件可以分为数据处理部分、运动控制部分、人机交互部分。

其中数据处理部分主要是将输入的数据转化为设备可识别的代码。目前 STL 格式为增材制造常用的数据格式，在数据处理时，先将模型摆放好位置，然后沿着成形方向采用一定间隔的平面与 3D 模型相交，获得 2D 面轮廓格式，然后输出轮廓信息，如 CLI 格式数据。目前将 3D 模型分层离散的软件如 Materialise 公司开发的 MAGICS 软件，对要加工的数据，先进行空间位置摆放、添加支撑、分层离散后，以 CLI 格式输出。本课题也是采用该款软件进行模型修复、空间位置摆放、添加支撑、分层获得面轮廓信息。获得面轮廓信息后，还需要在面轮廓内填充激光扫描路径，而激光扫描路径可有不同的规划形式，如单一方向扫描、正交扫描、正交层错扫描、分区扫描、轮廓扫描等方式，这里将扫描路径的规划形式称为扫描策略。

运动控制部分，主要包括控制文件实时调入、激光开关、成形缸与粉料缸升降运行、控制铺粉运动、振镜扫描运动等。由于激光选区熔化设备实时处理数据量比较大，因此在时序控制方面需要保证系统的实时性与协调性。

人机交互部分，主要通过参数输入界面，对激光功率、扫描间距、扫描速度、层厚等参数进行有目的的调整。同时在加工过程中进行显示以及监控等。

7.4.2 Dimetal-100 SLM 成形设备的使用

以 Dimetal-100 SLM 成形设备成形 Ti6Al4V 个性化胫骨植入体为例，介绍 SLM 成形设备使用流程。

1. 三维建模

多孔胫骨植入体建模过程如图 7-18 所示，建模步骤如下。

① 利用 Solidworks 软件生成正八面体单元，正方体胞体单元边长 a=1mm，支柱直径 d=0.35mm。

② 将正八面体单元转变成内部多孔模型，并且通过平面和空间阵列，生成空间正八面体多孔结构模型，即正八面体负型单元结构。

③ 将胫骨植入体实体模型（胫骨茎部分）和空间正八面体多孔结构进行布尔减运算，得到具有胫骨植入体外部特征和正八面体多孔特征（形状和尺寸）的多孔胫骨植入体 CAD 模型。

④ 用 Solidworks 将该 CAD 模型转换成 STL 模型，用于 SLM 制造的预处理。

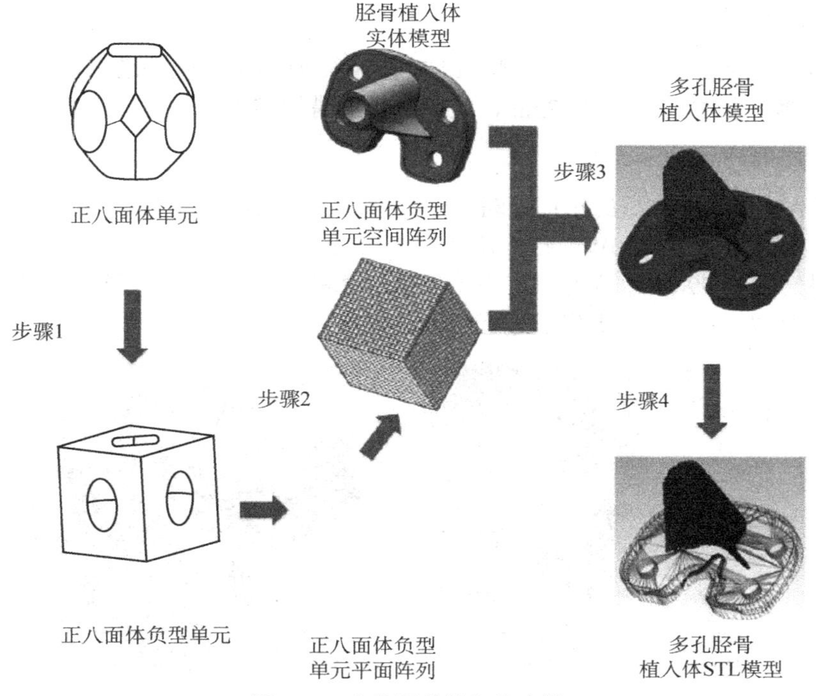

图 7-18　多孔胫骨植入体建模

2. 成形预处理

将设计完成的多孔胫骨植入体以 STL 格式导入 MAGICS 14.0 软件进行空间位置摆放。摆放的原则主要考虑激光选区熔化成形效率和成形制造工艺。为了保证加工成功，应尽量使胫骨茎轴线垂直于水平面，而且胫骨托应尽量靠近基板成形。因此，采用如图 7-19 所示的空间摆放方式（模型 Z 轴尺寸为 46.381mm）。从图中可以看到，胫骨托并不与水平面完全平行，而有 7°的倾斜角，从而避免了胫骨托外侧成为大面积的水平悬垂面，防止底面两端发生严重翘曲而脱离支撑。由于胫骨托外侧倾斜角小于极限成形角，所以需要添加网格状的支撑，防止悬垂缺陷。

（a）模型空间摆放

（b）添加支撑

图 7-19　胫骨茎轴线与水平面成 83°作模型摆放

完成模型的空间摆放和支撑添加后，设定成形层厚为 0.03mm，进行分层切片，得到 CLI 模型。

3. 扫描策略规划

将分层切片得到的多孔胫骨植入体 CLI 模型导入 RPSCAN 软件进行扫描策略规划。设定优化的工艺参数，扫描间距为 0.08mm，采用正交层错扫描策略。

4. SLM 成形产品

将 RPSCAN 软件处理好的扫描策略规划数据（CPLT 模型）导入 Dimetal-100 SLM 成形设备中，设定激光功率为 150W，扫描速度为 500mm/s，实体为 400mm/s，轮廓为 700mm/s，并通入纯度大于 99.999 8%的高纯氢气作为保护气体进行成形加工。经过 4.8 小时，获得多孔胫骨植入体（图 7-20），去除支撑后进行喷砂处理。

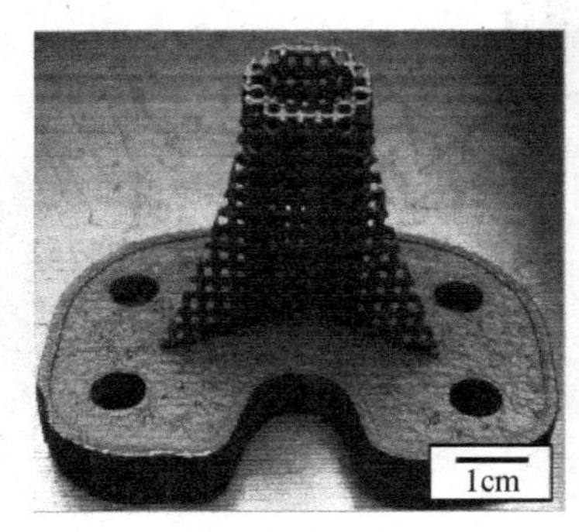

（a）喷砂前

（b）喷砂后

图 7-20 多孔胫骨植入体成形

第 8 章　3D 打印创意产品设计与研发

3D 打印技术为创意产品设计与研发提供了创新的实现途径，不仅拓展了设计师的想象空间，缩短了设计到成形的周期，而且降低了创意设计的成本，实现了产品的个性化设计。3D 打印技术对于创意产品设计不仅是技术的革新，更是其社会价值的提高，它为消费者提供了更多个性化的创意设计，能够满足更多人的个性化需求及高层次的追求。

8.1　创意产品设计与研发

3D 打印是一种快速成形技术，可以在较短时间内低成本、迅捷地将设计师的创意转化为形象化、立体化的三维实物原型，因此就为创意产品的研究、设计及应用带来了前所未有的影响与不可估量的前景。3D 打印技术提供了一条极具成本价值的路径而能够完成反复的设计迭代，在关键开发的初始阶段，及时掌握产品设计随机反馈的信息，对产品创意设计极有帮助，不仅可以迅速修改，降低成本，而且能够缩短创意产品的上市时间，快速赢得社会效益和经济效益。

3D 打印是一种离散/堆积成形技术，实现了激光、数控、材料等多种先进技术的集成，它能在很短的时间内就可以实现设计构思者创造性思维实体化。相对于传统模型，快速原型具有快捷、准确、忠实于创意构思者创意的特点以及任意曲面成形、可进行试验等优点，可以使设计构思者的隐性知识得以准确、迅速、忠实地显性化传达。

3D 打印是实体模型，它不仅具有不需任何文字或口头解释的自说明性，不分人种、学识、经验的普及性、可视性、可触性、可感性，而且具有传统模型所不具备的快捷性、完全忠实于设计构思者创意的准确性，可以实现任意复杂造型的特点。

8.1.1　3D 打印技术在创意设计中的价值

1. 拓展了设计师的想象空间

3D 打印为设计师的设计拓展了想象的空间。传统设计师在以往都是通过自身的努力独立承担设计任务的，但是后工业时代的今天，他们通过构建有效的设计平台，扮演着“设计组织者”这一新的角色。3D 打印就是计算机借助三维软件完成模型塑造，然后以 STL 的文件格式传送到 3D 打印机上，再由 3D 打印机识别到片层截面，最后完成文件的输出打印。这里提及的“截面”是物品的一种表面形态，是依靠多个三角形面模拟设计而成的，三角形面越小，其所打印的物体就越精细。因此设计师就能够更加专注产品的形态创意和功能创新，并且更加运用自如，将产品的形态、功能设计得更好。从这个层面而言，3D 打印要比传统的个性化创意设计和手板模型制作等方式便捷许多。

2. 缩短了设计到成形的周期

3D 打印技术有效地缩短了从个性化创意设计到成形的整个周期。现今社会不断地发展，消费者的口味也在不断地变化，而 3D 打印技术可以有效地应对市场，帮助厂家不断适应消费者欣赏水平的变化，设计师则可以依靠互联网这个广阔的开放性平台实施产品设计，加大“利基产品”的开发与生产，缩短产品的生产周期，从而进入产品经营的长尾时代。需要指出，3D 打印更适合小规模的生产制造，特别方便个别特殊零部件制造这样的高端定制产品。同时，金属材料势必在未来的发展中取代塑料，被运用到 3D 打印之中，成为未来个性化创意设计中重要的技术和使用新材料的支撑。

3. 降低了创意设计的成本

在个性化创意设计中，3D 打印产品所需的原材料和能源消耗相对要少得多，仅是传统制作的 1/10，无须价格昂贵的模具来完成生产注塑，不仅节约了研发、设计的成本，而且降低了企业因为开模不当所带来的损失和风险。同时，3D 打印可以实现复杂的曲面制造和丰富的造型设计，能为客户提供更多的选择，满足其个性化的要求。此外，3D 打印产品还可以通过远程传输，实现异地快捷传送和打印，更加方便迅速，还节省了运输成本，避免了社会资源的浪费。

4. 实现产品的个性化设计

传统的个性化创意设计受工业革命影响，以大批量生产方式为主，所以很难做到设计的差异性和个性化。在大批量生产方式下，消费者所购买的商品都是一样的，其个性化需求遭到了严重的忽视。而 3D 打印技术则更加符合个性化创意设计的理念，能够满足人们各种不同的需求。比如鞋子的设计，3D 打印技术会根据人的脚型、运动习惯、心理特征等设计出不同款式和功能的鞋，这种设计更加人性化，更加贴近生活。3D 打印技术使想象成为可能，将这种技术应用于个性化创意设计中，根据消费者的需求和喜好，或产品使用的情景实施针对性设计，人们因此也就认真享受了个性化设计带来的愉悦及快乐。

8.1.2 3D 打印技术在产品创意中的应用

“增材制造”作为引领大批量制造模式向个性化制造模式转变的一项重要技术，在降低成本、提高效率以及应对制造结构复杂的产品等方面具有明显的优势。通过增材制造，可以改变以往产品造型和结构设计的局限性，达到产品创新的目标。

1. 产品造型

产品造型的设计在时代发展和科技进步的当下，有了长足的发展，加上人文艺术的发展，工业设计师的设计造型更是取得了较大的进步。

3D 打印技术在个性化创意设计中的发展和应用，使产品摆脱了以往设计的局限，设计师的想象力不再是产品造型设计的唯一源泉。无论任何复杂的外观，都可以通过 3D 打印机打印出来。产品造型设计更加多元，使得原本就有的技术含量、经济属性、环境属性、人机属性以及美学属性等要素之中美学属性的比重越来越高，产品造型的艺术化设计广受推崇，而消费者的审美观念也因产品造型相关元素的改变而有新的变化。

2. 产品结构

3D 打印实现了将复杂的产品结构转化为极其简单化的设计与制作，而且产品的结构设计逐渐趋于一体化。在目前生产工艺的条件下，一般性的产品主要是通过一些部件组装而形成产品的主体结构。这种经过组装而成的产品，其质量、体积、复杂度以及故障的几率都在增大，而且在生产和组装的过程中造成了材料和能源的浪费。3D 打印技术依靠一体化的设计，使得产品结构更加简单，某些特殊铰接结构甚至可以不经过组装，而只需要一些辅助性材料就可以一次成形。这种制作方式无论是在产品的耐用性还是生产效率的提高上都有着革命性的变化。

3. 良好的设计交流媒介

目前个性化创意设计流程受到越来越多设计师的重视，这是因为设计流程的作用重大：流程涉及并慎重考虑了产品生命周期的各个阶段性因素，重视后续环节中可能出现的问题，及时分析并予以解决，尽可能减少设计的反复，缩短开发的时间。在产品并行设计条件下，尽量实现产品开发过程中各个环节和各个要素间的协同运行，同时操作。另外，在产品并行设计的过程中，要加强设计团队之间的交流和讨论，以便更好地推进设计进程。顺畅而又高效的交流会加速个性化创意设计的成功率。重要的是，在产品概念设计环节，设计师要避免只依靠抽象的 2D 平面图纸作为媒介进行方案的讨论与对比，可以借助手工制作的概念草模以辅助讨论和研究，增强设计的直观性，但其精度、质感和触感等方面同概念设计的预期是有极大差距的，这些无疑成了限制设计团队设计概念交流和有效实施的影响因素。3D 打印在概念模型精准性上有着极大的优势，它可以使设计讨论更加顺畅，时间大大缩短。整个设计团队的每个成员甚至包括产品用户都可以清楚直观地看到和触摸到这些模型，能够比较其结构、外形以及功能的不同与差异，进而做出选择。3D 打印制作的概念模型可以明确地反映产品概念存在的问题，并能方便修改，不断完善产品概念。

4. 快速制作产品

个性化创意设计开发周期的缩短，能提高产品投入市场的时间，从而获得更多市场的份额。如果制作时间过长，就会成为缩短上市时间的障碍。设计团队通过产品原型的性能测试和工程评价，对设计缺陷及早反馈，可以最大限度地规避产品开发的风险。3D 打印技术的应用可以缩短产品原型制作的时间，将花费几天或者几个星期缩减至几个小时。另外，使用 3D 打印制作原型，能够规避原型制作外包可能造成的知识产权泄露的风险。

3D 打印技术在个性化创意设计中兴起了一场革命，影响了设计领域的方方面面。设计师没有必要固守自身想象力的牢笼，可以有效组织设计平台，将想象力和创造力予以尽情释放；设计师还可以通过 3D 打印技术将想象尽快变为现实，创立具有独特个性的独立品牌。随着设计的广泛性，以往设计组织的僵化结构将不复存在，而产品设计也会逐步向消费者靠拢。

8.2　3D 打印创意香台的设计与开发

8.2.1　创意构思

香台是近几年流行的文化产品，香台的设计需要彰显文化的气质，烟雾缭绕中，仿佛人的身心得到一种解脱和放松。在本案例中，应用 3D 打印技术实现香台产品开发的前期原型制作，方便后期产品开发。香台产品造型采用梯田造型，梯田阶梯式、波浪式起伏的线条带给人们强烈的审美感受，如图 8-1 所示。本案例采用产品设计开发流程，探讨 3D 打印技术在其中的应用，希望能给产品开发设计提供一定的借鉴。根据创意构思，完成香台的设计草图绘制，如图 8-2 所示。

（a）

（b）

图 8-1　设计创意灵感来源于梯田

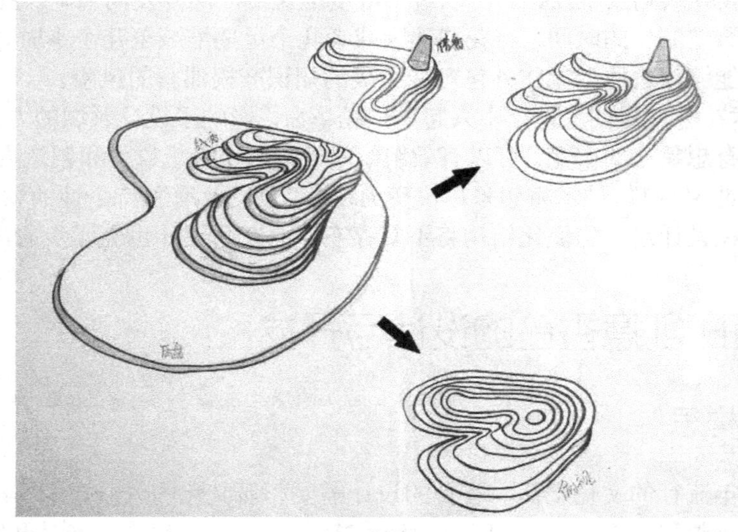

（a）草图一

图 8-2　设计草图

（b）草图二

（c）草图三

图 8-2　设计草图（续）

8.2.2　造型设计

根据上述创意设计方案，使用工业设计专业软件 Rhino 进行香台的三维造型设计，如图 8-3 所示，在软件中将香台主体与底座导出为 STL 格式文件，方便下一步的参数设置。Rhino 软件是常用的 3D 创意设计软件，广泛应用于产品设计、建筑设计、玩具设计、珠宝设计等领域。

该款香台为原创设计，通过把梯田造型的美感与香台相结合，设计出一款尽显梯田风光的香台，体现出梯田的曲线之美。应用 3D 打印技术打印香台主体部分，在后期处理安装上塔香，就可以直接使用了。通过该款 3D 打印产品的实际应用，使得 3D 打印融入人们的生活，提升人们的生活质量。

图 8-3　香台的三维模型

8.2.3　3D 打印制作

完成产品三维数字化模型的创建，导出产品零件的 STL 格式文件，加载到 Makerbot Z18 3D 打印机中，设置打印工艺参数，将模型导入 Makerbot Desktop 软件进行分层切片参数设置。选择高质量模式，打印精度为 0.1mm，填充密度为 10%，增加底座，不需要结构支撑。然后导出打印文件，打印文件格式为 Makerbot 文件，并复制到 U 盘中。由于追求较好的打印效果，根据打印文件信息显示：香台打印时间为 6h，消耗约 93g PLA 材料。

插上 Makerbot Z18 3D 打印机的电源，进入自动开机，等待约 8min 机器显示主界面。插入 U 盘，将打印文件复制进机器内存中。回到机器内存界面，选中要打印的文件，按下大圆圈按键开始打印，主界面开始显示打印准备情况，预热完毕就开始打印，在主界面上会显示打印进度。旋转圆形按键可查看打印文件参数。进行该零件的 3D 打印制作，最终完成的打印模型如图 8-4 所示。

模型打印完毕之后，打开门，取出水平托盘，用小铲刀从模型四周慢慢撬开取下模型；用小铲刀或稍微用点力将香台支撑底座掰下来，要注意用力均匀和慢慢用力，切不可用蛮力将模型弄坏。观察香台模型整体造型是否打印完整，细节是否完整，手感是否光滑，有没有出现衔接不了的结构，或出现材料结块的现象。如果出现少许的材料结块现象，一般是正常的，用小锉刀或砂纸进行轻轻打磨都可以在一定程度上消除不平整部分。

Makerbot 3D 打印机打印效果较好，所以后期处理的工作并不算很麻烦。如果模型增加了结构支撑，需要花费大量的时间进行摘除、打磨、修复工作，所以在很多情况下，能不增加结构支撑就尽量不要增加，如果实在要增加，可以自己制作细小支撑结构，方便后期容易剥落，根据编者的经验，系统自行增加的结构支撑还是比较难剥落的。

由于目前 PLA 材料打印出来的整体的香台基本大体完成，所以香台的配件方面建议自己搭配上去，可在香台的主体顶部上放上塔香，这些塔香可以在超市或购物网站购买。放上塔香点燃后，烟雾由高处往低处流动，形成一种自然景观，极为好看。最终产品效果如图 8-4 所示。

(a)

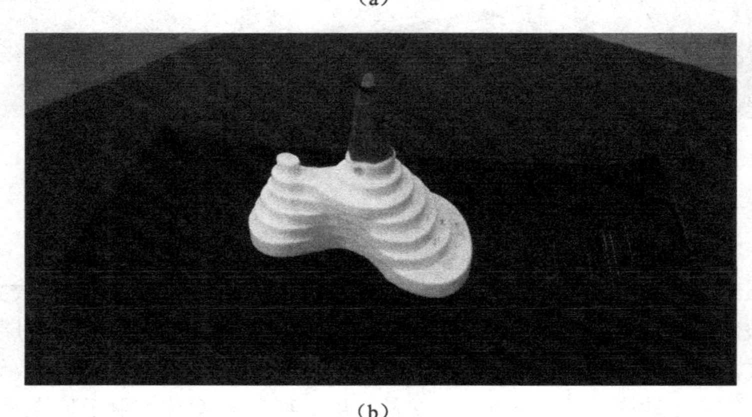

(b)

图 8-4　3D 打印实物模型

8.3　3D 打印创意高跟鞋的设计与研发

8.3.1　创意构思

高跟鞋可以让每个女性变美，追求美是人的本能，越来越多的女性穿着高跟鞋，从而成为了一种时尚。该款高跟凉鞋为原创设计，通过无秩序的镂空美感表现时尚感，应用 3D 打印技术打印鞋子主体部分，在后期处理中装上鞋带，就可以直接使用了，从而满足现代女性对时尚和美的追求。

8.3.2　造型设计

根据上述创意设计方案，使用工业设计专业软件 Rhino 进行高跟鞋的三维造型设计，在软件中将高跟鞋鞋底导出为 STL 格式文件，如图 8-5 所示。

图 8-5　高跟鞋的三维 CAD 模型

8.3.3　3D 打印制作

完成高跟鞋的三维 CAD 模型的创建，导出产品零件的 STL 格式文件，加载到 Makerbot Z18 3D 打印机中，设置打印工艺参数，将模型导 Makerbot Desktop 软件进行分层切片参数设置。选择高质量模式，打印精度为 0.1mm，填充密度为 20%，增加底座，不需要结构支撑。然后导出打印文件，打印文件格式为 Makerbot 文件，并复制到 U 盘中。鞋子打印时间为 17h，消耗约 132g PLA 材料。由于高跟凉鞋是一双，所以用同样的参数设置导出另一只鞋子的打印文件。

插上 Makerbot Z18 3D 打印机的电源，进入自动开机，等待约 8min 机器显示主界面。插入 U 盘，将打印文件复制进机器内存中。回到机器内存界面，选中要打印的文件，按下大圆圈按键开始打印，主界面开始显示打印准备情况，预热完毕就开始打印，在主界面上会显示打印进度。旋转圆形按键可查看打印文件参数。进行该零件的 3D 打印制作，最终完成的打印模型，如图 8-6 所示。

模型打印完毕之后，打开门，取出水平托盘，用小铲刀从模型四周慢慢撬开取下模型；用小铲刀或稍微用点力将鞋子支撑底座掰下来，要注意用力均匀及慢慢用力，切不可用蛮力将模型弄坏。

图 8-6　3D 打印实物模型

8.3.4　模型修整

去除如图 8-7 所示的支撑，观察高跟鞋模型整体造型是否打印完整，细节是否完整，手感是否光滑，有没有出现衔接不了的结构，或出现材料结块的现象。如果出现少许的材料结块现象，一般是正常的，用小锉刀或砂纸进行轻轻打磨都可以在一定程度上消除不平整部分。

由于目前的柔性 PLA 材料舒适度不够，所以后期只能自备鞋带进行安装。在装上鞋带之前，要对鞋带接口部分进行打磨，由于打印过程中，材料由于重力的因素，接口内部会出现尺寸的偏差，如图 8-8、图 8-9 所示，所以要用小锉刀进行接口的打磨，方便后面插入鞋带。

图 8-7　高跟鞋支撑底座

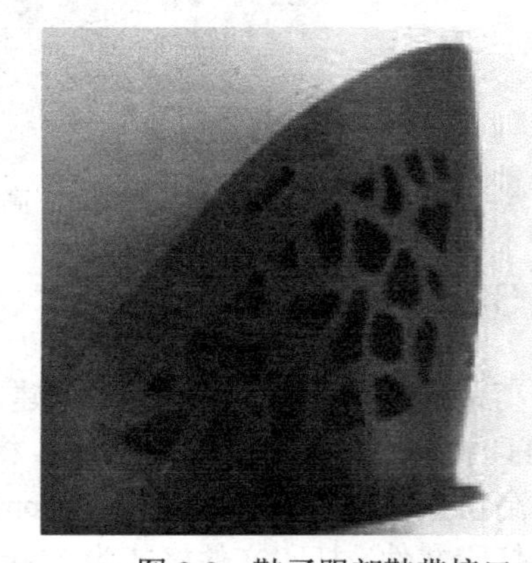

图 8-8　鞋子跟部鞋带接口

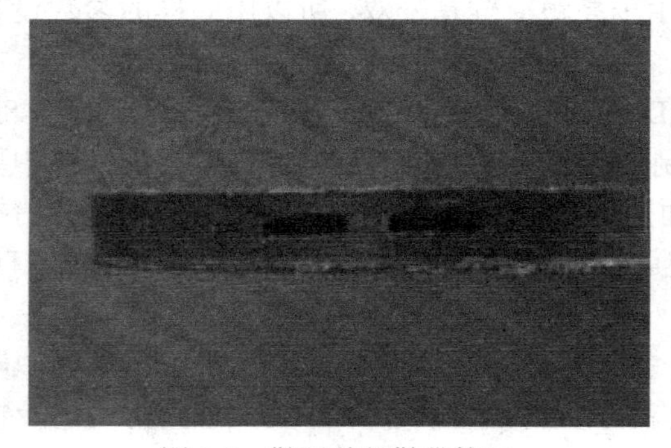

图 8-9　鞋子前部鞋带接口

另外鞋子的装饰孔也会出现高温材料在高速运动过程中留下的连丝，用小锉刀轻轻打磨即可。在修整这个阶段需要细心和耐心。

8.3.5　装饰处理

由于目前 PLA 材料打印出来的整体高跟凉鞋舒适性不足，所以鞋子的配件方面建议自己搭配，可在鞋子主体上安装鞋带和鞋垫，这些配件可以在商场或购物网站购买，在连接鞋带和鞋垫的过程中，根据鞋子主人的脚部尺寸进行调整，舒适性更好；鞋带之间的连接可采用手工缝制或缝纫机缝制，这样 DIY 鞋子更加有乐趣，更有成就感。装饰处理的最终效果，如图 8-10 所示。

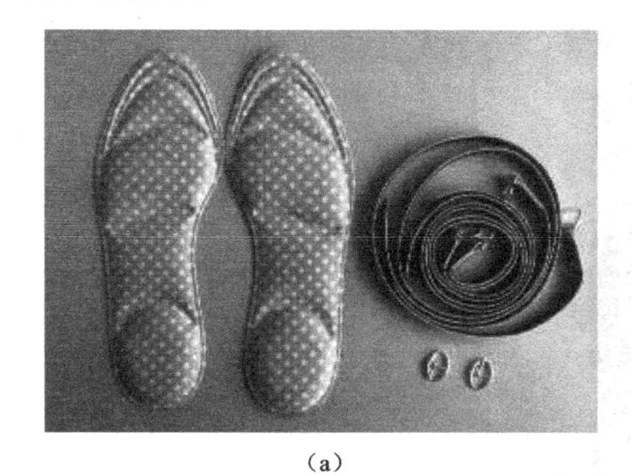

(a)

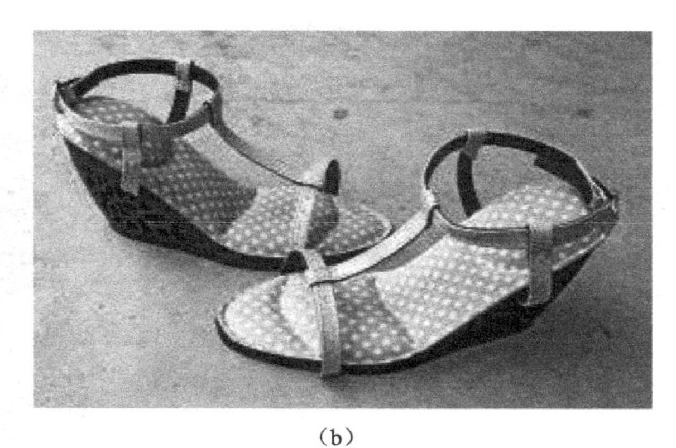

(b)

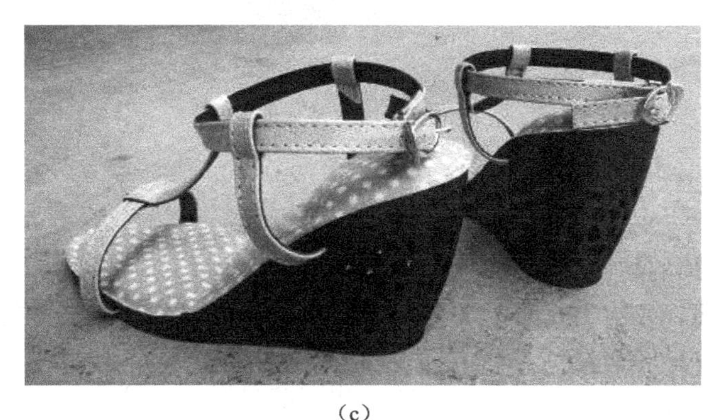

(c)

图 8-10　装饰处理效果

8.4　3D 打印创意组合笔筒的设计与研发

8.4.1　研发意义

目前使用的笔筒大多功能单一，造型单调乏味，在这个张扬个性的时代，目前的笔筒不能够满足需求。同时由于笔筒中常常会放一些橡皮、大头针、纽扣等小型物件，取用时很不方便，且容纳量也很有限。以创意组合笔筒这一办公文具为设计对象，进行创意设计与 3D

打印制作实践。

8.4.2 设计调研

笔筒是书桌文案上必不可少的一种日常生活学习用品，市场上笔筒的样式尽管很多，如图 8-11 所示，但是结构简单，并且缺乏创意。为使笔筒在结构简单的情况下实现功能多样性，我们采用曲面结构设计，使之外观柔美，结构紧凑，空间利用率高。随着 3D 打印技术的日益成熟，本产品采用 3D 打印快速成形技术，使得产品成形工艺简单，制造成本低。此多功能笔筒相比市场上的笔筒在结构和功能上有较大的改善，实现了笔筒也能作为储钱罐、收纳盒使用的功能。

图 8-11　市场上常见的笔筒

8.4.3 创意构思

3D 打印创意笔筒的结构包括笔筒主体、储物盒和底座，笔筒主体为圆柱筒的形状，其上方供笔直接放入，储物盒设置在笔筒主体的下部，底座设置在笔筒主体和储物盒的下部，用于支撑笔筒主体、定位储物盒。

笔筒主体表面设有四角星形花纹，筒壁呈褶皱波浪形状，笔筒主体底部为雪花状花纹，储物盒以太极阴阳双鱼为形状分为两半，底座上的定位销用来定位储物盒，阴阳双鱼储物盒以定位销为圆心转动。

创意构思的笔筒结构具有放笔、存储硬币、存储生活小物件等多种功能，具有容量大，空间利用率高等特点，且整体为 3D 打印制作而成、造型美观、张扬个性，是紧张的工作和学习中小小的调剂。

8.4.4 三维建模

根据上述创意构思设计方案，应用三维数字化设计与制造软件 Pro/E，进行 3D 打印创意笔筒的三维造型设计，最终完成的三维 CAD 装配模型如图 8-12 所示。

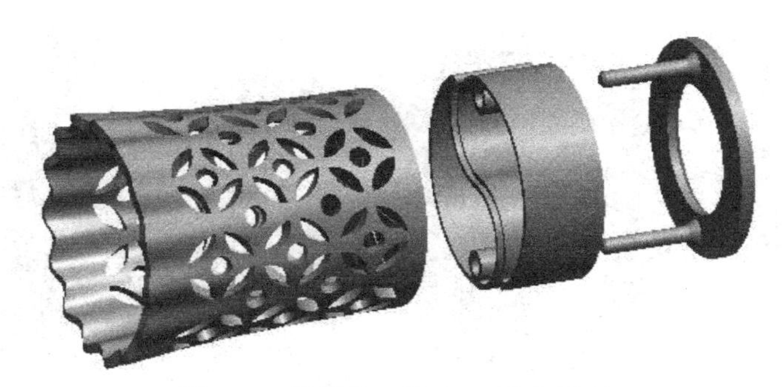

图 8-12　笔筒的三维 CAD 装配模型

8.4.5　3D 打印制作

完成产品三维数字化模型的创建，导出产品零件的 STL 格式文件，分部件加载到 Makerbot Z18 3D 打印机、上海磐纹科技 Panowin F3CL 3D 打印机、南京宝岩 HOFI 3D 打印机上，分别设置相应的打印工艺参数。如图 8-13～图 8-15 所示进行该零件的 3D 打印制作，最终完成的底部装配模型如图 8-16 所示，创意笔筒整体装配的实物模型如图 8-17 所示。

图 8-13　Makerbot Z18 3D 打印机制作笔筒主体

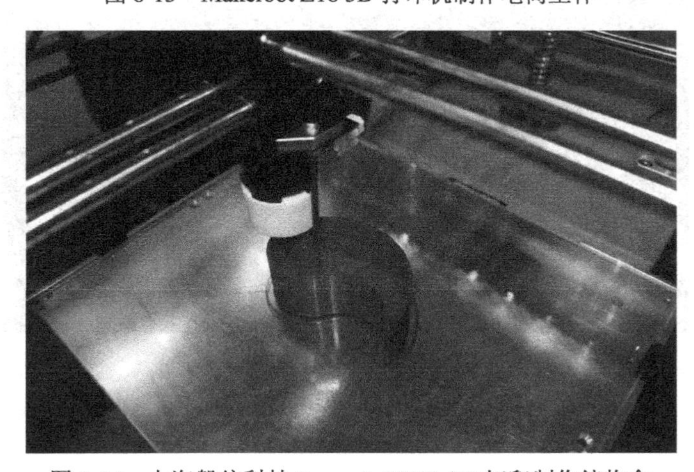

图 8-14　上海磐纹科技 Panowin F3CL 3D 打印制作储物盒

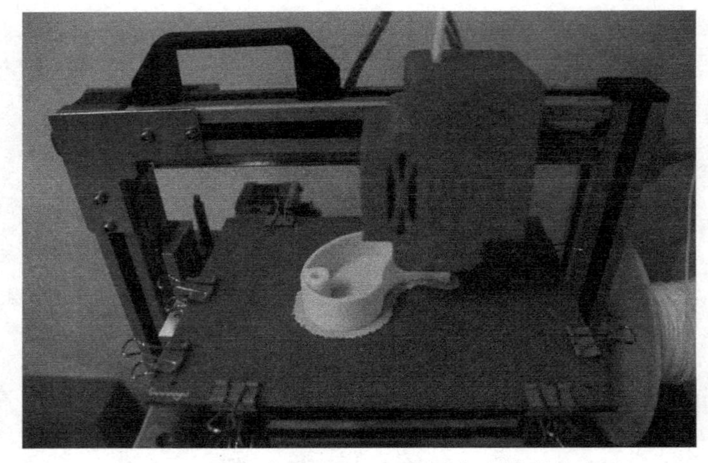

图 8-15　南京宝岩 HOFI 3D 打印机制作储物盒

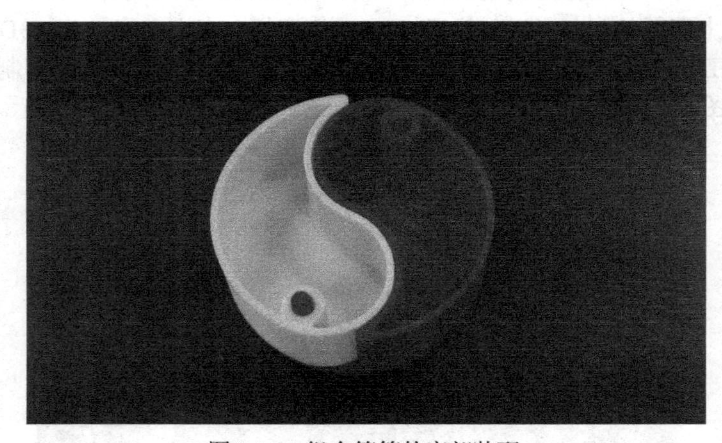

图 8-16　组合笔筒的底部装配

图 8-17　创意组合笔筒的装配模型

第9章　3D打印机电产品研发的项目实践

机电产品是指使用机械、电器、电子设备所生产的各类农具机械、电器、电子性能的生产设备和生活用机具。基于3D打印技术创新研发系列机电新产品，不仅大大降低了研发成本，而且能够有效提高机电产品的研发效率，并使得机电产品的虚拟数字样机快速转化为3D打印实物样机，实现虚拟样机的实物制造、装配检验和功能验证，最终实现机电新产品的快速开发。

9.1　开源硬件

开源硬件（Open Source Hardware）是指用与自由及开源软件相同的方式设计的计算机和电子硬件。开源硬件设计者通常会公布详细的硬件设计资料，如机械图、电路图、物料清单、PCB版图、HDL源码和IC版图，以及驱动开源硬件的软件开发工具包等。作为开源文化的一部分，开源硬件受开源软件的启发而确立，并扩展了开源的概念域，但其实践历史却比开源或开放软件还早，可追溯到集成电路发展初期。

9.1.1　开源硬件开发平台

1. Phidgets

Phidgets起源于2001年加拿大卡尔加里大学的一个研究项目，它由一系列可以与计算机相连接的传感器和驱动器组成。Phidgets将输入输出设备封装成为一个个模块化的组件（图9-1），并通过USB技术与计算机相连，用户无须具备专业的电气工程知识便可以轻松地将这些组件连接到计算机。Phidgets提供了一个名为Phidget Interface Kit的扩展板（图9-2），使用者可以将多个不同的传感器和驱动器连接到扩展板，再通过USB接口连接到计算机进行控制，一些传感器和驱动器也可以直接连接到计算机。

图9-1　Phidgets组件

Phidgets 组件不能离开计算机独立工作，为了使各类组件能够摆脱家用计算机体积的束缚，Phidgets 也提供了一个单板计算机（图 9-3）来代替家用计算机的作用，这个单板计算机没有鼠标、键盘和显示器等周边设备，需要在使用的时候进行外接。单板计算机可以独立地工作，实现对各类 Phidgets 组件的控制。Phidgets 还提供了大量 API（应用程序编程接口），支持 C、C++、Java、Lab VIEW、MATLAB、Python、Visual Basic 等十余种主流编程语言，用户可以选用任何一种自己熟悉的语言对 Phidgets 组件进行编程控制。

图 9-2 Phidget Lnterface Kit 扩展板

图 9-3 Phidgets 单板计算机

2. Raspberry Pi

Raspberry Pi（中文译名“树莓派”）最初是为学生计算机编程教育开发的单板计算机，它与 Phidgets 和 Arduino 一样，也能够实现对其他电子元件的控制。Raspberry Pi 通过 SD 存储卡运行 Linux 操作系统（图 9-4），当外接上鼠标、键盘和显示器等外围设备之后，Raspberry Pi 几乎可以像一台普通计算机一样工作。Raspberry Pi 在接收传感器信号和控制其他驱动器方面与 Arduino 非常相似，所不同的是 Raspberry Pi 没有模拟量到数字量的转换功能，也就无法接收模拟传感器所采集到的信号。但是作为一个计算机 Raspberry Pi 的性能要远远强于 Arduino，它可以处理复杂的视频和音频任务，能够通过图形用户界面进行操作，而且可以用许多种不同的编程语言进行控制。但性能强大的代价就是使用上的复杂性，除了编程本身的难度之外，还需要完成很多设置工作才能实现用 Raspberry Pi 控制电子元件。简而言之，Raspberry Pi 就是一个廉价的精简版的 Linux。

图 9-4 Raspberry Pi 开发板和 SD 存储卡

3. LEGO Mindstorms

LEGO Mindstorms 是丹麦乐高集团和美国麻省理工学院媒体实验室共同开发的可编程机器人套件，1998 年第一代产品上市后引起了广泛的关注。目前 LEGO Mindstorms 已经被全球 25 000 个以上的机构采用，包括美国麻省理工学院、卡耐基梅隆大学、西点军校和美国太空总署等高校与研究机构都将 LEGO Mindstorms 作为其重要的研究工具。最新版的套件 LEGO Mindstorms EV3 已于 2013 年上市。

LEGO Mindstorms 套件中的所有部件都被高度模块化，用户可以像拆装乐高积木一样对不同的模块进行组装设计。在最新 EV3 版本的套件中，将处理、存储、输入输出、通信等主要功能都集成在了一个编程模块中，这个编程模块采用了 ARM9 处理器和基于 Linux 的操作系统，配有 4 个输入端口和 4 个输出端口，并支持 USB 2.0、Wi-Fi 和蓝牙通信。除此之外，套件中还包括电动机、各类传感器模块、用于远程控制的红外信标以及用于搭建产品外观和结构的乐高积木（图 9-5）。LEGO Mindstorms 还提供了一个可视化的编程环境（图 9-6），在这个编程环境中，所有编程需要的元素都被模块化了，包括控制机器人移动的动作模块、控制传感器工作的传感器模块、控制变量的数据模块等。用户只需要对不同的模块进行拖拽、组合和设置就可以实现对硬件的控制。无论是硬件还是软件，简化和模块化都是 LEGO Mindstorms 的核心设计理念，它使得任何没有编程和电气工程基础的人都能够轻松地学会如何使用。

图 9-5　LEGO Mindstorms EV3 套件

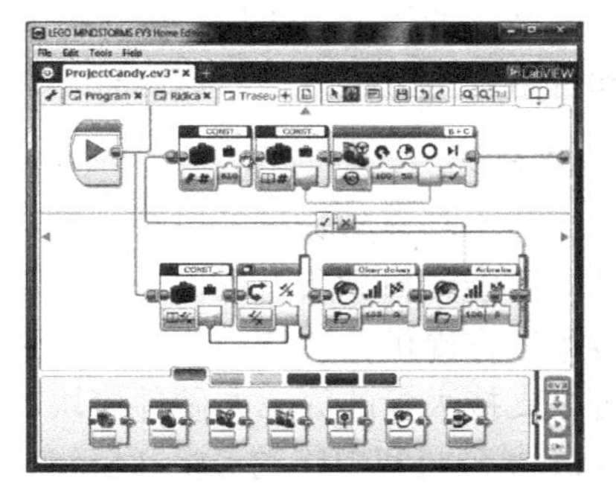

图 9-6　LEGO Mindstorms 中的可视化编程环境

4. Arduino

Arduino 是一个面向电子爱好者、艺术家和设计师的开源电子硬件设计平台，它可以接收各类传感器采集到的信号，也能够通过控制灯光、继电器、伺服电动机等驱动器对周围的环境施加影响。由于 Arduino 的开源特性，大量由官方和第三方提供的开发板（图 9-7）、功能模块和库文件能够满足使用者各种不同的设计需求，包括专门针对可穿戴设备、便于缝入衣物中的 Arduino Lily Pad，以及专门针对复杂项目开发、具有更大存储空间和更多 I/O 接口的 Arduino Mega 等。与 Phidgets 需要借助计算机才能工作不同，Arduino 并不依赖于某一个操作系统，它只运行当前写入 Arduino 开发板的单个程序。用户可以先在普通计算机上通过 Arduino 提供的编程语言和 Arduino IDE（集成开发环境）编写好控制程序，再通过 USB 数据线将程序写入 Arduino 开发板中，一旦程序写入开发板，Arduino 就可以脱离计算机独立运行。Arduino 的编程语言建立在 C 语言的基础之上，但是更容易理解和学习，它将许多参数设置代码函数化，使用户不必了解底层技术也能够通过编程实现。

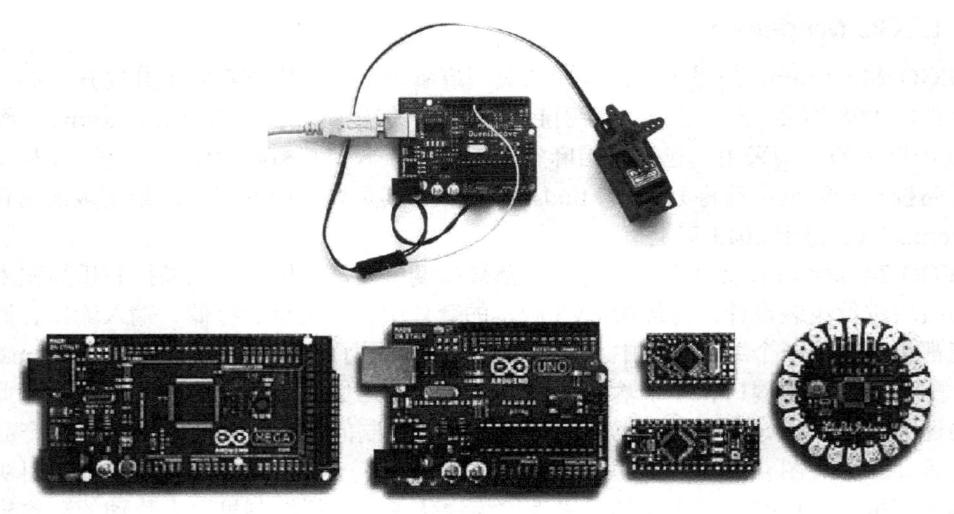

图 9-7　不同型号的 Arduino 开发板

9.1.2　开源硬件分析比较

无论是使用 Phidgets、Arduino、Raspberry Pi 还是 LEGO Mindstorms 都可以在不同程度上构建智能产品的原型，四种平台各有其优势和劣势，本节将从兼容性、易用性、体积灵活性、性能和价格优势五个方面对这四种平台进行对比分析。

1. 兼容性

在智能产品原型设计的过程中，可能会有各种不同的功能需求，而无论哪一种平台在设计时都不可能预料到所有的需求，从而提供一个适用于所有情况的完整的工具包。因此，能否兼容第三方提供的功能模块和元器件就变得十分重要。在四种平台中，Arduino 的兼容性最高，可以支持大量的第三方硬件模块，这也催生了很多 Arduino 兼容硬件的生产商，如美国的 Sparkfun 公司和中国的 Seeed Studio、DFRobot 等。Raspberry Pi 虽然也是开源硬件，支持第三方硬件的接入，但是由于本身对一些电子元件的支持度不够，导致其兼容性要低于 Arduino。而 Phidgets 和 LEGO Mindstorms 都不是开源平台，各类功能模块主要由官方提供，第三方的元件虽然也能够通过一定的改造进行使用，但这无疑增加了使用的难度。

2. 易用性

由于需要设计智能产品原型的人群主要是交互设计师和创客，他们往往没有经过专门的计算机和电子工程方面的训练，因此，使用学习成本较低、简单易用的平台会在很大程度上提高原型构建的效率。四种平台中最容易使用的是 LEGO Mindstorms，因为它的硬件和软件都是模块化的，即使用户没有相关的专业知识，也能够通过学习很快地掌握其使用方法。Arduino 的使用需要一定的电气工程和编程方面的知识，但是由于其有意识地简化了硬件的结构和编程语言，在学习难度上还是低于其他专业的嵌入式开发平台。Phidgets 简化了硬件部分的连接，降低了对电气工程知识的需求，但是其编程语言还需要使用现有的专业语言，学习难度较大。Raspberry Pi 的整体学习成本最高，不仅需要学习专业的编程语言，还需要经过较为复杂的设置才能够使用。

3. 体积灵活性

尽管原型不是最终产品，但原型要尽可能接近真实产品才能够在测试中获得真实有效的反馈。在设计诸如移动设备和可穿戴设备等较小的智能产品时，原型的体积就变得不可忽视。在四种平台中，Arduino 在体积方面的优势明显，除了小号的开发板 Arduino Nano 和 Arduino Mini 之外，还有专门针对可穿戴设备的 Arduino Lilypad 和针对较复杂项目的 Arduino Mega 等开发板型号。Phidgets 也提供了一个小号的开发板 Phidgets Mini，但是其型号没有 Arduino 丰富。而 Raspberry Pi 和 LEGO Mindstorms 则没有针对体积问题提供针对性的解决方案，其中 LEGO Mindstorms 由于采用了乐高积木式的模块化设计，体积最为庞大。

4. 性能

在大多数情况下，智能产品原型设计不需要大量的运算，但是当需要对视频或高品质音频进行处理的时候，性能的差别就凸显出来了。Raspberry Pi 本身的性能最强，能够独立地处理这类复杂的运算，Phidgets 连接到计算机时也可以做到这一点。Arduino 不具备独立处理视频的能力，但可以像 Phidgets 一样连接到计算机进行处理，但这样就无法使用 Arduino 官方的语言进行编程了。LEGO Mindstorms 由于其高度模块化的特点，也没有提供处理视频这类复杂运算的条件。

5. 价格优势

在一个产品的设计过程中，在不断测试、评估、修改的迭代过程中需要构建大量的原型。因此，如何以较低的成本构建智能产品原型也是需要考虑的问题之一。以最常用的基本版在中国的售价进行对比，官方生产的 Arduino UNO R3 开发板售价在 200 元左右，国内厂家生产的兼容 Arduino 开发板的售价会更低。配备 512MB 内存的 Raspberry Pi 售价在 300 元左右。基本版的 Phidget Interface Kit 8/8/8 售价在 660 元左右，而购买 Phidgets 单板电脑则需要 1 000 元左右。LEGO Mindstorms EV3 标准版套件的售价则超过 3 000 元。尽管 Arduino 和 Raspberry Pi 的售价都比较低，但考虑到 Arduino 对大量第三方资源的支持，其整体的使用成本是四个平台中最低的。

经过五个方面的对比，Arduino 在整体上都占有较大的优势，它的开源特性和良好的兼容性使得用户有大量的第三方资源可选择，较高的易用性给没有经过专业编程和电气工程训练的交互设计师和创客带来了便利，体积上的灵活性和较低的价格都符合智能产品原型设计的需求。尽管 Arduino 在性能上不如 Raspberry Pi 和 Phidgets，但也能够满足绝大多数智能产品原型设计的需求。

9.2　Arduino

Arduino 诞生于意大利的一所设计学校。Arduino 之父 Massimo Banzi 是这所设计学校的一名老师。当时，Massimo Banzi 的学生们经常抱怨找不到廉价并且方便使用的控制板。2005 年的冬天，Massimo Banzi 跟朋友 David Cuartielles 聊起了这个话题。David Cuartielles，一个西班牙的晶片工程师，当时正好来校做访问学者。两人突然决定，为什么不设计一款属于自己的电路板呢？于是，就在短短的一周内，Arduino 电路板就此诞生了！Banzi 自己的学生 David Mellis 为电路板设计自己的编程语言——Arduino IDE。现在，Arduino 风靡全球。全球各地的艺术家、设计师、工艺美术家都为之疯狂，拿它来做各种酷炫的作品。Arduino 不仅包含开源的硬件（各式各样型号的 Arduino 板）。Arduino 同样还包含软件（Arduino IDE、Mixly）。开放的源代码，可以让所有人免费下载，不需要有太多编程基础就能做出令人惊艳的互动作品。Arduino 的开源精神影响着全世界，也吸引了各个领域的人们加入 Arduino 的神奇世界。

9.2.1 主控板

Arduino 开发板设计得非常简洁，一块 AVR 单片机、一个晶振（或振荡器）和一个 5V 的直流电源。常见的开发板通过一条 USB 数据线连接计算机。Arduino 有各式各样的开发板，其中最通用的是 Arduino UNO，Arduino UNO R3 开发板实物如图 9-8 所示，Arduino Mega 2560 R3 如图 9-9 所示，图 9-10 对一块 Arduino UNO 开发板功能进行了详细标注。开发板的具体引脚标注如图 9-11 所示。另外，还有 Duemilanove 系列、Nano 系列、Leonardo 系列、Mini 系列开发板。Arduino UNO 的处理器核心是 ATmega 328，同时具有 14 路数字输入/输出口（其中 6 路可作为 PWM 输出），6 路模拟输入，一个 16MHz 的晶体振荡器，一个 USB 口，一个电源插座，一个 ICSP header 和一个复位按钮。

Arduino UNO 可以通过以下三种方式供电，能自动选择供电方式：外部直流电源通过电源插座供电，电池连接电源连接器的 GND 和 VIN 引脚，USB 接口直接供电。

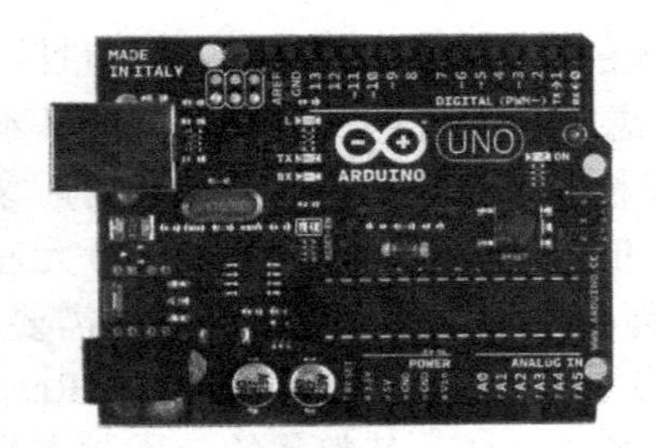

图 9-8　Arduino UNO R3 开发板

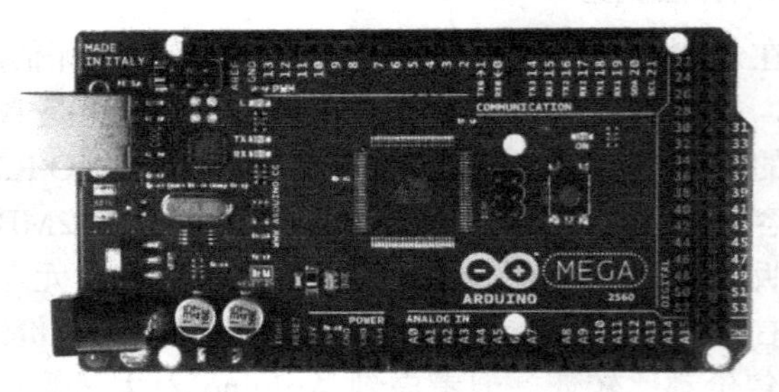

图 9-9　Arduino Mega 2560 R3

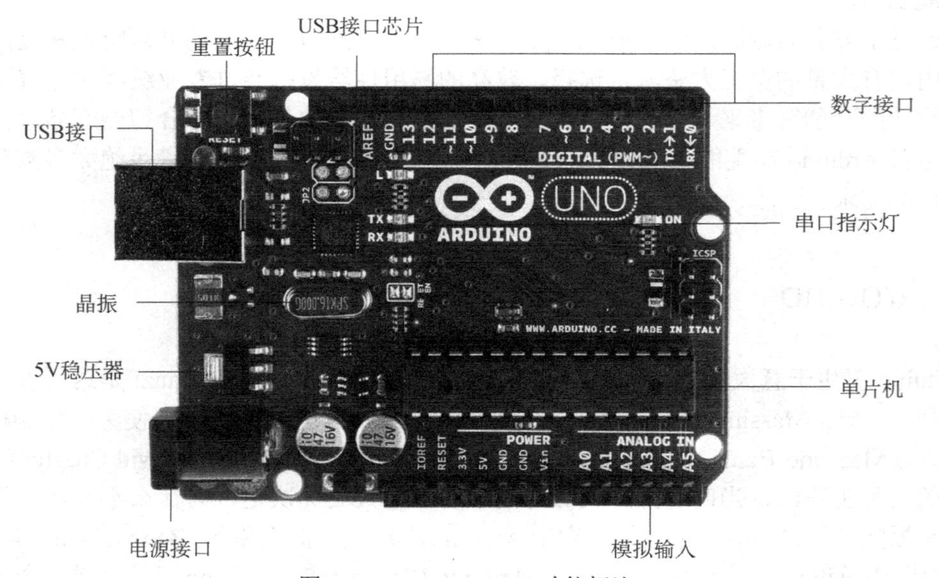

图 9-10　Arduino UNO 功能标注

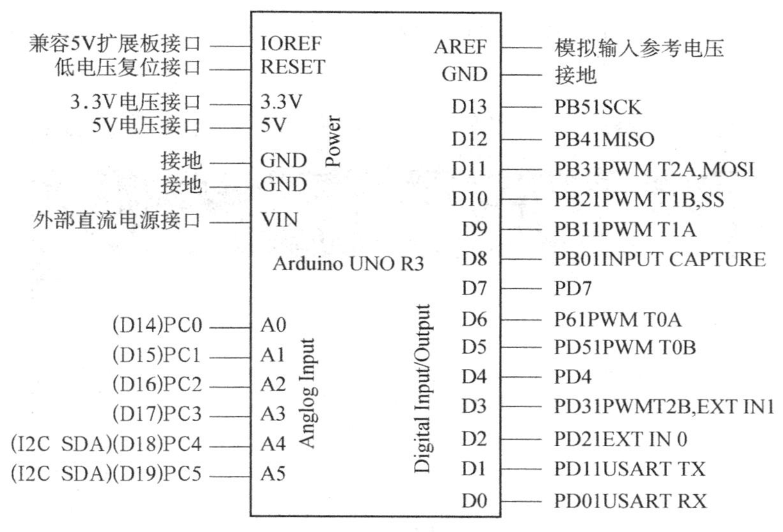

图 9-11　开发板的具体引脚标注

还有一款新增的开发板叫做 Arduino Mega 2560，Arduino Mega 2560 R3 开发板实物如图 9-9 所示，它提供了更多的 I/O 引脚和更大的存储空间，并且启动更加迅速。Arduino Mega 2560 R3 处理器核心是 ATmega 2560，使用 16MHz。具有 54 组数字 I/O 端，其中 14 组可做 PWM 输出，16 组模拟比输入端，4 组 UART。6 路外部中断，触发中断引脚：2（中断 0），3（中断 1），18（中断 5），19（中断 4），20（中断 3），21（中断 2），可设成下降沿、上升沿或同时触发。TWI 接口（20（SDA）和 21（SCL））：支持通信接口（兼容 I^2C 总线）。

9.2.2　Arduino 软件

1. Arduino 编程语言

Arduino 编程语言是建立在 C/C++语言基础上的。Arduino 语言把 AVR 单片机（微控制器）相关的一些参数设置都参数化了，不用开发者去了解其底层，对 AVR 单片机了解不多的用户也可以容易地开发基于 AVR 的项目。

Arduino 程序的架构大体可分为 3 部分。

① 声明变量及接口的名称。

② setup（）。在 Arduino 程序运行时首先要调用 setup（）函数，用于初始化变量、设置针脚的输出/输入类型、配置串口、引入类库文件等。每次 Arduino 上电或重启后，setup（）函数只运行一次。

③ loop（）。在 setup（）函数中初始化和定义变量，然后执行 loop（）函数。顾名思义，该函数在程序运行过程中不断地循环，根据反馈相应地改变执行情况。通过该函数动态控制 Arduino 主控板。

2. Arduino 开发环境

Arduino 的开发环境很简洁，用户可以在其官方网站上免费下载使用。在安装完 Arduino IDE 后，进入 Arduino 安装目录，打开 arduino.exe 文件，进入初始界面，如图 9-12 所示。打开软件会发现这个开发环境非常简洁，依次显示为菜单栏、图形化的工具栏、中间的编辑区域和底部的状态区域。Arduino IDE 界面工具栏从左至右依次为编译、上传、新建程序、打开程序、保存程序和串口监视器。

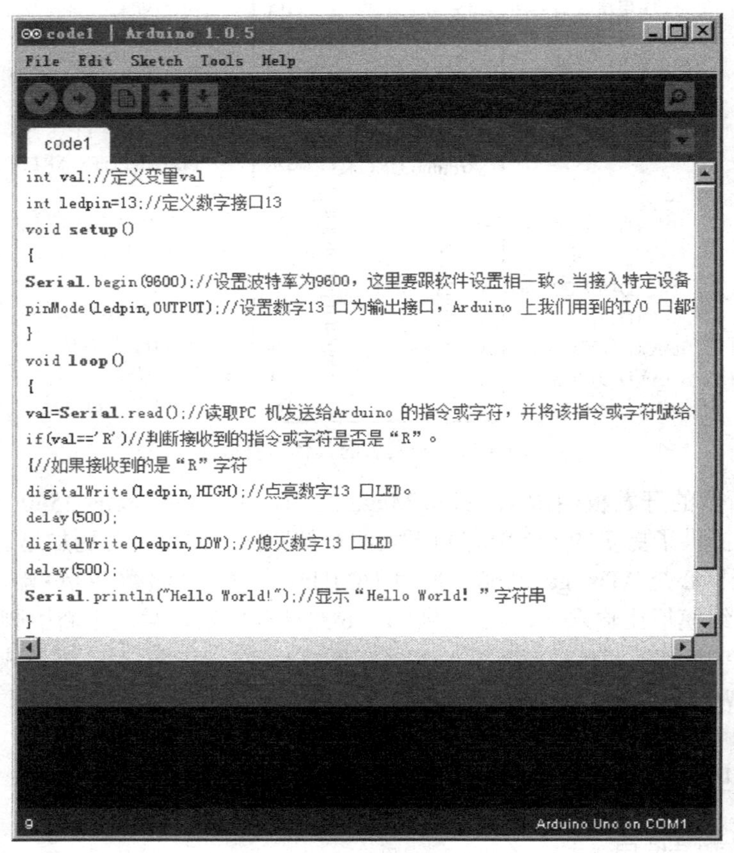

图 9-12 Arduino 集成开发环境

9.2.3 Arduino 应用案例

1. 案例 1：Pinokio 台灯

Pinokio 源自新西兰惠灵顿维多利亚大学的一个设计团队的研究项目，该团队为了探索智能产品在表现人的行为方面的潜能而设计了这个产品（图 9-13）。他们通过计算机程序和电子电路的设计为一个普通的台灯赋予了感知周围环境特别是感知人的能力，并能够在一个动态的范围内作出一定的反应。该团队凭借 Pinokio 获得了 2013 年新西兰 Best Award 交互设计类金奖。

在 Pinokio 的设计过程中，设计团队使用 Arduino 和其他相关元件构建了产品原型。原型以一个普通的桌面台灯为基础，加上了 6 个伺服电动机和 1 个网络摄像头，并借助 Arduino 对整个系统进行控制。网络摄像头装在灯泡的位置（图 9-14），它就像是 Pinokio 的感觉器官，能够感知周围人的运动，继而作出寻找、追踪、躲藏等反应。当它被忽视和冷落的时候，还会主动寻求人的关注。所有这些动作都是由 Arduino 主导完成的，当 Arduino 接收到网络摄像头所捕捉到的信息后，会按照一定的机制对信息进行处理，并控制安装在台灯各个关节的 6

个伺服电动机完成相应的动作。设计人员通过 Arduino 程序来调整所捕捉到的信息与所执行的动作之间的对应关系，就可以使这个普通的台灯具有一定程度的智能特征。在 Pinokio 产品原型的设计过程中，Arduino 起到了非常关键的作用，它将产品的感觉器官和执行机构有机地联系在了一起，结合一定的处理机制，有效地反映了智能产品的感知、识别和处理能力，生动地展现了整个产品的交互特征和设计理念。

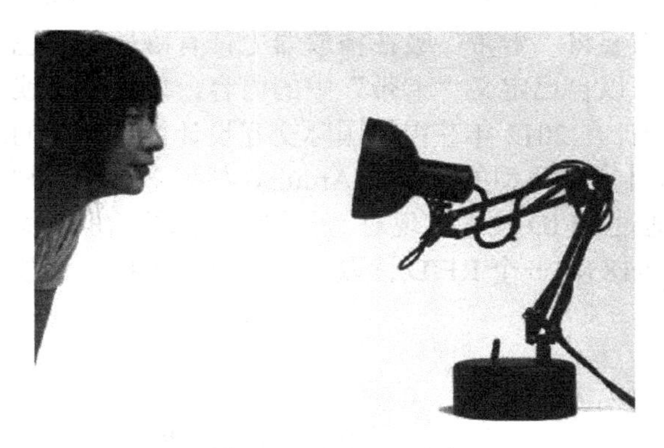

图 9-13　Pinokio 台灯

图 9-14　Pinokio 台灯内部构造

2. 案例 2：Bio Circuit 智能背心

Bio Circuit（图 9-15）是加拿大艾米丽卡尔艺术与设计大学的 Dana Ramler 和 Holly Schmidt 设计的智能背心。它能够探测到穿戴者的心率，并基于心率提供相应的生物反馈，使穿戴者感受到不同类型的声音，这些声音由人们日常生活中的环境声混合而成。当穿戴者的心率较低的时候，会通过衣领处的扬声器听到诸如流水声、鸟叫声等寂静自然的声音，当心率升高时，声音就会变得尖锐和嘈杂，类似人群谈话和汽车穿行的声音就会出现。

Bio Circuit 的原型设计借助了专为可穿戴设备开发而设计的 Arduino Lilypad，背心样式设计的灵感来自电路图和人体循环系统。设计师在背心的左侧位于心脏的位置缝入了一个小型的心率检测器和小巧轻薄的 Arduino Lilypad 开发板（图 9-16），并通过隐藏在背心内部的导线与一个小型 MP3 播放器相连，心率监测器能够感知穿戴者的心率信息，并将其传递给 Arduino Lilypad 进行识别和处理，继而控制 MP3 播放器切换不同的声音，最终通过衣领环形处的扬声器将声音播放出来。

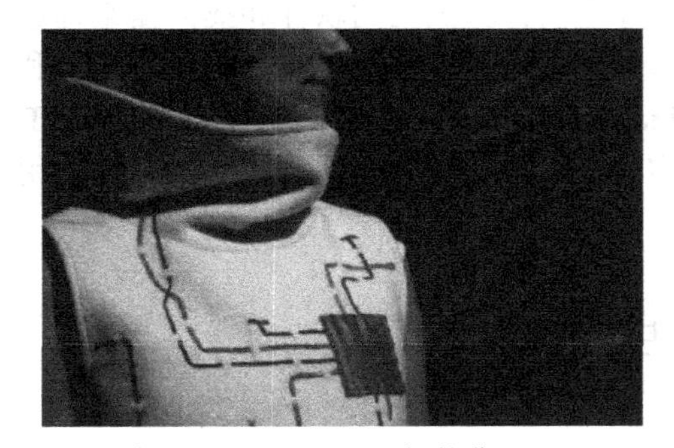

图 9-15　Bio Circuit 智能背心

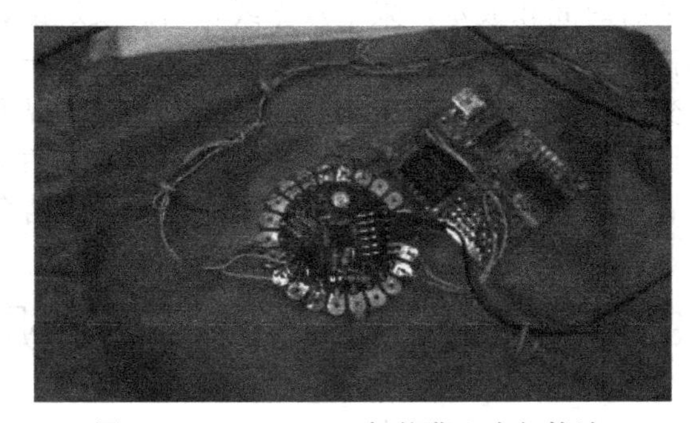

图 9-16　Bio Circuit 智能背心内部构造

Bio Circuit 的原型设计过程有效地利用了 Arduino 平台在体积形态上的灵活性，Arduino Lilypad 开发板提供了若干针孔，使其很容易被缝入衣物等柔性材料中，而其小而薄、重量轻的特点也不会引起穿戴者的明显不适，在很大程度上提高了可穿戴智能产品原型的构建效率。

3. 案例 3：Spotify Box 播放器

Spotify Box 是一个智能音乐播放器，通过它用户可以收听全球著名的 P2P 音乐播放软件 Spotify 上的各种音乐，它将传统卡带播放器的交互方式融入了网络音乐播放器。Spotify Box 由一个与网络相连的播放器和若干“卡带”组成（图 9-17）。每个“卡带”都代表一张专辑、一个艺术家或者一个搜索结果的列表，用户只需要将“卡带”吸在播放器上带有磁性的白色圆盘上，就可以播放相应的音乐列表。用户还可以自己定义“卡带”中的内容，以便收藏或者与朋友分享自己喜欢的音乐。Spotify Box 的设计在 2012 年获得了国际交互设计协会举办的 Ix DA 奖。Spotify Box 的设计师 Jordi Parra 在设计产品原型的时候将 Arduino 与另一款开源软件 Processing 相结合来实现对音乐的控制，并通过 RFID 技术实现对“卡带”信息的读取。原型主要包括一块 Arduino Pro Mini 开发板（图 9-18），一个 RFID 读取器、两个用于控制播放器的按钮和若干用于显示相关信息的 LED 点阵。

图 9-17　Spotify Box 播放器

图 9-18　Spotify Box

在实际工作中使用的 Arduino Pro Mini 开发板，“卡带”中其实并没有存储音乐，而是嵌入了一个存储着 Spotify 播放链接的 RFID 标签，当“卡带”靠近播放器中的 RFID 读取器时，Arduino 就能识别这个播放链接，并通过数据线给计算机上的 Processing 程序发送一个指令，Processing 收到指令后会通过 Spotify 软件播放网络上相应的音乐。在 Spotify Box 的设计概念中，它应该是一个独立的音乐播放器，并配有 Wi-Fi 连接模块。但设计师在原型构建中为了节省时间和成本，采用数据线将信息发送给计算机，并借助计算机上的软件和扬声器来播放音乐，尽管原型与最终产品的内部原理有一些差别，但仍然很好地体现了产品的核心概念和交互方式。Spotify Box 的原型构建过程体现了 Arduino 良好的兼容性，它不仅能够兼容 RFID 这样的功能模块，还能够和 Processing 软件相结合实现与计算机和互联网的连接，帮助使用者在原型的构建过程中实现软件与硬件的结合。

9.3　3D 打印微型硬币清分机设计与研发

9.3.1　产品研发意义

现行流通的人民币券别中，小券别辅币无疑在流通中使用频率最高。在小券别券种中，除一元纸币外，一元硬币、五角硬币、一角硬币在全国大部分地区是流通中的主要券别。人民银行逐步实行小面额货币硬币化，这也是当前货币发行的一项重要工作，硬币有耐磨损、流通次数多、使用寿命长、节约流通成本等优点，对提高流通中人民币的整洁度，维护人民币信誉发挥着重要作用，同时也能大大降低货币发行成本，实现经济发行的目标。

货币在人类社会中扮演着一种不可缺少的角色，人们利用它从事各种生活与工作上的活动，货币中的硬币是组成货币的重要部分，例如，公交车、食堂、商店等地方每天都会收入大量硬币，由于硬币本身的材料与加工特点使得硬币的清点非常麻烦，人工清点费时费力，为了解决这个问题，特研发一种工作效率高、工作可靠性好、适合在多种环境下工作的微型硬币清分机。

近年来，随着公交车自动投币、自动售货机、大型超市、游乐场、社区便利店、集贸市场的快速发展。以往在银行、个体工商户、居民个人工商户、居民个人手中部分沉淀与积压的硬币也纷纷出笼。目前大型商场、超市等找零也全部以硬币为主，这样以点带面，从而使硬币流通全面铺开。但是随着硬币的全面普及，硬币的回笼也成为了一个不容忽视的问题。首先是硬币版别多，规格不一，同券别的两版硬币其大小、重量、厚薄不一致，给回笼、包装增加了难度。其次是银行缺乏合适的硬币清分机具，清分点数都是手工操作的，如图 9-19 所示，导致在硬币清点上花费了非常大的人力物力。因此一款清分准确、效率高、成本低的硬币清分机便能有效解决问题。

图 9-19　手工清分现场

9.3.2　设计调研

图 9-20 为现在市场上比较普遍的一种硬币清分机，采用的是多层分离硬币分离盘清分的方法。但是由于这款设备只适合小型超市及少量硬币的清分，且清分的速率较慢，容易出现卡币现象，不适合一些需要清分大量硬币的场合。

图 9-21 所示的硬币清分机采用的原理是动力源产生动力使整个设备振动，在清分筛上的硬币受到振动无规则运动，当硬币运动到比自身大的孔时则会掉入下一层，如此重复将硬币逐个清分开来。这种设备造价高昂、结构复杂、清分时会产生较大的噪声，不利于在银行、大型超市等场所中普及。

图 9-22 为市场上一种大型的硬币清分设备，大型硬币清分机自动化程度高、工作量大、效率高，但是体积庞大、造价高昂、维护不方便等缺陷限制了它的推广。

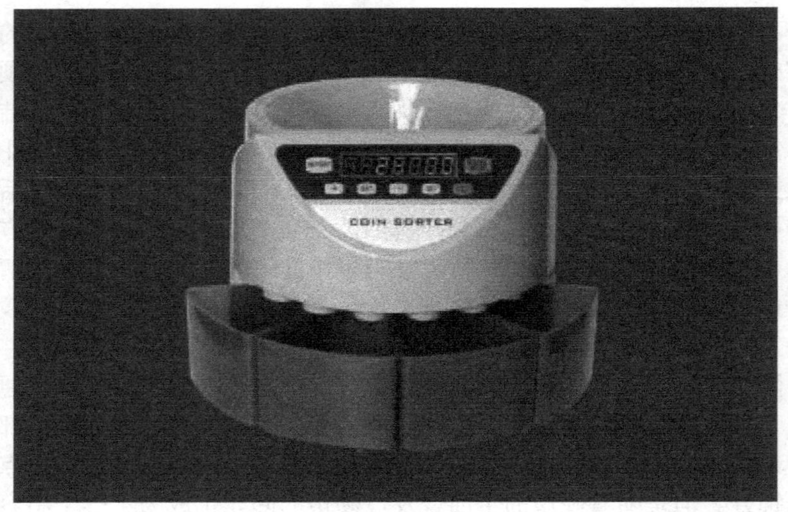

图 9-20　转盘式小型清分机

图 9-21　振动式硬币清分机

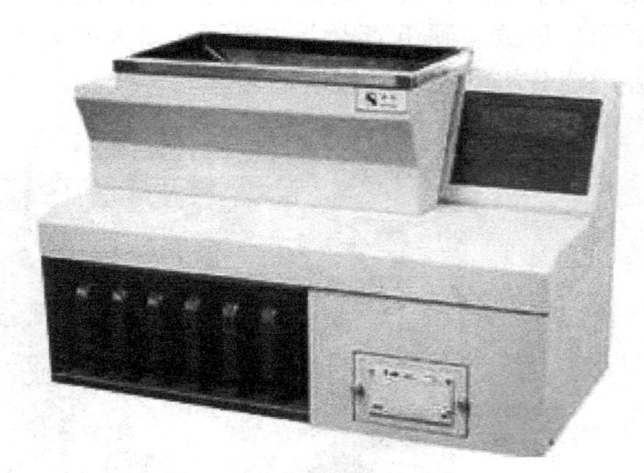
图 9-22　大型硬币清分机

9.3.3　创意构思

本产品主要针对公交公司、一些中大型商场将混合硬币分开进行设计，针对现在的清分机的特点，本产品应具有清分准确、结构简单、造价低廉等特点，还具有精巧和工作环境适应性强的特点，能够适用于多种硬币清分场合。

根据现在市场上清分机的现状和对清分硬币过程的研究，清分硬币主要有以下几个主要过程。

第一，进料，这个过程看似简单但实际比较复杂，硬币进入机器的进料口后，由于硬币较薄，会叠在一起，容易堵住进料口，导致进料不连续。

第二，清分硬币，清分硬币对各种清分机来说方法不一，主要差别是清分的速率。

第三，硬币收集，清分完的硬币应置于各自不同的盛装容器里面，以方便后续的硬币包装工作。

本设计主要完成将混合的多种硬币彼此分离、输送和存储的功能。

9.3.4　机械系统运动方案设计

1. 功能分解及功能原理设计

微型硬币清分机的工作过程分为：进料整理硬币，硬币列队做圆周运动，硬币连续平稳地进入清分滑道，清分完成后掉落至不同的硬币收纳盒内。这些功能也可以分解为三个步骤，进料整理、清分筛选、分类收集。

2. 确定原动机及传动系统

（1）确定原动机

根据本机器的工作要求，机器是室内工作的，所以选择电动机作为原动机，考虑到硬币的清分效果会随电动机的速度波动而产生变化，故电动机选择速度可稳定调节的步进电动机为原动机。

选择一台 42 步的步进电动机，这种电动机为标准电动机，在市场上比较普遍，转速可通过简单的程序控制，因为考虑到硬币清分速度与清分质量的原因，故使电动机的速度可数字微调。

（2）传动系统

设计的传动系统结构如图 9-23 所示，主要采用的是直齿圆柱齿轮传动，传动系统的齿轮参数见表 9-1。圆柱齿轮制造成本低，简单安装，并且本机器的零部件都采用 3D 打印机制作。

图 9-23　传动系统

表 9-1　传动系统的齿轮参数

序号	齿数	模数	分度圆直径（mm）	齿宽（mm）	传动比	中心距
齿轮 1	$Z_1=20$	$M=1.5$	$d_1=30$	$b_1=30$	$i=1.5$	$a=37.5$
齿轮 2	$Z_2=30$		$d_2=45$	$b_2=6$		

3. 机构尺度设计

根据各执行构件、原动件的运动参数，以及各执行构件运动的协调配合要求，同时考虑动力性能要求，确定各机构中构件的几何尺寸或几何形状等。

4. 总体布置

总体布置应有全局观念：考虑机械系统的内部因素，以及人机关系、环境条件等外部因素。应按照简单、合理、经济的原则，确定机械中各零部件之间的相对位置和运动关系。总体布置时一般先布置执行系统，然后再布置传动系统、操纵系统、控制系统及支撑系统等。

总体布置的原则是：

① 保证工艺过程的连续性；

② 保证平衡稳定的工作；

③ 保证机械系统的精度指标；

④ 保证机械系统结构紧凑、层次分明；

⑤ 保证操作、调整、维修方便；

⑥ 力求造型美观、装饰宜人；

⑦ 充分考虑机械产品的标准化、规格化、系列化和未来发展的要求。

根据拟定的工艺要求，将执行构件布置在预定的工作位置后，再布置原动件及中间连接件。执行系统布置时应注意以下问题：

① 尽量减少构件和运动副数目，缩小构件尺寸，尽量减少磨损和变形，构件受力以拉、压为主。

② 使原动件尽量靠近执行机构。尽量将各原动件集中在一根轴或少数几根轴上，对外部的执行机构应将原动件隐蔽布置，以提高操作时的安全性。

③ 在布置执行构件和中间连接件时，应考虑作业对象装夹和传送时的方便与安全。

在布置传动系统时要考虑以下原则：

① 简化传动链

② 合理布置传动链。

9.3.5 执行机构的设计

1. 执行机构方案设计

执行机构方案设计是决定拟定的运动规律采用何种执行机构实现。执行机构方案设计方法有机构的选型和机构的构型。执行机构方案设计应遵循以下原则：满足工艺动作和运动要求；结构最简单，传动链最短；动力源的选择有利于简化结构和改善运动质量；执行机构有尽可能好的传力和动力特性；机器操纵方便、调整容易、安全耐用；加工制造方便，经济成本低；具有较高的生产效率与机械效率。

硬币清分机的执行机构主要完成送料、整理、清分三个动作，执行系统中执行机构主要包括搅拌送料机构、整理机构、清分机构，这三个机构的运动都是通过轴传动的圆周运动。执行系统协调设计的原则满足各执行机构动作先后的顺序性要求，满足各执行机构动作在时间上的同步性要求，满足各执行机构在空间布置上的协调性要求，满足各执行机构在操作上的协同性要求，各执行机构的动作安排要有利于提高劳动生产率，各执行机构的布置要有利于系统的能量协调和效率的提高。

2. 初步设计构思

本产品是一款将多种混合硬币分离存储的产品。本产品的难点即核心就是如何整理和分离硬币，因此整理和清分装置的设计至关重要。在设计清分装置时必须考虑以下五个方面：

① 进料的连续性；

② 清分效率；

③ 清分的准确可靠性；

④ 结构简单，便于加工；

⑤ 便于后续的硬币输出存储。

（1）拟订方案一的清分装置

硬币清分原理如图 9-24 所示。利用两横梁之间距离的不同，硬币通过横梁会逐渐失去上横梁的支撑，使得不同直径的硬币掉落在不同位置。

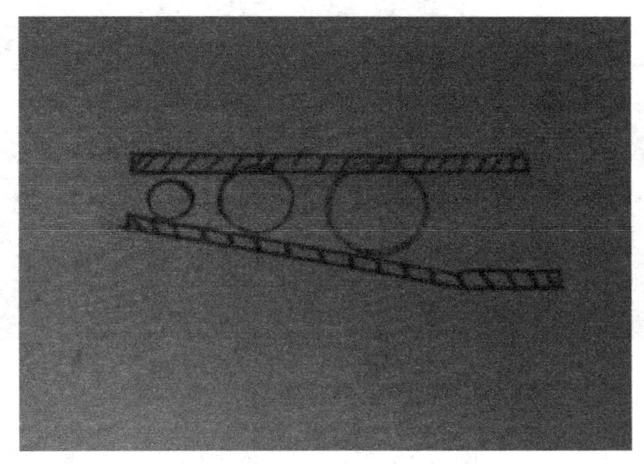

图 9-24　清分原理

（2）设计方案一

圆筒壁上开两道螺旋形滑槽，硬币从四个孔依次掉落，如图 9-25 所示。但是螺旋形滑槽会使硬币滑动不顺畅或卡住不动，因此没有采用此方案。

图 9-25　方案一：三维 CAD 模型

（3）方案二

在圆筒壁的水平两侧开孔，如图 9-26 所示，但是竖直的硬币在经过孔的时候，易被两孔之间的竖梁卡住，因此也没有采用此方案。

图 9-26　方案二：三维 CAD 模型

（4）最终方案

采用 20°角倾斜式直滑道，如图 9-27 所示，实验表明此方案清分准确、结构简单。

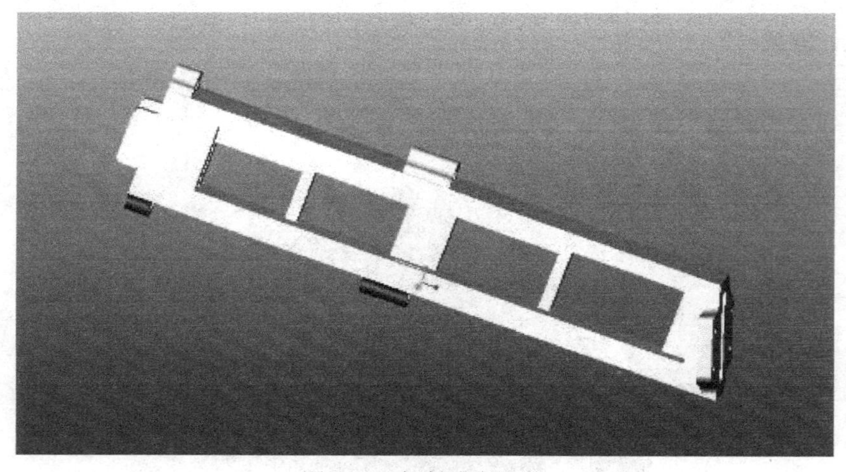

图 9-27　倾斜式直滑道

（5）拟订整理装置方案

硬币进料及整理装置如图 9-28 所示，25°转币盘与半球相连又与圆锥料斗相配合，使得硬币落入圆锥料斗后，硬币保持与垂面呈 25°角在圆锥料斗里做匀速圆周运动。

3. 总体设计方案

本产品总体设计方案草图如图 9-29 所示。

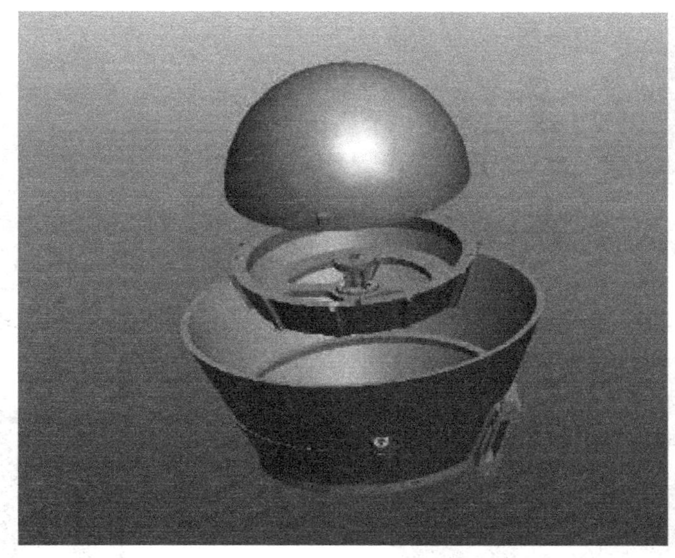

图 9-28　圆锥料斗

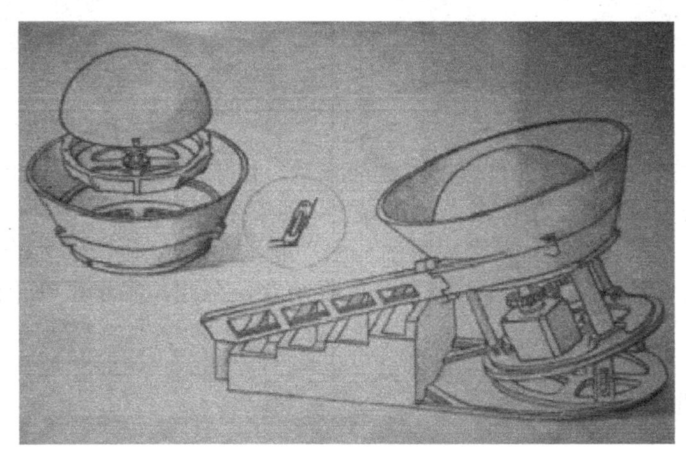

图 9-29　设计草图

传动机构的整体布局如图 9-30 所示，25°角硬币出口及滑道接口如图 9-31 所示，倾斜 20°角底台如图 9-32 所示，硬币收纳盒及清分滑道如图 9-33 所示，料斗与滑槽如图 9-34 所示，切线方向硬币出口如图 9-35 所示。

图 9-30　传动机构整体布局

图 9-31　25°角硬币出口及滑道接口

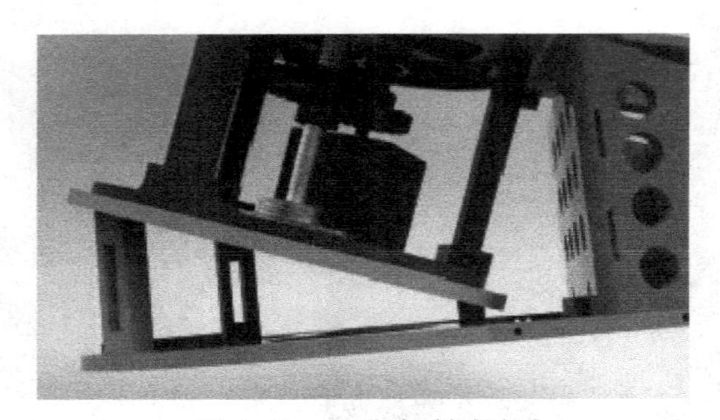

图 9-32　20°角倾斜式底台

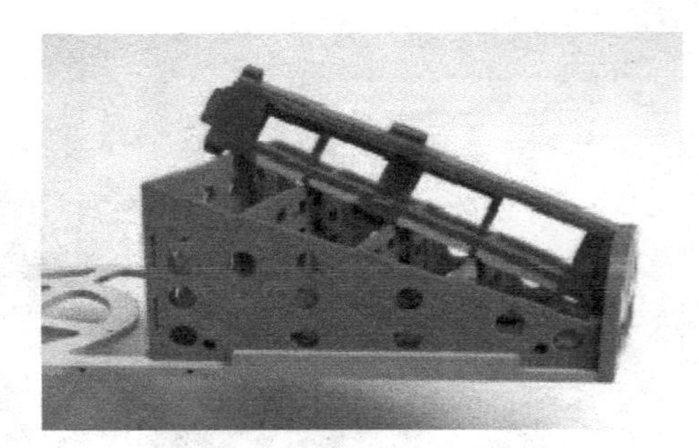

图 9-33　硬币收纳盒及清分滑道

图 9-34　料斗与滑槽

图 9-35　切线方向硬币出口

硬币落入圆锥形料斗受重力自然沿圆锥面下滑，由于圆锥料斗与 25°圆台和半球相配合，硬币下落后只能与垂面呈 25°角掉落在带币盘上，硬币跟随带币盘做匀速圆周运动，运动至硬币切线出口处便进入清分滑槽，又因为滑槽与水平面呈 20°角，硬币进入清分滑槽后在重力的作用下自然下滑实现清分，硬币落入下方分层收纳盒，至此，实现了硬币的进料整理、清分筛选、分类收集。

9.3.6　三维建模

基于 Pro/E 进行 3D 打印硬币快速清分机的每一个零部件的三维 CAD 零件模型，以及三维 CAD 装配建模，完成的三维 CAD 装配模型如图 9-36 所示，渲染模型如图 9-37 所示。由于整机所有零件均由 3D 打印制作，必须考虑在满足结构强度和功能需要的前提下尽可能地减少材料，使结构最简单。在建模的同时应避免出现危险尺寸，最薄处不应小于 2mm；避免尖角；模型结构避免打印时出现大量支撑，支撑应易去除。

图 9-36　清分机的三维 CAD 装配模型

图 9-37　清分机的三维渲染模型

9.3.7　控制系统设计

3D 打印硬币自动清分机的控制系统采用开源软件 Arduino 进行自动控制，通过 Arduino 单片机控制板控制步进电动机的转速。具体的 Arduino 程序如下：

```
#include<Servo.h>
#include <IRremote.h>
Servo myservo;
int dirPin = 8;
int stepperPin = 7;
void setup ()
{
 pinMode (dirPin, OUTPUT);
 pinMode (stepperPin, OUTPUT);
 }
 void step (boolean dir, int steps)
 {
  digitalWrite (dirPin, 0);
  delay (0);
 for (int i=0; i<steps; i++)
 {
  digitalWrite (stepperPin, HIGH);
  delayMicroseconds (1000);
  digitalWrite (stepperPin, LOW);
  delayMicroseconds (1000);
 }
}
void loop () {
step (true, 1600);
//delay (0);
//step (false, 0);
//delay (0);
}
```

9.3.8　3D 打印制作及样机测试

在 Pro/E 软件中，将 3D 打印硬币快速清分机的三维 CAD 配模型中的打印件导出 STL 格式文件，在 HOFI X1 3D 打印机和 Makerbot Z18 3D 打印机中，逐个完成每个零件的打印制作，主要零件的打印制作如图 9-38 所示。

（a）

（b）

图 9-38　3D 打印制作微型硬币自动清分机零件

然后进行微型硬币清分机的实物样机装配。最后完成实物样机装配，如图 9-39 所示。经过后期样机测试，表明该产品设计方案达到预期的目的，能够实现国内各类硬币的自动清分。为后面开发金属材料的微型硬币清分机奠定了坚实的基础。实物样机测试表明，本产品基本实现了硬币的快速清分、收集的功能，但是还存在一定的卡币现象，后续将对硬币进料及整理装置做进一步的完善，从而解决卡币问题，提高产品清分的可靠性和稳定性。

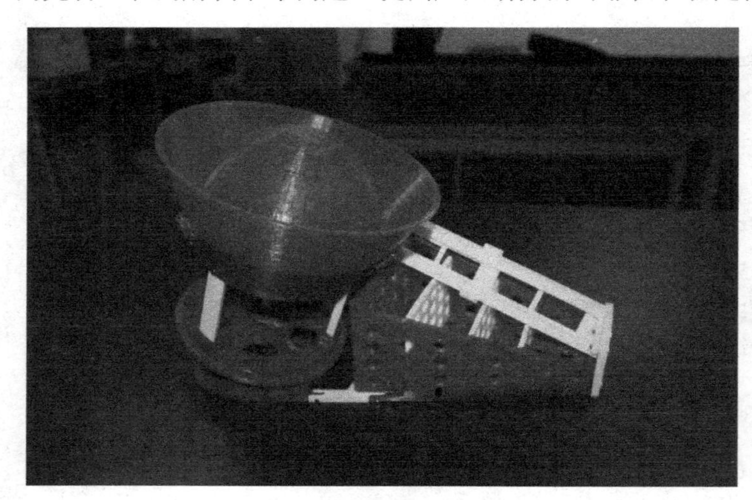

图 9-39　微型硬币快速清分机的实物样机

第 10 章　3D 打印教育机器人设计与研发

教育机器人是一种崭新的教学平台，它可使广大学生在制作中学习，在探索中发现，提高自己分析与解决实际问题的能力。基于 3D 打印技术创新研发系列教育机器人新产品，不仅大大降低了研发成本，而且有效提高了的教育机器人产品的研发质量。

10.1　教育机器人

10.1.1　教育机器人概况

机器人技术是在二战以后才发展起来的一项新技术。1958 年美国的 Consolidated 公司制作出了世界上第一台工业机器人，由此揭开了机器人发展的序幕。1967 年日本川崎重工公司从美国购买了机器人的生产许可证，日本从此开始了对机器人的制造和开发热潮。随着机器人在工业上的广泛应用，如何加强工人对机器人的了解从而提高他们对机器人的控制能力就成为一个显著的问题。机器人教育也就随之而产生，专门用于教学的教育机器人也就出现了。

国外教育机器人的研究开展较早。早在 20 世纪六七十年代日本、美国、英国等发达国家已经相继在本国大学里开展了对机器人教育的研究，到了七八十年代他们在中小学也进行了简单的机器人教学，在此过程中也推出了各自的教育机器人基础开发平台。我国的机器人研究在七八十年代就开展了，在我国的“七五”计划、“863”计划中均有相关的内容。而针对中小学的机器人教学起步较晚，直到 20 世纪 90 年代的中后期才得到了初步的发展，直到目前发展仍然不是很完善。

教育机器人主要应用于机器人竞赛和课堂教学。国内外教育机器人的设计与应用活动丰富多彩。目前，全球每年有一百多项机器人竞赛，参加人员从小学生、中学生、大学生、研究生到研究者。国际上主要的机器人竞赛有国际机器人奥林匹克竞赛、FLL 机器人世锦赛、机器人世界杯足球赛等。每年国内有几十到上百支代表队参加这些国际竞赛活动。我国教育部门也在政策上加以引导，积极把教育机器人引入课堂教学。各地的重点中小学中均开展了机器人兴趣小组活动，有条件的地方甚至已经开始在学生中全面开展机器人教育。北京、上海、广东、浙江、江苏、湖北等省市已经先后将教育机器人纳入地方课程。

教育机器人就是应用在教学实践中的智能机器人。教育机器人糅合教育学理论和机器人技术，是以教学为目的机器人，用于讲解机器人的工作原理和机器人学的相关知识。随着机器人技术及相关学科的发展使教育机器人有了更加丰富的内涵。教育机器人成为了一种教育工具及平台，通过软件和硬件对机器人完成一系列的操作，以达到实验教学的目的和意义，满足人才培训的需求。

目前，常见教育机器人按照移动方式分为轮式、足式、履带式等形式的教育机器人。由于机器人技术结合了机械原理、电子传感器、计算机硬件和软件编程以及许多其他先进技术，机器人教学可以培养学生的学习能力和综合素质。在机器人教学过程中，学生需要了解教育机器人所包含的传感器，搭建机器人平台，完成机器人控制程序的编写，可以很好地培养学生发现问题和解决问题的能力，提高学生的动手能力和创新意识。普及机器人教学也可以提高机器人技术的发展速度。

10.1.2 教育机器人产品

教育机器人是一类应用于教育领域的机器人，它一般具备以下特点：首先是教学适用性，符合教学使用的相关需求；其次是具有良好的性能价格比，特定的教学用户群决定了其价位不能过高；再次就是它的开放性和可扩展性，可以根据需要方便地增、减功能模块，进行自主创新；此外，它还应当有友好的人机交互界面。

在机器人教育活动积极开展的同时，对于教育机器人基础开发平台的研究也得到了蓬勃发展。国内外出现不少相关产品。国外产品有乐高机器人、RB5X、IntelliBrain robot 等。国内有能力风暴机器人、广州中鸣机器人、Sunny618 机器人、通用 ROBOT 教学机器人等。据不完全统计，目前国内的教育机器人产品近 20 种。

1. 不可编程的教育机器人

该类型的机器人教具不包含单片机、传感器以及编程语言。学生使用这种教具了解机械的传动基础，体验控制机械的快乐。但是由于不可编程的机器人教具中不包含传感器，因此无法实现反馈系统，因此不适合用于教授机器人的智能控制方面的知识与技能。例如，一些线控机器虫以及线控的机械设备等模型都属于这类教具。

2. 可编程的机器人教具组件套装

可编程的机器人教具组件套装是一种使用广泛的机器人教具。其提供统一规格的硬件及连接件、可编程控制板以及相关的操作系统。可以让学生通过方便的操作，快速而自由地实现个人创意。

乐高“课堂机器人”是一种优秀的科技教育产品。这一独创性的教育工具是由美国麻省理工大学、美国 TUFTS 大学、乐高公司和美国国家仪器公司共同开发研制的。它将模型搭建和计算机编程有效地结合在一起，使孩子们能够设计自己的机器人，在计算机上编写程序，然后通过计算机相连的红外发射器将程序下载到机器人的大脑——RCX 微型计算机中。

乐高教育机器人将模型搭建和计算机编程有效结合起来，通过图形化编程界面，学生能够自行设计自己的程序，下载程序后的机器人就可以按照程序的设定进行运动，是一款不错的教育机器人系统。但是，它的主要缺点是不够开放，产品的封闭降低了它在教学中的作用，与国内的机器人教育结合较差，并且其价格高昂。

RB5X 教育机器人由 General Robotics 公司研制，主要用于辅助课堂教学，帮助学生提高听、说、读、写能力，学习学科知识、计算机知识。利用它可开展一系列活动锻炼学生的分析问题、解决问题、逻辑思维能力和培养团队协作精神。该型教育机器人已广泛应用于美国各州以及西方发达国家。

慧鱼教育机器人是由德国发明家在“六面拼接体”基础上发明的。它由多种型号和规格的零件组合而成，类似于积木。零件的种类繁多，几乎囊括了各种机械零件和日常所见到的各种物体。用户可以使用这些零件拼装出不同的机器人模型，并在此过程中熟悉和掌握各类机械设备和自动化装置的常用结构和工作原理。但是，该模型的编程环境不够人性化，不适合中小学生使用。而且，其价格昂贵，开放性不够，中文的相关参考资料较少。

中鸣机器人由广州中鸣数码科技有限公司研制生产。它包括教学机器人、娱乐机器人、实验机器人、教育机器人。目前，该公司已成功研制并申请专利的产品有积木式机器人、智能机器甲虫、5 自由度六足机器兽、5 自由度四足机器狗、6 自由度机器手等，还有学习套件以及控制软件。中鸣机器人的组成部件主要包括主控制器模块、多种传感器、专用图形化控制软件、多种结构件等，具有良好的开放性和扩展性，可广泛应用于各类 DIY 机器人制作和机器人创意设计。

Sunny618 教育机器人由北京交通大学阳光公司研制。一套 Sunny618 可以组装成六足、双轮、履带三种执行机构，可以自由更换。另外，它还有三组不同减速比齿轮可以自由更换，可以搭成三种减速箱。它的控制器完全裸露，便于学生了解控制器工作原理，并有机器人互相通信模块供选择。软件平台采用图形化编程和语言编程相结合，以满足不同层次用户的需要。

由于学生学习时间和动手能力有限，教育机器人一般需要提供易加工的零件、规格统一的连接件，将一些较难使用的零部件模块化，以方便学生快速、简便地实现创意。例如乐高使用乐高单位的凸起与孔洞进行搭建，德国慧鱼的六面体燕尾槽结构可以将结构件牢固地结合在一起。学生在组建时甚至不使用工具。又例如 VEX 使用螺钉、螺帽及金属孔洞来固定结构件，学生只使用简单的工具即可。

教育机器人应该提供便捷的接口模块，尽可能避免焊接这样较为复杂的操作。例如乐高提供了统一的按钮式接口，使用该接口时甚至不用考虑正负极，德国慧鱼、VEX 的接口虽然需要考虑极性，但使用非常方便。

3. 人形机器人教具

人形机器人教具拥有仿人的外形，受到学生的喜爱。在机器的各活动关节，例如在肩、肘、腕、腰、脚踝等部位配置多个伺服器，拥有多个自由度可以模仿人类的肢体动作。同时配备多种传感器，还配以设计优良的控制系统，通过自身智能编程软件便能自动地完成随音乐起舞、行走、起卧、武术表演、翻跟斗等杂技以及各种奥运竞赛动作等。例如，台湾俊原提供从 3 自由度到 32 自由度的研究型人形机器人开发平台，提供小型 35cm，中型 50cm，大型 1m 以上的人形机器人平台。例如韩国 Minirobot 公司最新推出的金刚战士系列人形机器人。再如，Nao 是在学术领域世界范围内运用最广泛的类人机器人，2007 年 7 月，Nao 被机器人世界杯 RoboCup 的组委会选定为标准平台，作为索尼机器狗爱宝（Aibo）的继承者。

专门为人形机器人教具的控制设计开发程序设计语言，可以通过简单的程序语言控制舵机等运行，大大方便了编程。例如韩国 Minirobot 公司最新推出的金刚战士系列人形机器人配有专门开发的 RoboBasic 语言。

10.2　3D 打印两足教育机器人设计与研发

10.2.1　产品研发意义

随着机器人技术的不断发展，机构和控制复杂度不断提高，并且机器人的结构优化也越来越多，步行机器人在高端教具和高端玩具的市场深受青睐，能够提高青少年的动手能力和创新思维。然而，现在的双足机器人主要存在行走协调与平稳差，制造成本高等问题。

10.2.2 设计调研

模拟人类用两条腿走路的机器人。两足步行机器人适于在凸凹不平或有障碍的地面行走作业，比一般移动机器人灵活性强，机动性好。1972 年，日本早稻田大学研制出第一台功能较全的两足步行机器人。美国、南斯拉夫等学者也研制出各种两足行走机器人模型。两足步行模型是一个变结构机构，单脚支撑为开式链，双脚支撑为闭式链。支撑点的固定靠摩擦力来保证，质量分布和重量大小都直接影响静态和动态的稳定性。为保证行走过程中姿态的稳定性，对行走步态应加以严格的约束。

设计前期调研表明，现有的 Atlas 人形机器人，高 5 英尺，重 180 磅，除了可以像人类一样正常行走之外，它还可以处理多种不同情况下的物体搬运任务，如图 10-1 所示。该产品结构复杂、制造成本高，难于推广普及。因此，基于 3D 打印新技术，创新研发两足机器人新产品，满足大学机械专业课程教学与中小学机器人教育的需要，以培养大学生的机构创新设计能力，引导中小学生学习机器人原理，激发中小学生的创造热情。

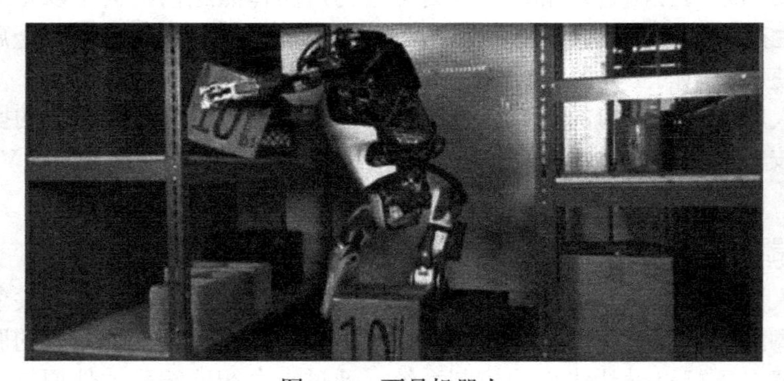

图 10-1　两足机器人

10.2.3 创意构思

设计两足机器人，结构简单，行走平稳，制造成本低。本产品通过以下技术方案实现：一种两足机器人，包括机身以及设置在机身上的传动系统、行走机构和控制系统，机身整体呈 U 形，包括左侧板、右侧板和底板；行走机构设置在机身的左右两侧；传动系统设置在左右侧板之间的机身上部；控制系统设置在机身的底板上。

传动系统包括微型电动机、主动齿轮、从动齿轮和传动轴，传动轴两端支撑在所述机身的左、右侧板上，从动齿轮穿设在传动轴上，主动齿轮与微型电动机连接，主动齿轮、从动齿轮相互啮合。传动系统中的微型电动机驱动主动齿轮，主动齿轮驱动从动齿轮，从动齿轮通过转轴将动力传给行走机构。

行走机构包括曲柄、摆动连杆和脚掌；摆动连杆的顶端设置有滑槽孔，底端固定连接脚掌，摆动连杆通过其滑槽孔与设置在机身左右侧板上的固定销钉连接，并可绕固定销钉摆动；曲柄一侧固定连接在传动轴的端部，另一侧与摆动连杆连接。传动轴带动曲柄旋转，曲柄驱动使得摆动连杆、脚掌一起摆动来实现脚的迈步。

滑槽孔为长条形通孔，其长度方向与摆动连杆的长度方向保持一致。曲柄与摆动连杆的连接位置靠近摆动连杆的顶部。控制系统包括单片机控制板、驱动器和电池，单片机控制板、驱动器设置在机身底板的下部，电池设置在机身底板的上部。单片机控制板上设有红外感应组件，用于接收外部控制命令。两足机器人，其造型优美，行走姿态稳健；采用红外无线遥控控制单片机从而控制两足机器人行走，操作简单，制造成本低。

10.2.4 设计方案

完成本产品的创意构思之后，拟定产品的具体设计方案。两足机器人的轴侧图如图 10-2 所示。两足机器人的传动系统如图 10-3 所示。现参照图 10-2、图 10-3，说明产品的具体设计方案。

两足机器人，包括机身 1 以及设置在机身 1 上的传动系统 2、行走机构 3、控制系统 4。机身整体呈 U 形，包括左侧板 11、右侧板 12、底板 13；行走机构 3 设置在机身 1 的左右两侧；传动系统 2 设置在的左右侧板 11、12 之间的机身上部；控制系统 4 设置在机身 1 的底板上。

控制系统 4 包括单片机控制板 41、驱动器 42 和电池 43；单片机控制板 41、驱动器 42 设置在机身底板 13 的下部，电池 43 设置在机身底板 13 的上部。单片机控制板 41 上设有红外感应组件，用于接收外部控制命令。单片机控制板 41 由设置在外部的红外无线遥控进行控制。

传动系统包括微型电动机 21、主动齿轮 22、从动齿轮 23、传动轴 24；传动轴 24 两端支撑在机身的左、右侧板 11、12 上，从动齿轮 23 穿设在传动轴 24 上，主动齿轮 22 与微型电动机 21 连接，主动齿轮 22、从动齿轮 23 相互啮合。传动系统中的微型电动机 21 驱动主动齿轮 22，主动齿轮 22 驱动从动齿轮 23，从动齿轮 23 通过传动轴 24 将动力传给行走机构 3。

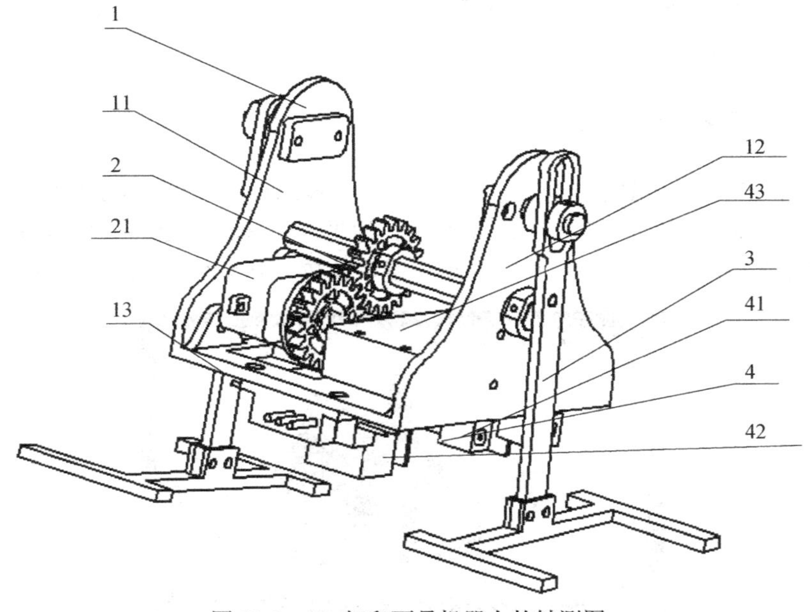

图 10-2 3D 打印两足机器人的轴测图

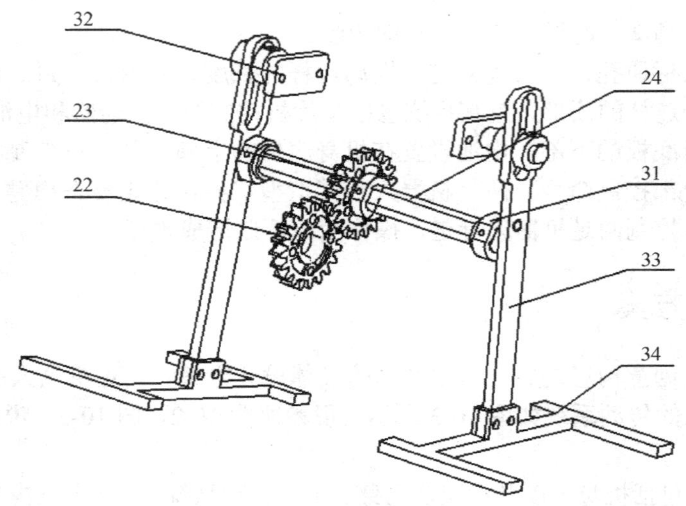

图 10-3　3D 打印两足机器人的传动系统

行走机构包括曲柄 31、固定销钉 32、摆动连杆 33、脚掌 34。摆动连杆 33 的顶端设置有滑槽孔，底端固定连接脚掌 34，摆动连杆 33 通过其滑槽孔与设置在机身左右侧板上的固定销钉 32 连接，并可绕固定销钉 32 摆动；曲柄 31 一侧固定连接在传动轴 24 的端部，另一侧与摆动连杆 44 连接。其中，摆动连杆 33 上的滑槽孔为长条形通孔，其长度方向与摆动连杆 33 的长度方向保持一致。曲柄 31 与摆动连杆 33 的连接位置靠近摆动连杆的顶部。传动轴 24 带动曲柄 31 旋转，曲柄 31 驱动使得摆动连杆 33、脚掌 34 一起摆动来实现脚的迈步。

两足机器人的整体行走方式为：微型电动机 21 驱动主动齿轮 22，主动齿轮 22 驱动从动齿轮 23，从动齿轮 23 驱动转轴 24，转轴 24 驱动曲柄 31 带动摆动连杆 33，摆动连杆 33 绕固定销钉 32 摆动，脚掌 34 的两端经销钉连接在摆动连杆 33 上，使脚掌 34 一起摆动来实现脚的迈步。采用红外无线遥控单片机，控制简单。两足机器人，其所有零部件可由 3D 打印机打印制作。

10.2.5　三维建模及运动仿真

基于 Solidworks 进行 3D 打印两足机器人每一个零部件的三维 CAD 建模，以及三维 CAD 装配建模，三维 CAD 装配模型如图 10-4 所示。通过 Solidworks 运动仿真模块进行整机的运动仿真，得出机器人的行走步态，脚的运动速度、位置、运动轨迹曲线等运动参数。

图 10-4　两足机器人的 3D 装配建模

10.2.6　控制系统设计

两足机器人的控制系列采用开源软件 Arduino 进行自动控制，通过 Arduino 单片机控制板控制左右两个微型电动机的转速，实现机器人的行走和转向运动。具体的 Arduino 程序如下：

```
#include <IRremote.h>

int RECV_PIN=13; //定义红外接收器的引脚为 13
int M1=5;
int M2=6; //控制电动机 1

IRrecv irrecv (RECV_PIN);

decode_results results;

void setup ()
{
 Serial.begin (9600);
 pinMode (6, OUTPUT);
 irrecv.enableIRIn (); // 初始化红外接收器
}

void loop () {
 if (irrecv.decode (&results))
 {
  if (results.value==16736925) //前进键，控控制电动机正转
  {
  digitalWrite (5, LOW);
  digitalWrite (6, HIGH); //LED点亮

  }
  if (results.value==16754775) //后退键，控制电动机反转
  {

  digitalWrite (5, HIGH);
  digitalWrite (6, LOW); //LED熄灭
  }

  if (results.value==16712445) //遥控器 OK键，使两电动机停转
```

```
    {
    digitalWrite (5, HIGH);
    digitalWrite (6, HIGH);
    Serial.println ();
    }
    irrecv.resume (); // 接收下一个值
   }
  }
```

10.2.7　产品的 3D 打印制作及样机测试

在 Solidworks 软件中将三维 CAD 装配模型中的打印件导出 STL 格式文件，在 3D 打印机中逐个完成每个零件的 3D 打印，如图 10-5 所示。

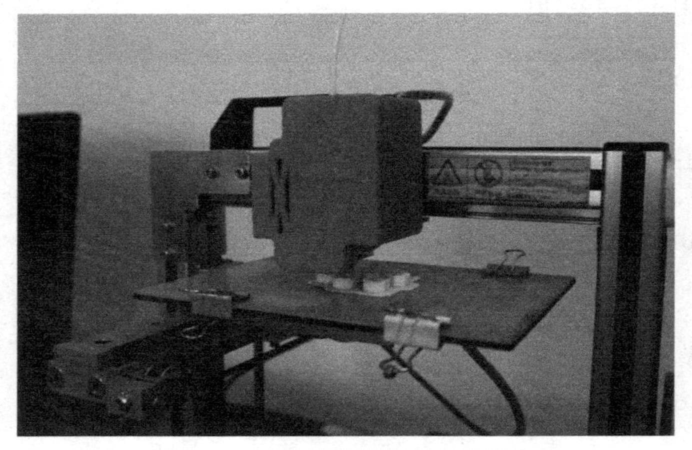

图 10-5　3D 打印制作机器人零部件

如图 10-6 所示，把 3D 打印制作的零件进行装配，并把 Arduino UNO 单片机控制板、微型直流电动机等装配在机器人上面，最终完成的样机装配模型，如图 10-7 所示。

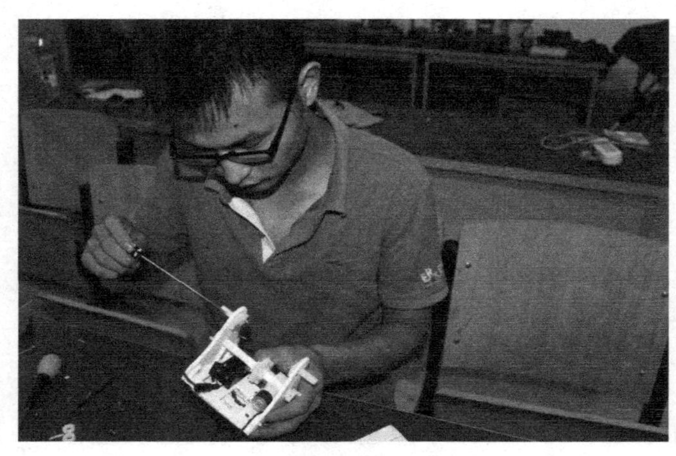

图 10-6　3D 打印两足机器人样机装配

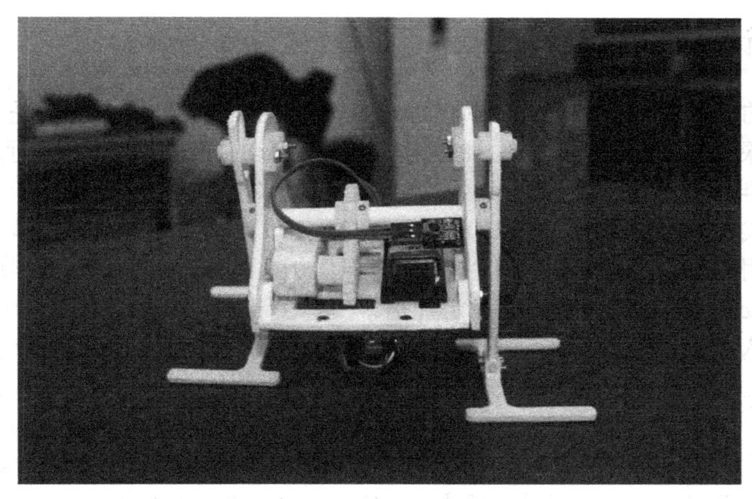

图 10-7　3D 打印两足机器人实物样机

10.3　3D 打印四足教育机器人设计与研发

10.3.1　研发意义

人类在公元前 1000 年就发明了轮子，几千年来轮子的广泛应用为人类提供了大量便利。然而在不断使用和改进过程中，人们逐渐认识到它的局限性。地球陆地表面有各种崎岖地形，包括山地、丘陵、峭壁等，传统的轮式与履带式车辆难以在这些地形行进，而哺乳动物却能在这些崎岖地形行走自如，充分展示出四足移动方式的优势。

① 四足移动方式的落足点是离散的，可以在工作空间内主动选择落足点，可以跨过障碍和深坑。

② 四足移动方式无横向运动约束，易于实现全方位移动。

③ 足端运动与躯干质心运动解耦，可以实现主动隔振，在起伏不平地形移动时能保持躯干运动的平稳性。

④ 可以用腿迈过障碍，避免质心上下浮动所需的额外能耗。

纵观自然界，大型陆生动物大多为四足动物，无论在峭壁、丘陵、草原，还是沙漠，总能见到四足动物的身影，这充分表明了自然选择对四足移动方式的认可。四足机器人以四足动物为仿生对象，具有像四足动物那样灵活运动的潜在能力，既有比双足机器人更好的稳定性，又有比六足机器人更简单的机构，是一种实用、有广阔应用前景的移动机器人。几十年来，国内外学者对四足动物的运动规律进行了研究分析并设计出多台四足机器人，虽然受理论发展水平和材料、驱动机构性能的限制，目前四足机器人的运动性能与四足动物相比仍有较大差距，但也取得了很多可喜的成果，四足机器人的改良仍需要坚持不懈的努力。

3D 打印四足教育机器人的意义：基于 3D 打印新技术，创新研发四足机器人新产品，满足大学机械专业课程教学与中小学机器人教育的需要，以培养大学生的机构创新设计能力，引导中小学生学习机器人原理，激发中小学生的创造热情。

10.3.2 设计调研

中国古代的“木牛流马”以及国外 19 世纪由 Rygg 设计的“机械马”，是人类对足式行走机器人的早期探索。而 Muybridge 在 1899 年用连续摄影的方法研究动物的行走步态，则是人们研究足式机器人的开端。从 20 世纪 60 年代起，国内外学者设计开发了一系列四足机器人样机，比较有代表性的是美国 MITRaibert 于 1984 年设计的四足机器人，该机器人腿部采用伸缩结构，使用汽缸实现触地缓冲和跳跃，基于虚拟腿和三部分控制方法实现了动态平衡，能使用 trot、pace 和 bound 步态快速稳定奔跑。

四足机器人 TITAN-XI，如图 10-8 所示，由日本东京工业大学的広瀬茂男等领导的広瀬・福田机器人研究室（HIROSE·FUKUSHIMA ROBTICS LAB）研制成功，其目的是野外探测和挖掘地雷。该实验室从 20 世纪 80 年代开始研究四足机器人，到目前为止一共研究成功 3 个系列、12 款四足机器人。第一代四足机器人 KUMO-I 外形似长腿蜘蛛，随后研制成功世界上第一个能上下爬行楼梯的四足机器人 PV-II。之后研制成功两款 NINJA 系列爬壁系列机器人和 8 款 TITAN 系列（以野外探测和挖掘地雷为使用目标）机器人。其中非常有特点的机型是 20 世纪 90 年代研制成功的 TITAN-VI 型能以 50mm/s 的速度在倾角为 30°～40°的楼梯上步行。広瀬・福田机器人研究室为全球各科研机构的四足机器人的研制提供了努力的方向。

图 10-8　四足机器人 TITAN-XI

机器人 Big Dog（见图 10-9）和机器人 Little Dog（见图 10-10）作为 21 世纪最举世瞩目的两款机器人，其受到来自 DARPA 的资助并由美国波士顿动力公司研制完成。机器人 Big Dog 是为了帮助美军在战场上有效地运输食物等战时急需物品而研制的。Big Dog 长高都为 1m，重 75kg，负重 150kg 左右，行走速度可达 7km/h，其强劲的运动能力和负重能力来源于其核心动力——15 马力汽油发动机。作为野外机器人，Big Dog 集成有陀螺仪、立体视觉系统等 50 多种感知器件，从而能感知周围环境信息从而引导 Big Dog 稳定、快速地步行。除了拥有较强的负载能力，Big Dog 还具有惊人的稳定性和平衡能力，即使在人用力踹一脚的情况下和雪地里，机器人依然能保持平衡。相对于 Big Dog 的庞大体积，机器人 Little Dog 小巧灵活，作为 Big Dog 的补充，Little Dog 旨在作为研究机器人在各种等级崎岖地形中移动的平台。

机器人 Cheetah，如图 10-11 所示，于 2010 年由美国波士顿动力公司负责设计研制，其具备猎豹的仿生外形和结构，隶属于 DARPA 最大限度移动和操控（M3）项目，旨在寻求克服当前的地面上机器人普遍存在的笨重不灵活的限制，希望创造出移动灵活的机器人，可以更加有效地帮助地面士兵完成更多的任务。“猎豹”机器人在跑步机上的最大奔跑速度为 45km/h。

图 10-9　Big Dog 四足机器人

图 10-10　机器人 Little Dog

其采用液压泵驱动，但“猎豹”机器人目前仅能在实验室内试验且必须依靠外接电源提供动力。经过优化后发布的改进版 Cheetah v2 四足机器人，能在 bound 步态下以 8km/h 的速度前进并自主跳过 0.46m 高的障碍。

四足机器人 Wild Cat（见图 10-12）是 Robot 的室外版本，因而其应付复杂地形的能力相对较强。为了满足实用性的要求，目前其在平地上最高速度能达到 25km/h 且灵活性增强；为了增加其野外活动能力和续航能力，Wild Cat 携带有一台小型汽油机，但其噪声较大。

图 10-11　Cheetah 四足机器人

图 10-12　Wild Cat 四足机器人

从美国波士顿动力公司研制出机器人 Big Dog、机器人 LS3、机器人 Little Dog 以及机器人 Cheetah 和 Wild Cat 可以看出，虽然它们功能迥异，机器人 Big Dog 具有较强的负载能力，机器人 Little Dog 具有较强的地形适应能力，机器人 Wild Cat 具有较强的奔跑能力，但是作为最基本的要求，这些机器人的稳定性、鲁棒性和抗干扰能力也同样值得关注，他们的出现引领着仿生机器人的发展方向。

国内四足机器人从 20 世纪 90 年代初开始起步，清华大学研制的 QW-1 四足机器人，实现了静步态下的全方位移动；上海交通大学研制了 JTUWM 系列四足机器人，完成了静步态、动步态下的运动分析与控制。2013 年，山东大学、国防科技大学、哈尔滨工业大学、北京理工大学和上海交通大学研制了多台液压驱动四足机器人。

由天津大学机械工程学院现代机构学与机器人学中心戴建生教授带领团队研制出的新型“四足变胞爬行机器人”如图 10-13 所示。该机器人采用了由戴建生教授国际首创的变胞机构原理，创造性地结合了变胞机构与传统爬行机器人，用变胞机构替换传统爬行机器人刚性腰部结构。利用变胞机构根据环境变化和任务需求可进行自我重组和变拓扑的特性，提高爬行机器人的稳定裕度、狭窄弯道穿越能力、腿部可达空间、步态协调性等性能指标，从而提高爬行机器人的整体灵活性和对复杂环境的适应能力，进而提高移动机器人的应用范围和实用价值。该变胞爬行机器人具有两种工作构态，分别为平面构态和空间构态。在平面构态下，四足变胞爬行机器人可以灵活变换腰部形态，改变四条腿的相对布置方式，从而灵活适应各种狭窄弯道和地面条件。在空间构态下，四足变胞爬行机器人的腰部结构等价于一个虎克铰，与自然界中爬行动物的脊椎结构类似。利用这样的脊椎腰部结构，机器人可以轻松实现腰部的拱仰，进而适应凹凸不平地面及上下坡等环境条件。

四足机器人智慧小象，如图10-14所示，于2012年由上海交通大学的高峰研究团队研制。智慧小象长1.2m，宽0.5m，高1m，重130kg，负载能力100kg，最大行走坡度超过10º。智慧小象机器人受到国家“863 计划”主题项目“高性能四足仿生机器人”资助。其腿部采用混联腿结构，不仅具有并联结构的高负载优势，还具有串联结构的快速响应优势。

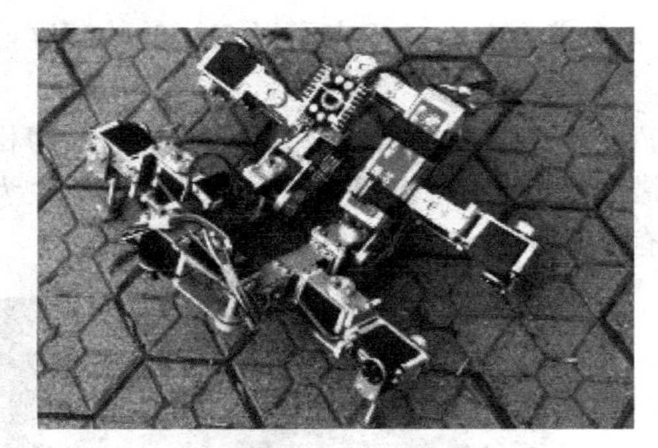
图10-13　第三代“变胞爬行机器人”

图10-14　四足机器人智慧小象

设计前期调研表明，现有的四足教育机器人产品结构非常复杂、制造成本较高，难于在中小学机器人教育中推广普及。

10.3.3　创意构思

3D打印两足机器人创意构思如图10-15所示，其结构简单，步态犹如螃蟹等八足动物的步态，行走平稳；且所有零部件都由3D打印制作，结构巧妙美观；采用遥控控制四足教育机器人的行走，操作简单。

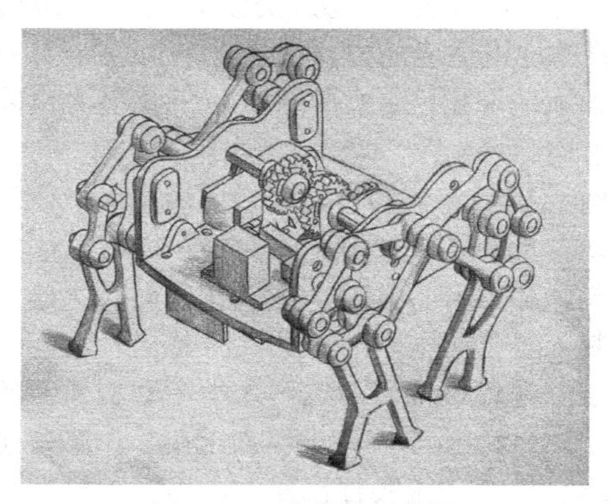
图10-15　产品构思草图

10.3.4　设计方案

四足教育机器人的原理，如图 10-16 所示。四足教育机器人，包括机架、齿轮机构、传动轴、曲柄、连杆机构、R 形腿、微型电动机、控制系统，整体结构为：机架内设微型电动机两台，分别连接左右两个齿轮传动机构，两个齿轮传动机构分别通过左右两传动轴连接左右曲柄，曲柄设在机架外侧同时驱动两个连杆机构，连杆机构同时也是四足教育机器人的脚；两曲柄各自驱动的两个连杆机构形成左前后、右前后四个脚。通过控制系统的控制、两个电动机驱动四个脚走出四脚动物牛、马等的步态。本产品机构创新和控制简单、行走转向灵活、通过性好，能实现机器人的灵活转弯，零件采用 3D 打印制作。

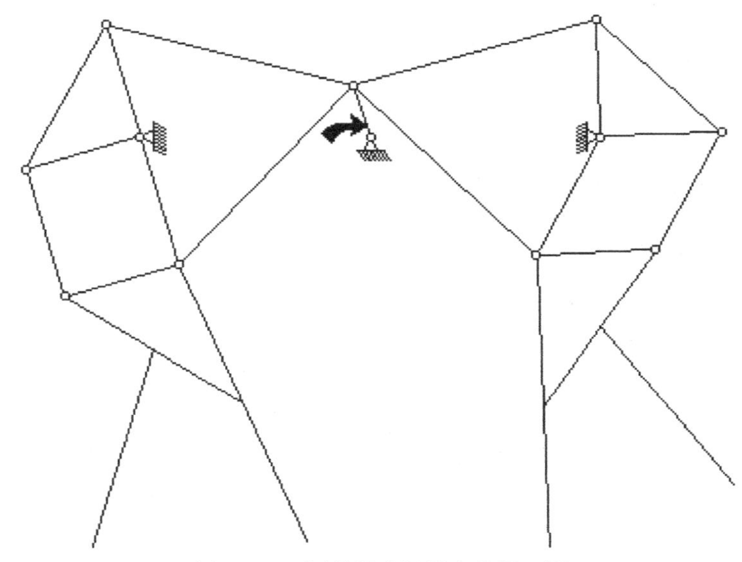

图 10-16　四足教育机器人的原理图

四足教育机器人的传动结构如图 10-17 所示，四足教育机器人的腿部结构如图 10-18 所示，四足教育机器人的机架爆炸视图如图 10-19 所示，四足教育机器人的整体结构如图 10-20 所示。

现参照图 10-17～图 10-20，本实用新型四足教育机器人，包括机架以及设置于机架两侧并左右对称布置的行走机构，包括后固定销钉 1、上连杆 2、销轴端套 3、销轴 4、腿上三角 5、腿连杆 6、R 型腿 7、前固定销钉 8、轴支座 9、主动齿轮 10、传动轴 11、传动轴固定套 12、主动齿轮连接器 13、从动齿轮 14、微型电动机 15、曲柄 16、机架底盘 17、电池盒 18、机架右侧板 19、单片机 20、驱动器 21、机架左侧板 22。整体连接方式为：机架内设微型电动机 15 两台，分别连接左右两个主动齿轮传 10，从动齿轮 14 分别通过左右两传动轴 11 连接左右曲柄 16，曲柄设在机架左侧板 22 和右侧板 19 的外侧同时驱动前后两个脚的上连杆 2 和下连杆 2，上连杆连 2 接腿上三角 5，下连杆连 2 接 R 型腿 7，曲柄驱动实现腿的迈步。控制系统包括单片机控制板 20、驱动器 21、电池座 18。单片机控制板 20 设在机架底盘 17 下部中后端、电池座设在机架底盘 17 下部中前端，驱动器 21 设在机架底盘 17 上部后端。微型电动机 15 可通过单片机控制转速，实现机器人的灵活转向运动。本实用新型的四足教育机器人所有零部件均可由 3D 打印机打印制作。

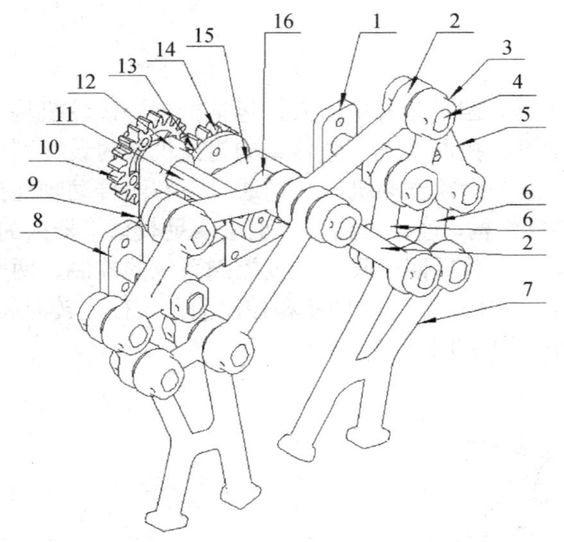

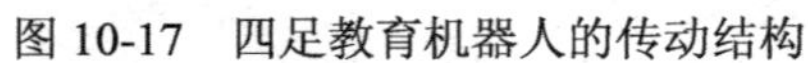
图 10-17　四足教育机器人的传动结构

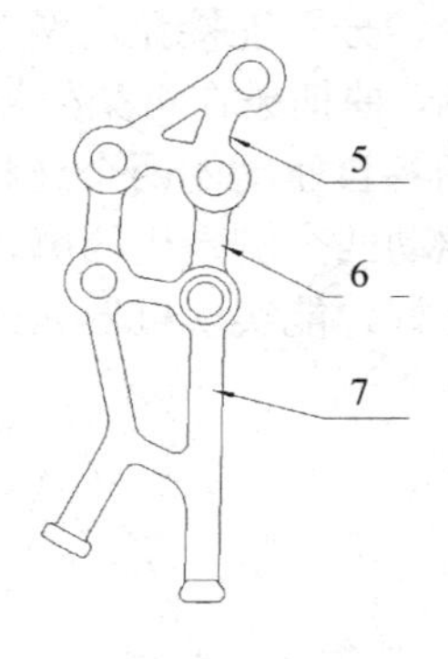

图 10-18　四足教育机器人的腿部结构

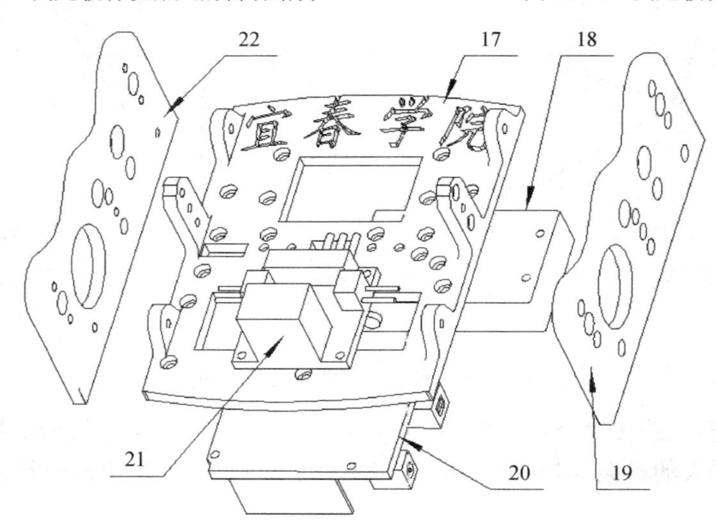

图 10-19　四足教育机器人的机架

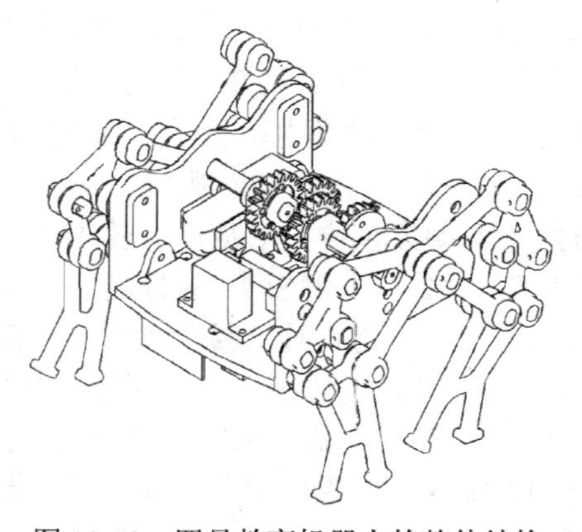

图 10-20　四足教育机器人的整体结构

10.3.5　三维建模及运动仿真

基于 Pro/E 进行 3D 打印四足教育机器人每一个零部件的三维 CAD 建模，以及三维 CAD 装配建模，三维 CAD 装配模型如图 10-21 所示。

图 10-21　四足教育机器人的三维 CAD 装配模型

四足教育机器人的脚运动原理复杂，难于精确理论分析和设计计算，三维软件的运动仿真可以得到精确的运动参数。将这些参数与要设计的运动参数相比较分析，修改各杆件的尺寸，再分析比较，很快就能得出所需要的各杆件尺寸。四足机器人一对脚的轨迹曲线如图 10-22 所示。

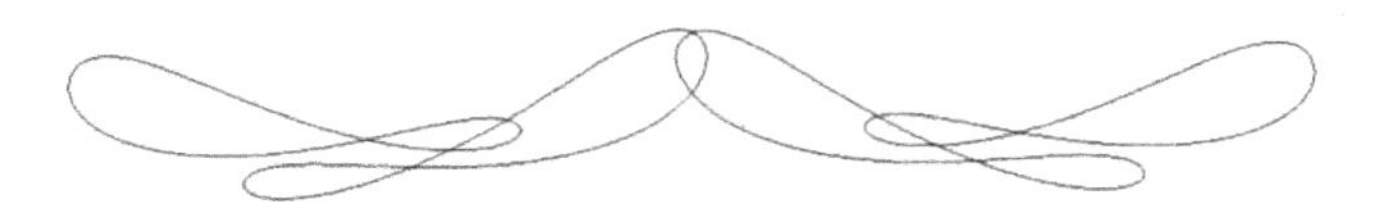

图 10-22　四足教育机器人一对脚的轨迹曲线

10.3.6　模型渲染

将 Pro/E 软件所创建的装配模型，直接导入 Keyshot 软件之中，基于 Keyshot 软件进行装配模型的渲染，渲染效果图如图 10-23 所示。

图 10-23　四足教育机器人的渲染效果图

10.3.7 控制系统设计

四足教育机器人的控制系列采用开源软件 Arduino 进行自动控制，通过 Arduino 单片机控制板控制左右两个微型电动机的转速，实现机器人的行走运动。具体的 Arduino 程序如下：

```
#include <IRremote.h>

int RECV_PIN = 13; //定义红外接收器的引脚为 13
int M1=5;
int M2=6; //控制电动机 1
int L1=10;
int L2=11; //控制电动机 2
IRrecv irrecv (RECV_PIN);

decode_results results;

void setup ()
{
 Serial.begin (9600);
 pinMode (6, OUTPUT);
 irrecv.enableIRIn (); // 初始化红外接收器
}

void loop () {
 if (irrecv.decode (&results))
 {
  if (results.value==16736925) //前进键，控制电动机正转
  {
  digitalWrite (5, LOW);
  digitalWrite (6, HIGH); //LED 点亮
  digitalWrite (10, LOW);
  digitalWrite (11, HIGH);

  }
  if (results.value==16754775) //后退键，控制电动机反转
  {

  digitalWrite (5, HIGH);
  digitalWrite (6, LOW); //LED 熄灭
```

```
    digitalWrite (10, HIGH);
    digitalWrite (11, LOW);
    }

    if (results.value==16712445) //遥控器 OK 键，使两电动机停转
    {
    digitalWrite (5, HIGH);
    digitalWrite (6, HIGH);
    digitalWrite (11, HIGH);
    digitalWrite (10, HIGH);
    Serial.println ();
    }
    irrecv.resume (); // 接收下一个值
   }
  }
```

10.3.8　打印制作及样机测试

完成四足教育机器人三维数字化装配模型的创建，导出产品零件的 STL 格式文件，加载到 HOFI X1 3D 打印机中，设置打印工艺参数。在 3D 打印机中逐个完成每个零件的打印制作，如图 10-24 所示。然后如图 10-25 所示进行四足教育机器人的样机装配。最后完成样机装配，如图 10-26 所示。

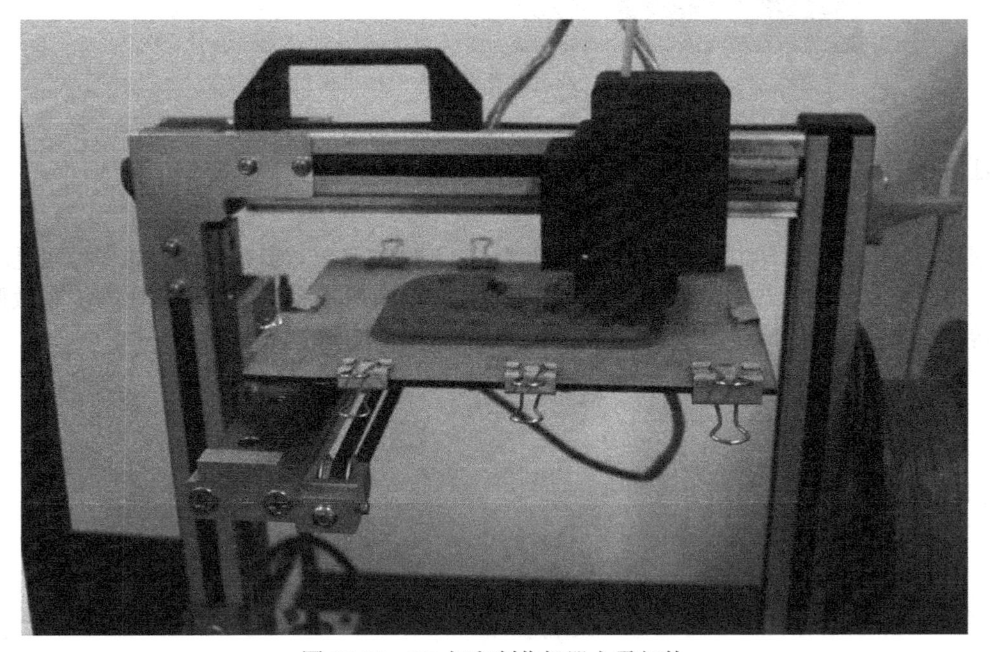

图 10-24　3D 打印制作机器人零部件

（a）

（b）

图 10-25　四足教育机器人的样机装配

图 10-26　四足教育机器人的样机模型

10.4　项目总结

创新设计与 3D 打印制作的四足教育机器人，其结构简单，步态犹如牛、马等四足动物的步态，行走平稳；且所有零部件都由 3D 打印制作，结构巧妙美观；采用单片机控制微型电动机的转速，实现灵活的转向，采用遥控控制四足教育机器人的行走，操作简单。

第 11 章　3D 打印技术的设计思维与工程应用

11.1　3D 打印的设计思维

3D 打印思维是在第三次工业革命和中国制造 2025 的环境中，在 3D 打印技术和应用不断发展的背景下，对产品设计、研发、制造、销售、物流、维修，乃至企业价值链进行重新审视的思考方式。其涵盖了自由设计思维、大批定制思维、集成部件思维、技术补充思维、需求激活思维、协同创新思维 6 个方面。

1. 自由设计思维

自由设计思维是 3D 打印思维的核心，其他思维都是围绕自由设计思维在不同层面的展开。自由设计思维指设计者可以不考虑制造是否能实现，可以突破传统设计的限制，设计非常复杂的零部件。

2. 大批定制思维

大批定制思维是关于 3D 打印核心竞争力的思维。大批的定制个性化产品使得机械化流水线生产困难，呼唤智能制造及 3D 打印。在生产多品种、小同质批量上，3D 打印有快速、低成本的优势。

3. 集成部件思维

集成部件思维是减轻、性能提升、创新的重要思维，是关于 3D 打印的产品和市场定位的思维。3D 打印使得零部件高度集成成为可能。不仅是机械叠加，类比集成电路，许多老产品用集成部件思维来重新设计会产生质的飞跃。

4. 技术补充思维

技术补充思维是关于创新兼容的思维，即要认识到信息与通信技术（ICT）的发展和应用，特别是 ICT 技术和制造业的结合，从而产生了智能制造。3D 打印是智能制造的核心技术之一，它是工业革命中的“将军”，有不可替代的功能，无论多么复杂的 3D 设计都能制造出来。

5. 需求激活思维

需求激活思维是关于需求拉动市场和技术发展的思维。以服务为切入口，搭建 3D 打印服务云平台，成为设计师和用户之间的桥梁，提供面向工业企业及消费类领域的 3D 打印服务。在这一平台之上，用户可以快速地将自己的设计与创意打印成形，从而突破传统工业制造的局限，以需求来推动制造，以制造来满足个性化生活需求。通过云制造，优化供应链模式。

6. 协同创新思维

协同创新思维是关于产业边界和创新的思维，是以知识增值为核心，企业、政府、知识生产机构（大学、研究机构）、中介机构和用户等为了实现 3D 打印重大科技创新而开展的大跨度整合的创新组织模式。3D 打印技术和应用行业综合协调要求比较高，为了实现重大科技创新，必须协同研发、创新，加速技术推广应用和产业化。

11.2 扶手箱铰接件逆向设计与制作

11.2.1 工程问题的提出

奇瑞全球鹰汽车的扶手箱铰接件，使用过程中由于操作不当，导致铰接件两侧的螺钉固定座断裂，如图 11-1 所示，到 4S 店维修必须更换整套扶手箱，维修成本较高，仅仅因为一个小零件的损坏而报废整套扶手箱，造成较大浪费。以下进行扶手箱铰接件的实物测绘及 3D 打印制作。

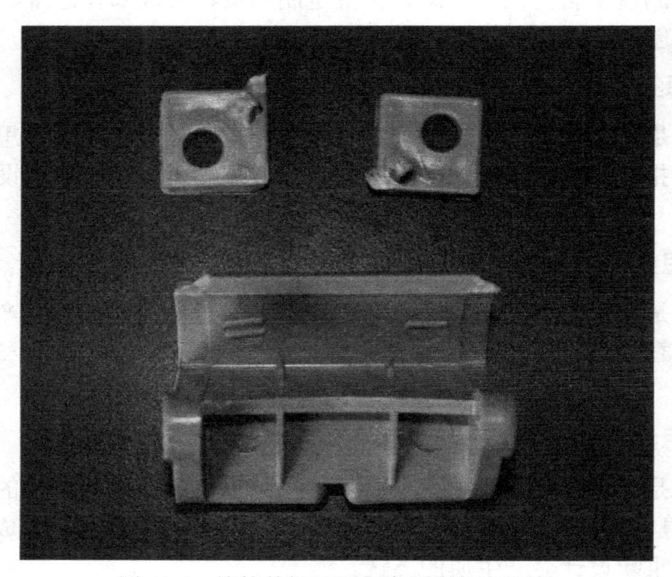

图 11-1 铰接件螺钉固定座断裂的实物图

11.2.2 三维 CAD 建模

由于从原铰接件产品本身结构看，该产品属于异形件，其截面尺寸难以进行测绘。为了保证本产品的三维 CAD 建模精度，我们对产品侧面进行垂直照相，通过 AutoCAD 插入光栅图像参照功能，如图 11-2 所示将照片插入绘图区，根据图片绘制零件截面图，注意通过比例缩放保证截面图与实物的尺寸一致。

在 AutoCAD 中把绘制的截面轮廓线移动至原点（0，0），并分别保存为“AutoCAD2004/LT2004 DXF（*.dxf）”文件格式，输出 DXF 格式文件。注意在 AutoCAD 中移动视图至原点即坐标点（0，0）位置，目的是使得导入特征的坐标系和 Pro/E 系统的坐标系一致，便于视图的定位。

选择 Pro/E 系统主菜单“插入”→“共享数据”→“自文件”，系统弹出“打开”对话框，选择所保存的 DXF 格式文件，单击“打开”按钮，系统弹出“选择实体选项和放置”对话框，保存默认设置，在绘图工作区导入截面轮廓线特征，如图 11-3 所示。

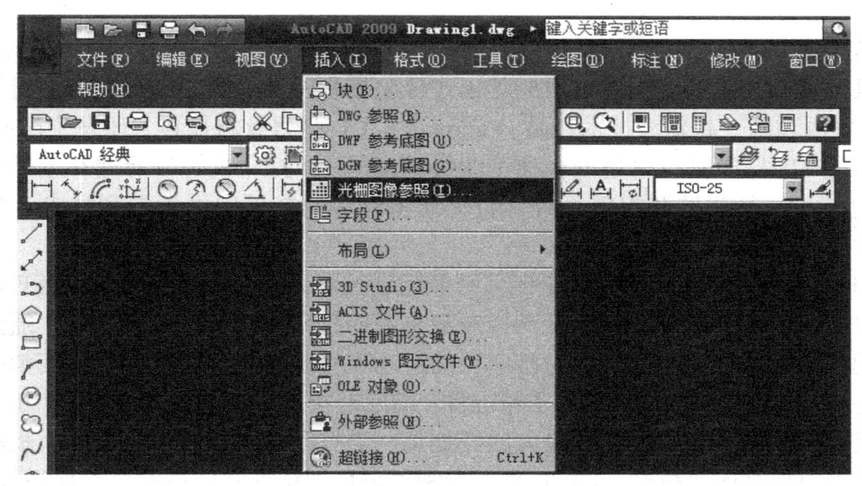

图 11-2　插入光栅图像参照

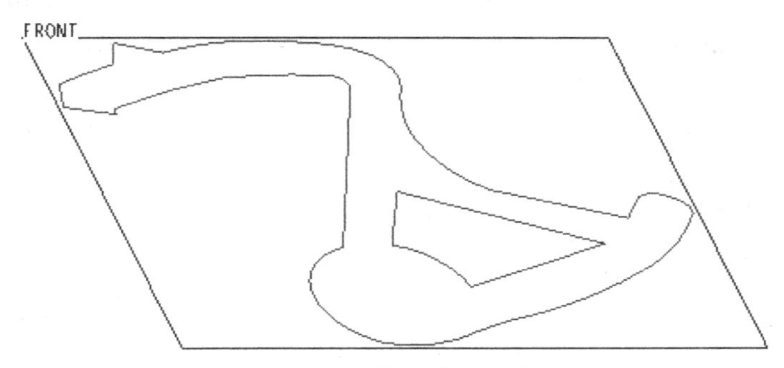

图 11-3　导入截面轮廓线特征

根据导入的截面轮廓线特征，以及其余实物测绘数据，在 Pro/E 三维软件进行零件的三维 CAD 建模，如图 11-4 所示，并输出三维模型的 STL 文件。

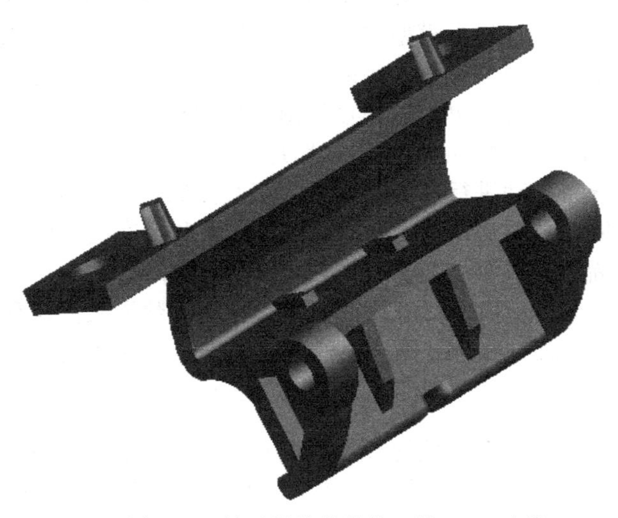

图 11-4　扶手箱铰接件的三维 CAD 建模

11.2.3 3D 打印制作

本产品采用 Panowin F3CL 3D 打印机制作，磐纹科技桌面型 3D 打印机 Panowin F3CL 产品是由复旦大学高才生刘海川经过 15 年工作经验累积，携带自己专业团队经过两年刻苦钻研，最终研发成功的一款新型技术产品。Panowin F3CL 是磐纹科技自主研发生产的一款 FDM 成形原理桌面 3D 打印机，也是一台准工业级精度的 3D 打印机。目前拥有全闭环智能运动控制、断电续打、耗材监测报警系统、自动送退丝等 17 项国内外专利技术，打印精度在 0.05mm 以内。

Panowin F3CL 3D 打印机采用全闭环智能运动控制系统，机器具有双核处理器的全闭环运动控制电路，能够实时反馈处于运动控制最末端的打印头的精确位置信息，通过高效智能的平滑匹配技术和模糊控制算法，对打印头的运动进行实时补偿和修正，从而消除了机械配合误差、皮带回隙等影响因素，保证了精准性，彻底解决了市面上开源 3D 打印机打印精度不高、表面粗糙等弊病。全闭环技术最大的好处是，当打印头由于电动机失步、机械卡顿或外力干扰等原因出现打印错位时，F3CL 独有专利“记忆性精准回归技术”将使得打印头快速、准确恢复到原先的轨迹中，从而永远避免模型错层，解决了最让设计师和使用者头疼的打印模型在打印中途报废的问题，极大提高了打印成品率。Panowin F3CL 高精度 3D 打印机是小批量生产、私人定制、产品设计研发类设计师最得力的助手，不仅可用于产品外观验证，还可以做功能性装配测试，广泛应用于航空航天、汽车制造（汽车配件设计）、工业设计、模具制造、3D 照相馆、医疗、教育等各个行业。

应用 Panowin F3CL 3D 打印机打印制作铰接件的过程如下。

1. 快速切片处理

启动切片软件 Cura，如图 11-5 所示设置基本的 3D 打印工艺参数，单击模型窗口的 Load 工具按钮或选择“文件”→“载入模型文件”命令，选择需要切片的 STL 文件，将铰接件模型加载至 Cura 切片软件中。

载入模型之后，根据需要可单击旋转工具按钮，打开三维旋转视图进行模型的任意角度旋转。如果模型与打印平台成一定夹角时，单击平放工具按钮，可使模型摆正和放平，使得模型底面平整地接触放置平台。如果模型放置方位不理想，可单击复位工具按钮，使得模型复位。缩放工具按钮可以对模型进行等比例的整体缩放或任意方向尺寸的单独缩放。如果需要同时打印多个相同的产品，可以单击右键在弹出的快捷菜单选择复制模型命令，也可以通过 Load 工具按钮加载多个各异的产品模型进行切片处理。

载入模型之后，系统将自动进行按照所设定的工艺参数进行切片处理，一般按照默认的切片参数进行切片数据处理。注意切片时支撑有触及平台和所有区域两种，衬底也有 Raft 和 Brim 两种，具体结合产品的结构和打印精度进行选择（见图 11-6）。

模型切片处理完毕，单击窗口保存工具按钮，可将切片数据文件保存到 SD 卡中，也可以选择“文件”→“保存 PCode”命令，把文件保存于指定的计算机文件路径中。

2. 3D 打印制作

打印机开机，插入 SD 卡，根据实际使用材料选择预热材料，预热打印喷头和平台，当打印机喷头温度达到 180℃时，进行自动送丝操作，选择需要打印的切片文件进行联机 3D 打印，如图 11-7 所示。

文件 工具 机器 专家 帮助
基本参数
高级参数
插件
hour 7 minutes
6 meter 12 gram
品质
分层厚度（mm） 0.2
侧表面层数 2
填充
上下表面层数 6
填充率（%） 30
打印速度与温度
打印速度（mm/s） 40
打印温度（C） 200
平台温度（C） 50
支撑
支撑类型 None
平台衬底类型 None
材料
直径（mm） 2.96

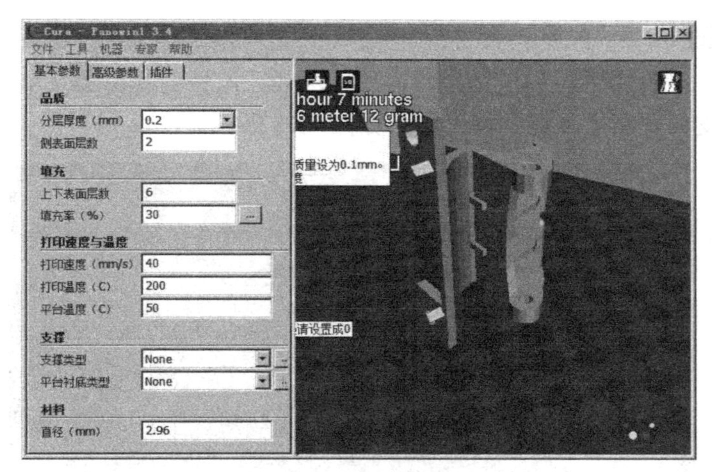

图 11-5　设置 3D 打印工艺参数

基本参数
高级参数
插件
品质
分层厚度（mm） 0.2
侧表面层数 2
填充
上下表面层数 6
填充率（%） 30
打印速度与温度
打印速度（mm/s） 40
打印温度（C） 200
平台温度（C） 50
支撑
支撑类型 None
平台衬底类型 None
材料
直径（mm） 2.96
机器
喷嘴尺寸（mm） 0.4
回退
距离（mm） 10.0
品质
初始层厚度（mm） 0.2
切除模型底部（mm） 0
速度
跳转速度（mm/s） 120.0
底层打印速度（mm/s） 20
填充速度（mm/s） 0
外表皮打印速度（mm/s） 0
内表皮打印速度（mm/s） 0
支撑打印速度 (mm/s) 0

图 11-6　模型加载与切片处理

文件 工具 机器 专家 帮助
基本参数
高级参数
插件
hour 7 minutes
6 meter 12 gram
品质
分层厚度（mm） 0.2
侧表面层数 2
填充
上下表面层数 6
填充率（%） 30
打印速度与温度
打印速度（mm/s） 40
打印温度（C） 200
平台温度（C） 50
支撑
支撑类型 None
平台衬底类型 None
材料
直径（mm） 2.96
Saved as H:/JiaoJieJian.pcode

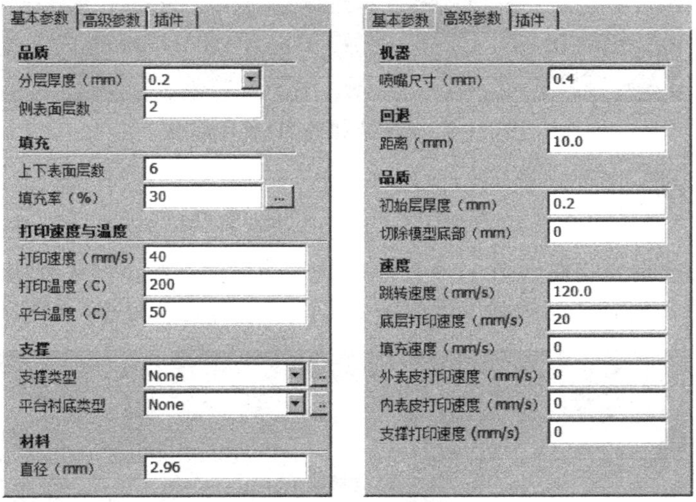

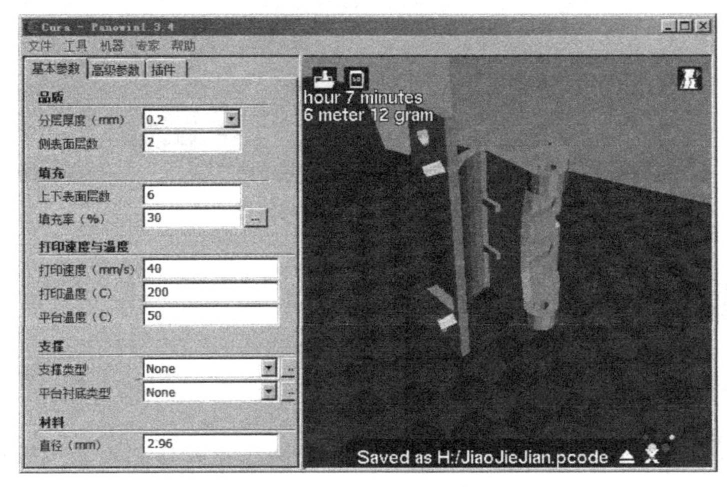

图 11-7　3D 打印制作

3. 模型后处理

打印完毕，取下打印平台的玻璃，等待模型冷却，用铲刀将模型从平台玻璃上铲下，然后使用工具去除支撑材料，最终的模型产品如图 11-8 所示。

图 11-8　去除支撑的 3D 打印原型

11.2.4　安装使用

最终 3D 打印产品安装在如图 11-9 所示的扶手箱里面，测试结果表明，产品强度和精度都达到了使用要求，而且产品的强度比原件更高，使用时运动可靠，结实耐用。

图 11-9　产品实际安装图

11.3　弯管器的设计与制作

11.3.1　工程问题的提出

为了保证 3D 打印机的合理布线，特设计一种弯管满足布线的需要，产品结构如图 11-10 所示，如果采用传统的注塑成形工艺，则成形周期长、制造成本高，由于产品属于单件小批量生产，因此考虑采用 FDM 3D 打印工艺制作各个零件，再装配成弯管器，进行直管的手工折弯和剪裁，以满足弯管的生产需求。

图 11-10　弯管的结构

11.3.2　设计构思和三维建模

弯管一般采用弯曲模具实现直管的弯曲，弯曲模具由弯曲凸模和弯曲凹模组成，因此本设计借鉴弯曲模具的工作原理，设计两个零件，一个是固定不动的凹模，一个是采用转轴连接可以活动完成弯曲的凸模，但是考虑满足 3D 打印工艺的需要，将活动凸模设计成两个零件，成形部分单独设计成带凹槽的圆轮，通过螺栓装配在活动凸模主体之上，最在 Solidworks 三维 CAD 软件进行三维 CAD 建模，并输出三维 CAD 模型的 STL 文件（见图 11-11）。

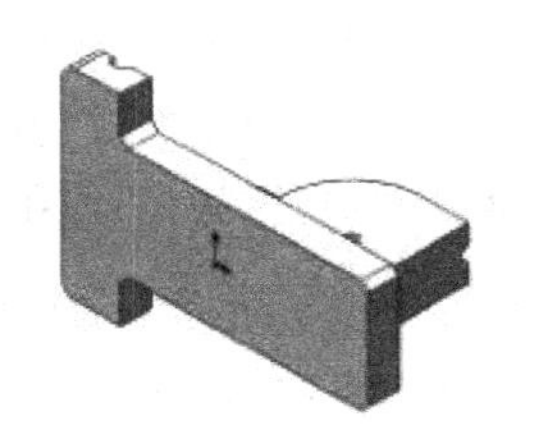 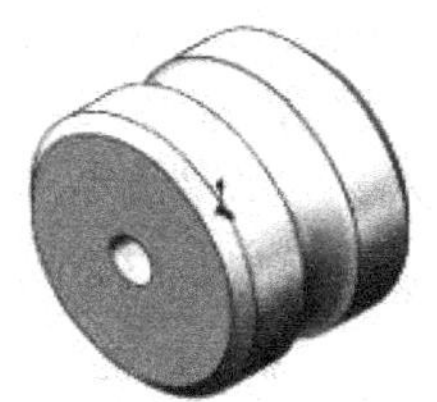  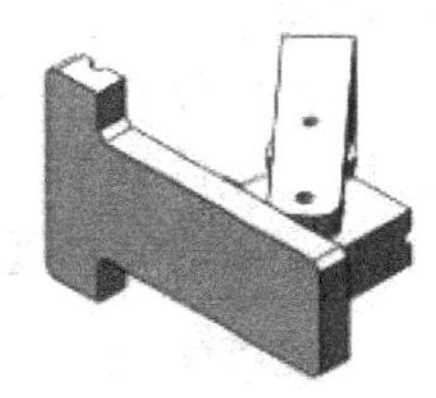

图 11-11　弯管器的三维装配建模

11.3.3　3D 打印制作

深圳维示泰克技术有限公司研发的 IdeaWerk Speed 3D 打印机，是快速的桌面式 3D 打印机，比主流桌面级 3D 打印机要快 5 倍。维示泰克欧洲研发中心经过 3 年的攻关，研发出了世界上第一款专门针对 3D 打印机的高速打印芯片“维芯一号”，从而打造出采用 FDM 技术（熔融沉积法）的首款高速 3D 打印机。

采用了“维芯一号”的主控板可以更快速、准确地处理 3D 打印中的运动和控制信号，使高速打印成为可能。这款打印机速度最高可达 450mm/s，不仅是目前市场上最快的，而且将市面上 40～100mm/s 的主流打印速度提升了 5～10 倍。

3D 打印相比传统的工业制造方式能节省大量的开模时间和成本，而高速 3D 打印机的出现则让打印小件物品的时间进入了“立等可取”的范围，不管是用于创意设计，还是课堂教学、家庭教育，应用体验都得到了质的提高。围绕着高速 3D 打印机，维示泰克还自主研发了配套的高速 3D 打印机软件，以及适配于高速打印的 PLA（生物降解塑料聚乳酸）打印材料，填补了国内高速 3D 打印材料的空缺（见图 11-12）。

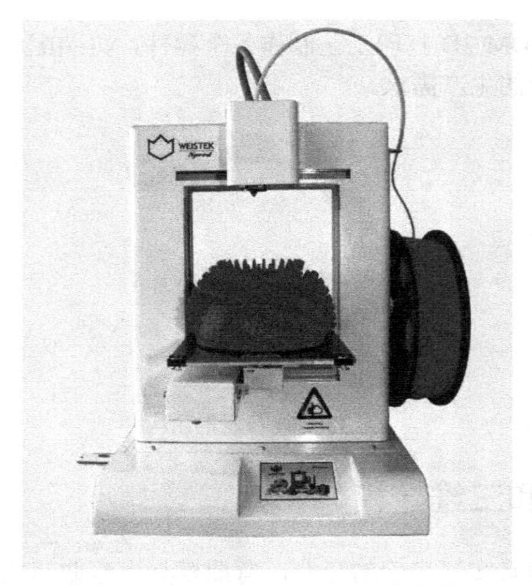

图 11-12　IdeaWerk Speed 3D 打印机

应用 IdeaWerk 3D 普通速度打印机打印制作铰接件的过程如下。

1. 快速切片处理

（1）导入打印模型

打开打印机的电源开关，双击桌面 WesiterkDoraWare-E 快捷图标，打开切片软件，单击“导入模型”工具图标，系统弹出打开对话框，选择所需打印文件，单击“打开”按钮。同时导入设计的三个零件模型，模型全部导入切片软件后，使用旋转工具按钮和移动工具按钮，根据需要调整导入模型的放置方位，如图 11-13 所示。

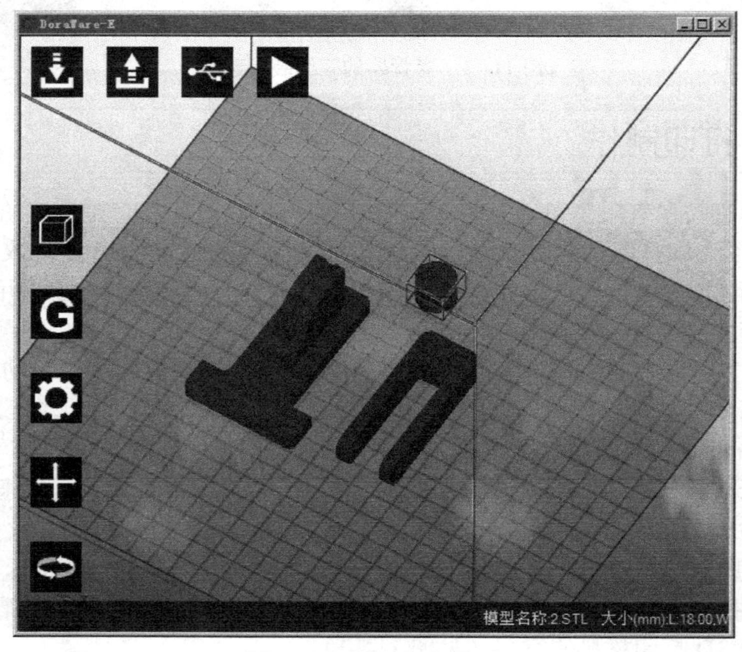

图 11-13　导入打印模型

导入模型时需要注意：单个模型的面积不能超过打印平台，超过则需要使用缩放工具按钮对模型进行一定比例的缩放，多个模型导入时每一个模型不能相互叠合，并保持互相之间的适当距离的间距。

（2）连接打印机

单击“设置”工具图标，打开连接机器对话框，如图 11-14 所示。单击“刷新端口”并单击后面的“▼”按钮。选择机器对应的端口，例如本机器的“COM2”，单击“连接”，将连接机器。机器连接后会显示“机器已连接”，如需断开机器与软件的连接，单击“断开”即可。

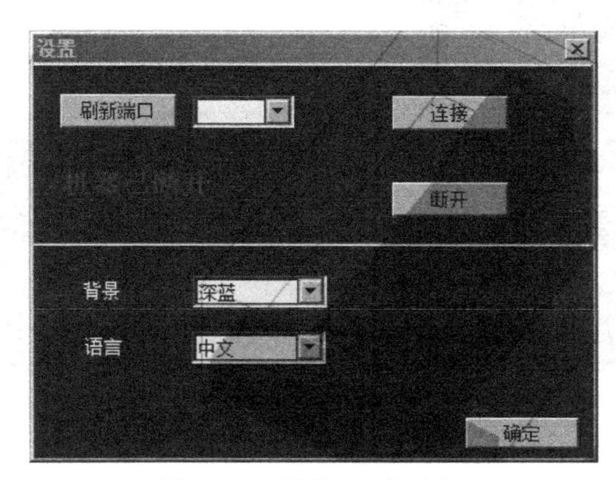

图 11-14　连接 3D 打印机

（3）设置打印机参数

单击“机器控制”工具按钮，系统弹出“机器控制”对话框。根据实际测量的高度值，在对话框中输入 Z 轴高度值即可，挤出头温度在对话框中输入温度值即可。使用打印 PLA 材料，温度一般可设置在 220～230℃，当挤出头温度达到设定温度后，可单击“进料/停止/退料”按键进行换料或挤出头的调试工作。

（4）设置打印工艺参数

导入模型完毕，单击生成代码工具按钮，系统弹出如图 11-15 所示的界面，根据需要设置“填充密度”、“层厚”、“速度”、“支撑”和“挤出头温度”。“填充密度”是指 3D 打印模型内部填充的密度，以百分比设置，默认值为“中等（30%）”，可以选择不同的填充密度，选择不同的填充密度将会影响打印时间和模型的强度，可以根据实际需求合理选择。“层厚”是指 3D 打印模型每一层的高度值，默认值为 0.1mm，以 0.3mm 打印的时间会比以 0.1mm 打印的时间短，但模型表面精度会比以 0.1mm 打印的效果差些。“外壳层数”是指打印模型表面的厚度，可以选择“薄壁”/“标准”/“厚实”。“速度”是指模型打印过程中运动移动与挤出机的速度，同一个模型选择不同的打印速度会消耗不同的时间，速度越快，所用时间越短，但模型表面精度会比速度慢的差，相反，速度越慢，所用时间越长，表面精度会越好，使用中根据实际情况进行选择，可以选择“慢速”/“标准”/“快速”。“底层”是指打印时为了使模型更好地与打印平台固定而打印的基底，底层打印完成后才在其上面打印模型，是否选择打印底层可通过勾选来确定，如果在后面的复选框中勾选，说明打印底层，反之，不勾选则说明不打印底层。有的模型在打印时需要支撑件配合才能完成打印，支撑分外部支撑与全部支撑，外部支撑是指模型的表面有悬空部分，打印时需要添加另外的打印部分起支撑作用。

全部支撑是指模型内部与表面都需要打印支撑部分。

打印工艺参数设置完毕，单击“开始生成GCode”按钮，切片软件将自动进行切片数据处理，完成切片后弹出如图 11-16 所示的对话框，显示打印时间和打印耗材使用量。

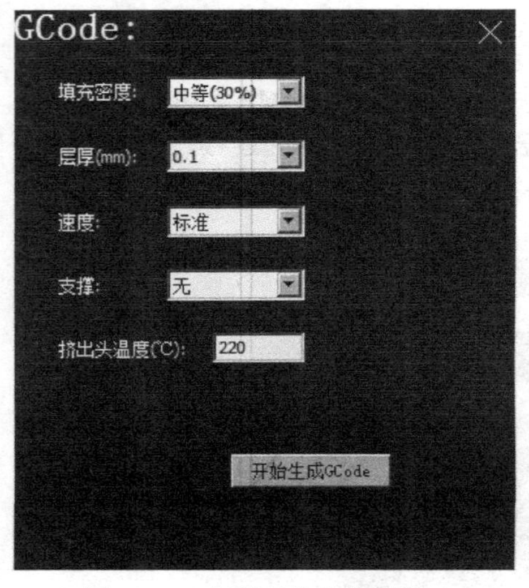

图 11-15　打印工艺参数设置

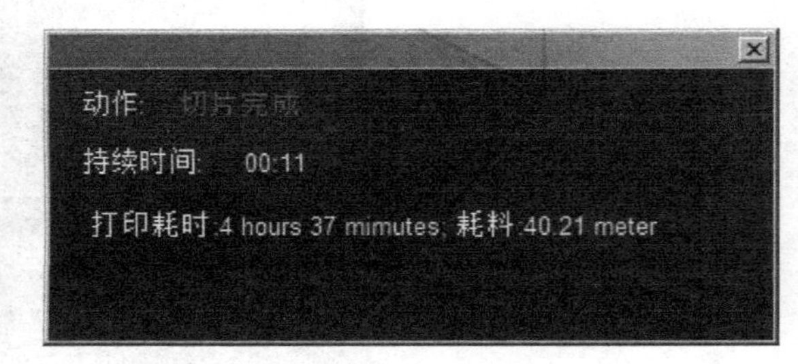

图 11-16　切片完成

（5）导出模型文件

单击“导出”工具按钮，系统弹出另存为对话框，选择切片文件保存路径后单击“保存”，生成可以脱机打印的 GCode 文件。

2. 3D 打印

单击切片软件中的“开始打印”工具按钮，打印机开始启动打印工作。也可以采用 SD 卡导入 GCode 文件直接插入打印机上进行脱机打印，如图 11-17 所示。

图 11-17　弯管器零件的 3D 打印制作

3. 后处理

打印完毕，取下打印平台，等待模型冷却，用铲刀将模型从打印平台上铲下，然后使用工具去除支撑材料。

应用 IdeaWerk Speed 快速 3D 打印机打印制作铰接件的过程如下。

（1）导入和放置模型

双击桌面快捷图标“REALvision”，打开 REALvision 软件，单击打开模型工具按钮，系统弹出打开对话框，依次选择打开弯管器三个零件的 STL 文件，将三个模型导入软件主界面中，可以根据需要应用、、或进行模型的比例缩放、旋转、移动或 90°转动，如图 11-18 所示导入和放置模型。

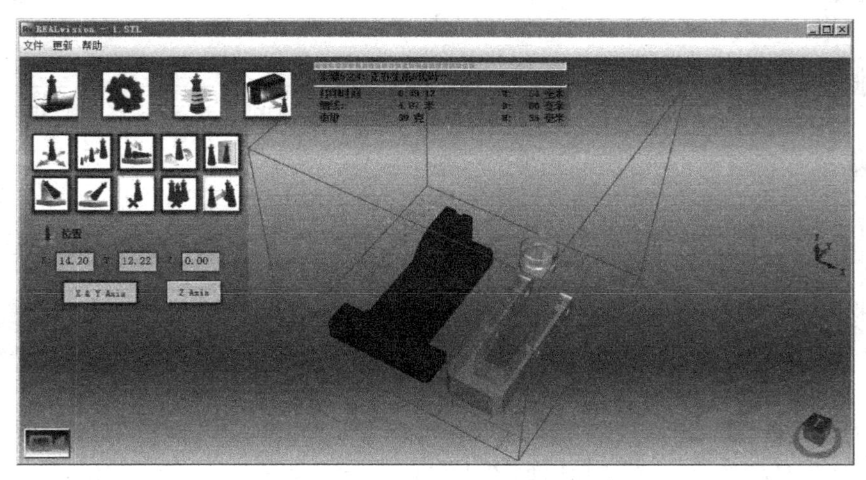

图 11-18　导入和放置模型

（2）设置打印工艺参数

单击设置工具按钮，系统弹出如图 11-19 所示的设置对话框，可以在其中根据实际需要和软件提示进行基本设置，选择打印机样式为“IdeaWerk-Speed”，在图 11-20 所示对话框中根据实际需要和软件提示进行高级设置。

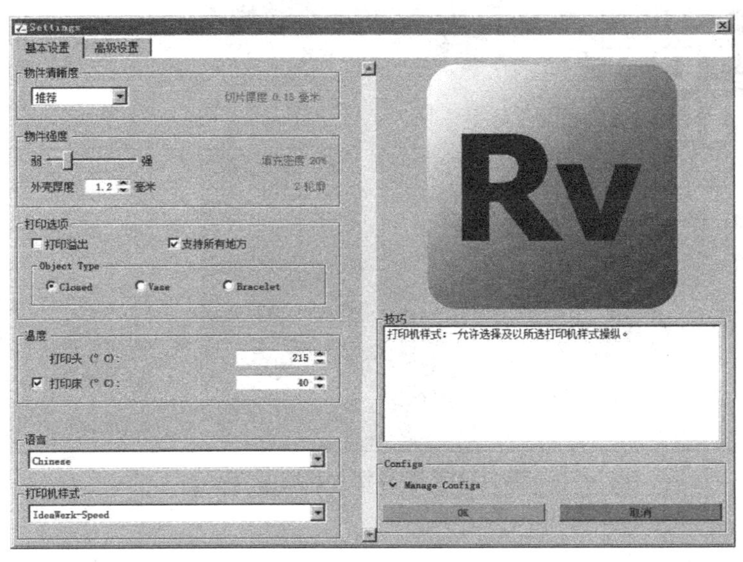

图 11-19　软件基本设置对话框

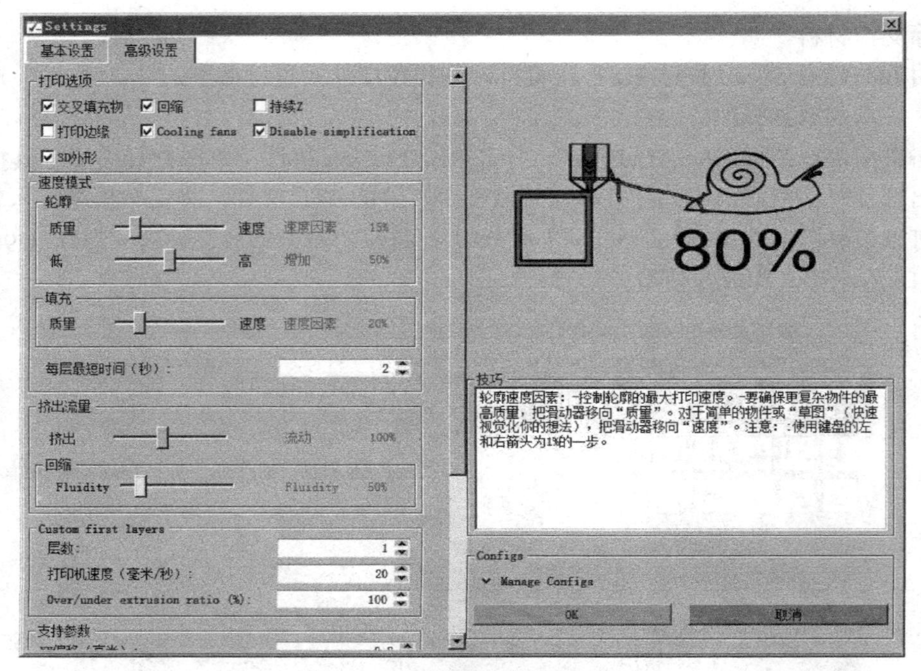

图 11-20　软件高级设置对话框

（3）切片处理

单击切片工具按钮，系统弹出如图 11-21 所示的设置窗口，系统自动完成三个模型的切片，图 11-21 右侧可以动态显示打印的截面轮廓形状。

对比 IdeaWerk 3D 打印机与 IdeaWerk Speed 3D 打印机，后者打印时间缩短了 41.40%。

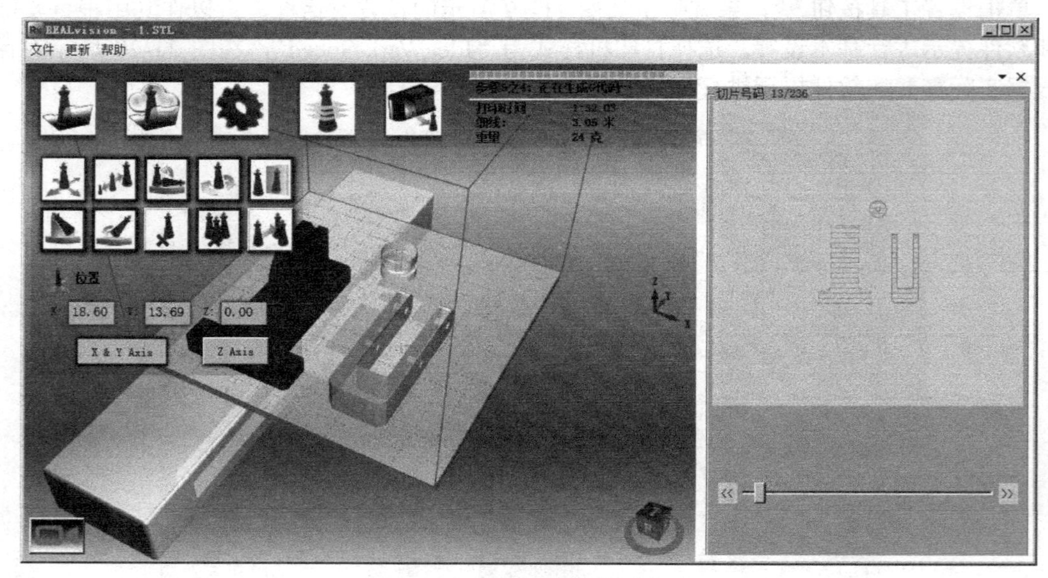

图 11-21　软件切片和截面查看

（4）模型打印

单击打印工具按钮，软件弹出“打印窗口”对话框，可以通过以下两种方式进行模型的 3D 打印。

连接计算机在线打印：首先确认打印机随机 USB 数据线已经连接计算机和打印机，然后单击软件主界面中的打印工具按钮，打开“打印窗口”对话框，选择通信接口 COM，单击打印工具按钮，进行模型的打印。

使用 USB/SD 离线打印：在软件主界面单击打印工具按钮，在打印窗选择“作为文件”，单击“输出 F-码”工具按钮，存储在 USB 或者 SD 卡，将 USB/SD 插入快速打印机，选择打印工具按钮，进行模型的打印。

11.3.4　产品装配及应用

如图 11-22 所示，将打印制作的三个零件分别进行装配，活动凸模与圆轮通过螺栓紧固，然后整体与凹模进行螺栓紧固，注意合理的装配间隙，以确保活动凸模与圆轮整体的运动。

（a）

（b）

图 11-22　弯管器的零件装配

弯管器的弯曲成形如图 11-23 所示，首先将紫铜直管插入凹模的孔中，如图 11-23（b）所示；然后手握活动凸模向直管方向压推到位，如图 11-23（c）所示；最后打开弯管器，取出成形好的弯管，根据需要剪切得到所需的紫铜弯管，如图 11-23（d）所示。

（a）

（b）

图 11-23　弯管器的弯曲成形

（c）

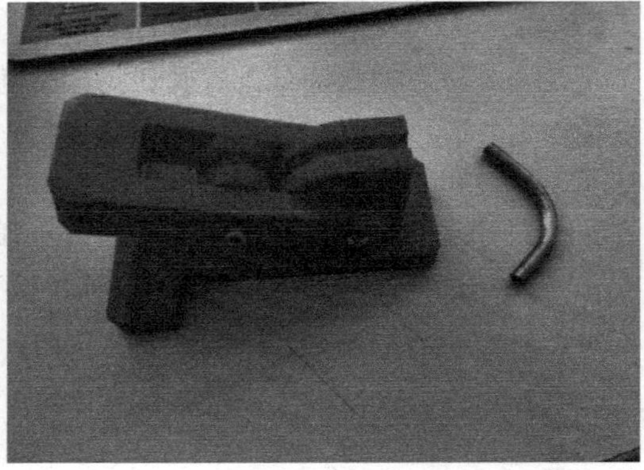

（d）

图 11-23　弯管器的弯曲成形（续）

第12章　基于3D打印技术的产品快速设计与制造系统

基于材料累加成形思想的快速成形（RP）技术可以自动而迅速地直接由三维 CAD 模型制作出三维实体原型。在新产品开发及单件试制、小批量产品生产中，快速成形技术显著地缩短了产品投放市场的周期，降低了产品的开发成本，增强了企业的竞争能力。为了有效地发挥 RP 技术与逆向工程（RE）技术的优越性，通过 CAD/CAM/CAE 及 RE/RP 的有机集成，实现产品快速设计与制造，从而更有效地提高产品的开发速度与开发质量，并降低开发成本。

12.1　逆向工程技术

12.1.1　逆向工程技术概述

进入 21 世纪，知识经济已成为主导经济，制造业面临新的环境。为了适应新的变化，各国政府、产业界和科技界提出了各种先进的制造技术，其中逆向工程技术作为先进制造技术之一，得到各国普遍重视。传统的产品设计一般都是“从无到有”的过程，设计人员首先构思产品的外形、性能以及大致的技术参数等，再利用 CAD 建立产品的三维数字化模型，最终将模型转入制造流程，完成产品的整个设计制造周期，这样的过程可称为“正向设计”。而逆向工程则是一个“从有到无”的过程，就是根据已有的产品模型，反向推出产品的设计数据，包括设计图纸和数字模型。

“逆向工程”也称反求工程、反向工程等，是设计下游向上游反馈信息的回路。广义的逆向工程是消化、吸收先进技术的一系列工作方法的技术组合，是一个复杂的系统工程。它包括影像逆向、软件逆向和实物逆向三方面。

逆向工程技术与传统的产品正向设计方法不同，它是根据已存在的产品或零件原型构造产品或零件的工程设计模型，在此基础上对已有产品进行剖析、理解和改进，是对已有设计的再设计。其主要任务是将原始物理模型转化为工程设计概念或产品数字化模型：一方面为提高工程设计、加工、分析的质量和效率提供充足的信息，另一方面为充分利用 CAD/CAE/CAM 技术对已有的产品进行设计服务。具体过程如图 12-1 所示。逆向工程的研究已经日益引人注目，在数据处理、曲面片拟合、几何特征识别、商用专业软件和坐标测量机的研究开发上已经取得了很大的成绩，从而促使逆向工程有了长足的发展。

逆向工程技术不等同于传统产品仿制。以数字化技术为基础，逆向工程的典型过程是：采用特定的坐标测量设备和测量方法对实物模型进行测量，从而获取实物模型的特征参数；借助于相关软件，将所获取的特征数据在计算机中重构逆向对象模型；对重建模型进行必要的创新、改进和分析；以数字化模型为基础，进行数控编程、加工，制造出新的产品实物。

逆向工程系统框架可以分为三个部分：数字化及数据处理子系统、模型重建子系统和产品制造子系统，如图 12-1 所示。

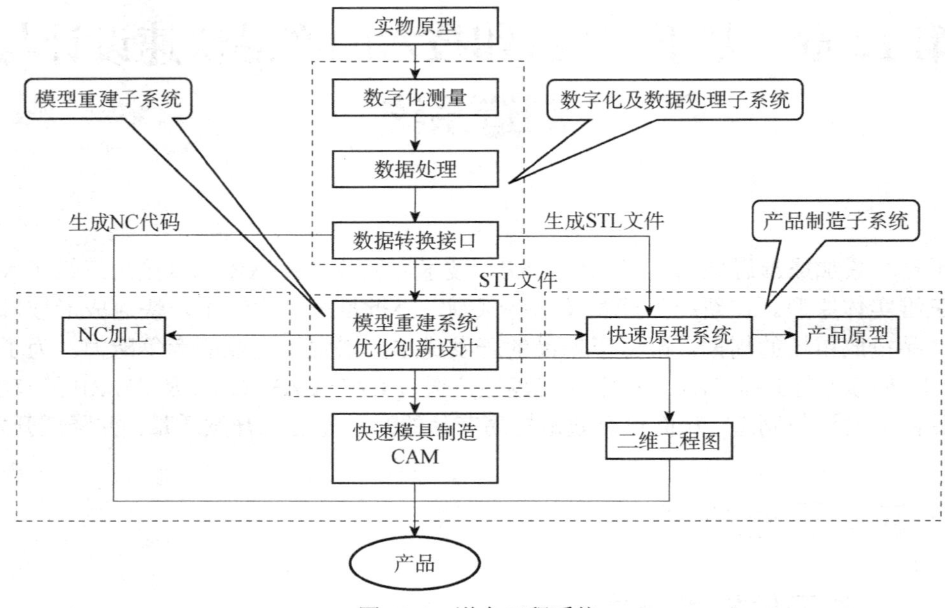

图 12-1 逆向工程系统

逆向工程按照产品引进、消化、吸收与创新的思路，其最主要的任务是将原始物理模型转化为工程设计概念或产品数字化模型。一方面为提高工程设计、加工、分析的质量和效率提供充足的信息，另一方面为充分利用先进的 CAD/CAE/CAM 技术对已有的产品进行再创新设计服务。图 12-2 是逆向工程与正向工程的对比框图。两者的区别在于：正向工程中从抽象

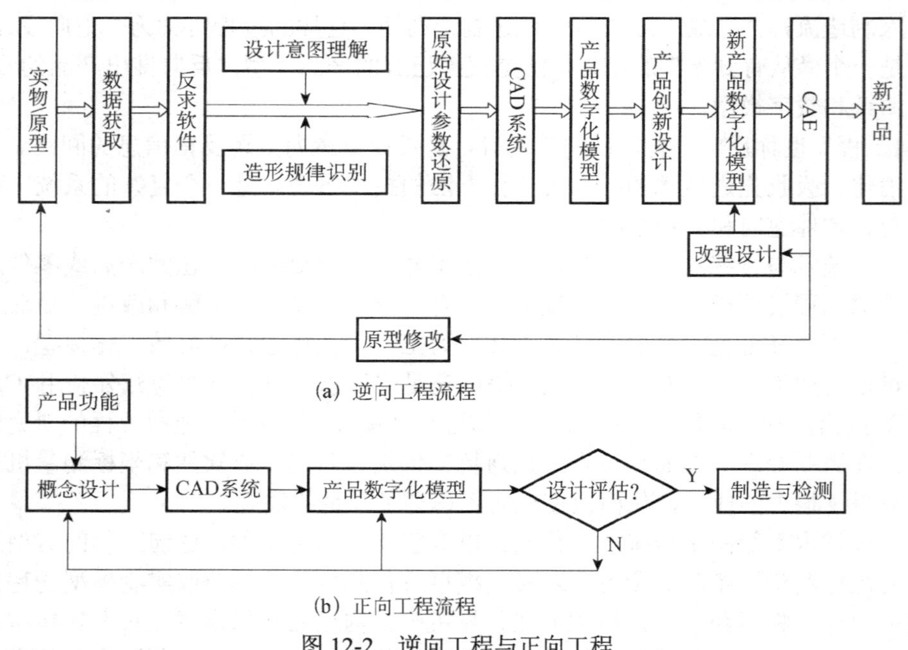

(a) 逆向工程流程

(b) 正向工程流程

图 12-2 逆向工程与正向工程

的概念到产品数字化模型建立是一个计算机辅助的产品“物化”过程；而反求工程是对一个“物化”产品的再设计，强调产品数字化模型建立的快捷性和效率，以满足产品更新换代和快速响应市场的要求。在反求工程中，由离散的数字化点或点云到产品数字化模型的建立是一个复杂的设计意图理解、数据加工和编辑的过程。

12.1.2　逆向工程技术应用领域

最初我们开发新产品都通过正向设计方法，通常须使用多种机床设备和工装模具，开发周期长而且成本高。而为了满足客户对产品开发周期与质量的较高需求，以及新产品市场展览的需要，企业还必须探索和掌握灵活性强、能以较小批量生产而不增加产品成本的制造技术。20 世纪 80 年代末至 90 年代初，随着三维测量技术及其设备的发展，逆向工程作为一项新的先进制造技术被提出，深受各界人士的欢迎，它的独特优势如下。

1. 便于设计评审

一个新产品的开发总是从外形设计开始的，外观是否美观实用往往决定了该产品是否能够被市场接受。逆向工程技术能够迅速地将设计师的设计思想变成三维的实体模型图。与手工制作相比，不仅节省了大量的时间，而且精确地体现了设计师的设计理念，为产品评审的决策工作提供了直接准确的模型，减少了决策工作中的不正确因素。

2. 减少设计缺陷

在产品的开发设计过程中，由于设计手段和其他方面的限制，每一个设计都会存在着一些人为的设计缺陷，如果不能及早发现，就会影响后续工作，造成不必要的损失，甚至会导致整个设计的失败。使用逆向工程技术可以将这种人为的影响减少到最低限度。逆向工程技术可以在设计的同时制造高精度的模型，使设计师能够在设计阶段对产品的整机或局部进行装配和综合评价，从而发现设计上的缺陷与不合理因素，不断地改进设计。可把产品的设计缺陷消灭在设计阶段，最终提高产品整体的设计质量。

3. 缩短设计周期

逆向工程技术的应用，可以做到产品的设计和模具生产并行，充分利用模具制造的这段时间，利用快速成形的制件进行整机装配和各种试验，随时与模具中心进行信息交流，力争做到模具一次性通过验收。这样，模具制造与整机的试验评价并行工作，大大加快了产品的开发进度，迅速完成从设计到投产的转换。另外，对于具体产品来说，模具制造时间可以大大缩短，模具制造的质量可以得到提高，相应对产品质量得到最终保证起到了积极的影响。

4. 提供产品样件

由于应用逆向工程技术制作出的样品比二维效果图更加直观，比工作站中的三维图像更加真实，而且具有手工制作的模型所无可比拟的精度，因而在样件制作方面有比较大的优势。使生产方能够根据用户的需求及时改进产品，为产品的销售创造有利条件，同时避免了由于盲目生产可能造成的损失。此外，在工程投标中投标方常常被要求提供样品，为招标方直观全面地进行评价提供依据，该技术可为中标创造有利条件。

5. 实现模具快速制造

以快速成形技术制作的实体模作模芯或模套，结合精铸、粉末烧结或电极研磨技术可以快速制造企业产品所需要的功能模具或工装设备。其制造周期一般为传统的数控切削方法的1/5～1/10，而成本仅为其 1/3～1/5，模具的几何复杂程度愈高，这种效益愈显著。

基于逆向工程技术的产品研发方法和技术因其独特优势，将为制造业带来一场全新的技术革命。逆向工程技术也必将会成为制造业流行的产品开发技术。逆向工程已成为联系新产品开发过程中各种先进技术的纽带，并成为消化、吸收先进技术，实现新产品快速开发的重要技术手段。其主要应用领域如下。

① 对产品外形美学有特别要求的领域，由于设计师习惯于依赖 3D 实物模型对产品设计进行评估，因此产品几何外形通常不是应用 CAD 软件直接设计的，而是首先制作全尺寸的木质或黏土模型或比例模型，然后利用逆向工程技术重建产品数字化模型。

② 当设计须经实验才能定型的工件模型时，通常采用逆向工程的方法，例如航天航空、汽车等领域。为了满足产品对空气动力学等的要求，须进行风洞等实验建立符合要求的产品模型。此类产品通常是由复杂的自由曲面拼接而成的，最终借助逆向工程，转换为产品的三维 CAD 模型及其模具。

③ 在模具行业常需反复修改原始设计的模具型面。将实物通过数据测量与处理产生与实际相符的产品数字化模型，对模型修改后再进行加工，将显著提高生产效率。因此，逆向工程在改型设计方面可发挥正向设计不可替代的作用。

④ 逆向工程也广泛用于修复破损的文物、艺术品或缺乏供应的损坏零件等。

⑤ 借助于工业 CT 技术，逆向工程不仅可以产生物体的外部形状，而且可以快速发现、定位物体的内部缺陷。

12.1.3 逆向工程的关键技术

1. 逆向工程的测量技术

要实施逆向工程，首先就要提取对象表面的三维信息，其实质即对被测实体轮廓信息进行数字化。产品表面数字化，指通过特定的测量设备和测量方法，将物体的表面形状转换成离散的几何点坐标数据，在此基础上，可以进行复杂曲面的建模、评价、改进和制造。因而，高效、高精度地实现样件表面的数据采集，是逆向工程实现的基础和关键技术之一。获取数据的质量好坏直接影响到对被测实体进行描述的准确、完整程度。进而影响到重构的 CAD 曲面、实体模型的质量，并最终影响到制造出来的产品，是否能够真实地反映原始实体模型。

目前逆向工程中获取数据的方法主要有接触式测量和非接触式测量两类。

非接触式测量技术多采用深度映像技术和多传感器技术，并结合非线性求解及其他方法。非接触式测量技术大多基于计算机视觉原理，需要结合摄像机拍摄的图像和目标与摄像头的位置关系，根据是向目标投射光以主动成像，还是不使用附加光源直接拍摄目标图像，这类方法又分为主动式和被动式两类。主动视觉的典型方法包括结构光法和编码光法；被动视觉则使用单目、双目和多目视觉方法，根据在不同的位置架设的单个、两个或多个相机拍摄目标物体，然后使用 Shape from X 方法或者多相机图像中的对应点视差来获得目标深度。非接触式测量技术的其他方法还有从光栅相位调制获得深度的 Moire 技术，从时间、相位或波束频率获得距离信息的雷达声呐测距法，从光相位调制获得深度的全息干涉技术，从清晰/模糊获得深度的透镜聚焦方法，获取结构信息的自动断层扫描技术等。非接触式获取方法的优点在于扫描速度快，适于软组织物体表面形态的研究，主要缺点在于受物体表面反射特性的影响，存在遮挡现象。以下介绍几种主要的非接触式测量技术。

（1）结构光法

结构光方法的基本思想是使用结构光投影的几何信息求得景物的深度信息。它是一种既利用图像又利用可控光源的测距技术。用具有特殊结构形状的光源投射到待测物体上，形成光条纹，再由相机拍摄被测物体，根据光源与相机的相对位置，按照计算机视觉的理论，由光条纹的形状可以计算出被照射点的三维坐标，这种方法又称光条法。结构光图像中物体表面的光亮条越密，所得数据的分辨率越高。因此目前的结构光光源多采用激光，由于激光器可以生成较薄的光平面，因而具有较高的分辨率。该方法是 20 世纪 70 年代初由 Will 和 Pennington 首先提出的。随后，Popplestone、Agin 和 Binford 等人采用光条提取物体表面三维信息。20 世纪 80 年代初，Potmesil、Tio 和 Mc Pherson 等人分别采用激光或白光作为投影光源形成点、线或光栅的投影，通过三角法得到物体的三维形体。80 年代中后期，该方法在物与像的标定上有了较大的进步。最近几十年，由于新型半导体激光器和新型光电检测元件（如 CDD 和 PSD）的不断发展和完善，使得结构光三维信息获取系统在小型化和高精度及高速度化等方面均有了长足的进展。目前，对该方法的研究主要集中在精度的提高上。

已经有相当多的三维扫描仪产品是基于此原理开发的。如 Dimension-3D 系列 Scan Station，Geometrix 公司的 3Scan，3DScanner 公司的 Reversa 系列产品，还有 Polhemus 公司的 Fast SCAN 等。

（2）编码光法和莫尔干涉条纹法

1987 年，Boyer 和 Kak 提出了编码光方法，其原理是通过时间、空间、彩色编码的光源帮助确定物体表面的空间位置。光线通过一光栅投射到景物表面，其反射光回到光栅处与新的发射光产生干涉，在接收器上出现莫尔条纹，即莫尔条纹是两束光在传播路径中发生干涉在物体表面的黑白相间等距线，对等距线图像进行梯度运算，由此可以计算出距离。如 GOM 公司的 ATOS 系列产品，将一系列的多个不同空间密度的光栅投影到物体表面，形成一块待测区域，用数码摄像机获取物体形状（光栅变形）信息。

（3）立体视差法

立体视差法是被动式方法的代表，根据三角测量原理，利用对应点的视差可以计算视野范围内的立体信息，用于双目和多目视觉。这种方法模拟人的视觉方式，以两部位于不同位置的相机对同一目标拍摄两幅图像，得到一组“像对”。对于目标上的一个采样点，它在两幅图像上都成像，根据它在两幅图像中的像点和相机位置，可以引出两条“视线”，计算它们的交汇点坐标，就是采样点的空间坐标。人类视觉系统对于深度的感知就基于这一原理。

（4）脉冲测距法

这一类方法由测距器主动向被测物体表面发射探测信号，信号遇到物体表面反射回来，依据信号的飞行时间或相位变化，可以推算出信号飞行距离，从而得到物体表面的空间位置信息。通常用激光或超声波作为探测脉冲。基于这一原理的激光干涉仪，精度可达光波长量级。但它需要在物体上放置专门的反射体，即属于有导轨测量，其应用范围受到很大限制，不能用于三维扫描。对于无导轨测量，目前基于这种技术，不少公司开发出了用于较大尺度的测距场合（如战场、建筑工地等）的产品。但对于小尺度场合的物体扫描，这类方法最大的困难在于探测信号和时间的精确测量，时间上一个很小的误差，乘上光速，得到的距离误差就很大。通常采用经过调制的激光，根据反射的调制波的相位变化来推算距离。Leica公司、Acuity公司推出了采用激光或红外线的测距仪，精度在毫米级，Senix公司则开发了超声测距仪。这种方法一般每次测量物体表面一个点，配合机械装置的扫描运动，完成对整个表面的扫描测量。这种方法不涉及图像处理问题，且受遮挡的影响小，但对装置中的脉冲探测和时间测量设备精度要求高，扫描速度慢。

（5）运动序列图像法

其基本思想是依靠物体或摄像机运动，得到多帧序列图像，通过对此图像序列中特定目标的数学分析和三维运动参数的计算，可从中获得物体的三维信息。一般选为图像序列分析的目标有点、线、实体轮廓和光流。早期基本上以单视点影像作为研究对象，对运动的分析存在非线性、相对性和解的不稳定性问题，为了解决这些问题，出现了双视点和多视点的运动恢复方法，但这又引入了立体像对中两幅图像之间立体匹配的问题。从图像中物体的轮廓能估计轮廓所围表面的方向。能在图像中产生轮廓线的基本方式有四种：

① 物体离观察者距离的不连续性；

② 表面朝向的不连续性；

③ 表面反射率的变化；

④ 阴影、光源强光部一类照明效应。

利用轮廓信息，可以在一定程度上恢复物体表面的三维信息。

（6）逐层切片恢复形体方法

这种方法将所测物体逐层切片（一层一层地磨掉或切削掉），获得每一层的二维图像，然后利用所有的图像层信息恢复所测三维形体。该方法可同时获得物体表面和内腔的立体信息，特别适合于具有复杂内部结构零件的三维测量，例如，美国CGI公司的自动断层扫描仪CASS的扫描精度可达0.25mm，最大可测尺寸为300mm×260mm×200mm。但是，它是一种破坏性的处理过程，测量结束后工件原型被完全破坏，很多情形不宜采用。

（7）三维重建的CT方法和核磁共振方法

利用X射线、γ射线、超声波等获得多个投影，根据投影与Fourier变换之间的关系，可以重建人体内部器官的三维结构。CT的成像过程，是以高能量、高穿透力的X射线入射并“穿透”人体受检部位的组织器官后，借不同组织器官的电子密度的差异，使入射X射线的能量强度由于被吸收而发生的相应的衰减所产生的线性变化规律X射线线性衰减系数，作为成像参数。该方法是诊断辐射学的一次革命。它在非医学领域也得到了应用，包括射电天文学、电子显微镜图形学等。核磁共振仪是利用核磁共振原理NMR（Nuclear Magnetic Resonance）制成的医疗现代化图像仪器。其基本原理是将受检物体置于强磁场中，某些质子（例如人体内的氢质子）磁距沿磁场方向排列，并以一定的频率围绕磁场方向运动；在此基础上使用与质子进动频率相同的射频脉冲激发质子磁矩，使其发生能级转换；在质子弛豫的过程中，释放能量并产生信号。核磁共振成像是利用接收线圈获取上述信号后经放大器放大，并输入计算机进行图像重建，从而获得我们所需要的核磁共振图像。核磁共振成像是20世纪80年代以来广泛应用于临床的图像诊断新技术，其优点是可以在人体内部的纵剖面内成像，而CT机只能在横剖面内成像，从而弥补了CT机的不足。

接触式测量技术的基本原理是使用连接在测量装置上的测头（或称探针）直接接触被测点，根据测量装置的空间几何结构得到测头的坐标。典型的接触式三维扫描设备包括三坐标测量机和随动式三维扫描仪。

（1）三坐标测量机

三坐标测量机（Coordinate Measure Machine，CMM）是将一个探针装在三自由度（或更多自由度）的伺服装置上，驱动探针沿上下、左右、前后三个方向移动，当探针碰到物体表面时，分别测量其在三个方向的位移，就可以知道这一点的三维坐标。控制探针在物体表面移动、触碰，可以完成整个表面的三维测量。其优点是量测精度高，目前在工业生产领域仍然被相当广泛地使用。其缺点也是很明显的：价格昂贵，速度较慢，无法得到色彩信息。这种装置虽然也是通过探针在物体表面扫描来工作，但更适合作为纯粹的测量仪器。

（2）随动式三维扫描仪

随动式三维扫描仪是近年来出现的应用传感器技术的新型接触式测量工具，由人牵引着装有探针的机械臂在物体表面滑动扫描。机械臂的关节上装有角度传感器，可以实时测量关节的转动角度，根据臂长和各关节的转动角度计算出探针的三维坐标。其特点在于操作方便、精度高、成本低廉且不受物体表面反射情况的影响。

FARO 公司生产的基于机械臂原理的三维激光扫描产品主要包括 Gold 系列、Silver 系列、Sterling 系列。其产品轻巧方便，测量范围大。Sterling 4 型可测量范围达 1.2m，但整个装置只有 5kg，最大的 Gold 12 型测量范围为 3.7m，重量也只有 14kg，便于搬运，特别适用于安装现场、野外的三维测量需要。机械臂采用航空铝合金制造，加上其独特的精密轴承装配专利技术和先进的结构设计，使其具有很高的精度和可靠性，测量直径 3.5m 的物体误差控制在 0.084mm 左右。装置能监视环境温度的变化，并做出自动的温度补偿，保证测量精度。FARO 的产品主要面向工业领域，多被用做三维测量设备。

Cyberware 公司生产的 Cyberware 激光扫描设备基于计算机视觉原理获取物体表面三维信息，这是当今三维扫描仪的主流技术，Cyberware 公司在这方面可称为先驱。它以其独特的激光-视频技术，生产了一系列三维扫描仪，应用领域包括影视特技制作、工业产品设计、医学、服装等行业，在许多影片的计算机三维特技制作中扮演了重要角色。Cyberware 的代表产品为 3030 系列，其适用范围宽，价格适中，性能好，除其中的 30308 外，其余都可以进行彩色扫描。一套完整的扫描装置由测量单元、扫描平台、主机和相应的软件构成。测量单元采用低功率激光、CCD 摄像机，扫描速率可达 1.4 万点/秒。对于彩色扫描型，还有专门的色彩传感器以实现彩色扫描。3030RGB 型扫描物体尺寸在 30cm 左右，深度方向测量精度为 100～400μm（依赖于物体表面的反射情况），测量单元重 23kg，主机为 SGI 工作站。扫描方式分两种，一种是以伺服装置带动物体运动（旋转或平移），完成扫描；而对于“活体”或大件物品，也可以采用被扫描物体静止，测量单元扫描运动的方式。这两种方式各有相应的扫描平台，一般几十秒就可以完成一次扫描。

Cyberware 提供了配套的软件，可以选择扫描参数，以控制扫描运动，完成有关的计算和处理。软件还提供对扫描结果进行三维显示、比例缩放、旋转的功能，用户可以直观地查看扫描结果。软件提供了修改界面的功能，可以修正扫描结果中一些错误的数据，还可以按照虚拟制造、快速成形的要求重整数据，最终的输出结果支持 20 多种数据格式，包括 DXF、SCR、PLY、OBJ、ASCII、VRML、3DS、STL 等。

3D Scanners 公司的技术特色在于采用了“扫描单元-多自由度扫描伺服装置”的模式，以相机、激光器构成一体化的扫描单元（扫描头），安装于可以多自由度运动扫描、可精确定位的伺服装置上。以多个方位的扫描有效地克服了由于物体形状复杂而造成的遮挡问题。其次采用分区扫描策略，每次扫描较小的范围，通过拼合形成最终结果，降低了绝对误差。由于其精湛的制造工艺，使产品成为该领域的佼佼者。

3D Scanners 公司采用的三维处理软件是 RISCAN 操作软件，它提供多种扫描方式控制以及数据格式转化、三维显示、比例缩放、等高线显示、指定点坐标显示等功能。提供修整界面，可以进行内插、均值、毛刺清除、空缺填补、高度范围限制等。主机采用 PC 及 Windows 操作系统。扫描所得的三维数据能直接转化成一些标准格式，如 DXF、STL、ASCII 等，直接应用于产品测量、设计开发、模具制造、珠宝设计、快速制造、影视特技制作、制陶、制鞋及医学。

德国 GOM 公司的 ATOS 便携式三维扫描仪在测量时可随意绕着被测物体移动，在距被测物体约 700mm 处高速摄取实物表面数据。扫描系统可连续投影 11 种不同间距的光带于物体上，通过光带间距的变化，再经过数码影像处理器分析，在数秒内便可得到实物表面数据，实现三维扫描高速化，对于大型物体须分块扫描，为了减少扫描照片的拼接误差，利用一台 XL 数码相机，使若干不同位置扫描的曲面能按特征点自动拼接，形成一个完整的三维数字模型。该系统的测量（扫描）范围可达 8m×8m，曲面拼接精度达到 0.1mm/m。这种扫描系统的扫描不用编程，不受场地和实物、检具等位置的限制，操作方便，由于重量较轻、体积较小，可实现异地测量。ATOS 扫描仪不但可以用于尖角、凹槽、复杂轮廓及软质件的测量，而且可用于汽车、摩托车外饰件的造型和大型模具的制造。

2. 数据预处理技术

对得到的测量数据在 CAD 模型重构以前，应对点云进行一些必要的处理，为曲面重构过程做好准备，即点云预处理。主要包括散乱点排序、多视拼合、误差剔除、数据光顺、数据精简、特征提取和数据分块这几个方面。主要介绍如下几个方面。

（1）多视数据拼合

无论是何种数字测量方法，希望通过一次测量完成整个待测件的数字化是很困难的。

通常的做法是对待测件重新定位，以不同基准获取试件不同方位的表面信息，这样就获得多视数据。多视拼合的过程，就是将多视数据变换到同一坐标系中，然后对两数据块的重叠区域数据进行融合，从而形成被测对象的整体完整数据描述。

对同一物体的多视点云拼合，一直有两种处理方法：

① 对点进行处理，即直接对点云进行拼合，再重构出原型；

② 对各视图进行局部构造几何形体，最后拼合这些几何形体。

基于点拼合的最大优点是能对物体所求得的各个面有总体上的了解和把握，能获得拓扑上一致的数据结构，尽管该数据结构可能是庞大的，但这种一致性是基于面的拼合难以达到的。目前，多视数据间重叠数据如何有效及合理融合是逆向工程中的难点之一。

（2）特征提取

特征提取主要是从测量数据中提取出便于生成特征曲线和特征曲面的特征点。特征主要是指对曲面建模有关键影响的一些局部曲面或曲线，它们对重构模型的品质有着举足轻重的作用。测量数据在经过滤波、精简等处理后，接下来就要提取线特征。特征提取是滤波的一种，方法主要是根据给定的曲率变化梯度门限，推断和寻找点云中的边界、棱边、坑孔等突变特征，用于后续建模时的区域划分。其方法有弦偏差法、角偏差法。

（3）数据分块

逆向工程中，反求对象的复杂表面通常包括多个不同类型的表面片，整体曲面的拟合往往较难以实现，通常采用分片曲面的拼接来形成整块曲面。数据分割就是根据组成实物外形曲面的子曲面类型，将属于同一个子曲面类型的数据分成一组。将全部数据划分成代表不同曲面类型的数据域，在后续的曲面模型重建时，先分别拟合单个曲面片，再通过曲面的过渡、相交、裁剪、倒圆等手段，将多个曲面“缝合”成一个整体，即模型重建。

3. 曲面重构技术

根据曲面的数据采集信息来恢复原始曲面的几何模型，称为曲面重构，是实现逆向工程的重要环节。通过建模可以由离散的测量数据重构连续变化的曲面。根据曲面重构方法的不同，分为如下两种。

（1）基于曲线的曲面重建方法

基于曲线的曲面重建方法的原理是在数据分割的基础上，首先由测量点插值或拟合出组成曲面的网格样条曲线，再利用 CAD/CAM/RE 系统提供的放样、混合、扫掠和四边界曲面等曲面重构功能进行曲面模型重建，最后通过延伸、求交、过渡、裁剪等操作，将各曲面片光滑拼接或缝合成整体的复合曲面模型。这种方法实际上是通过组成曲面的网格曲线来构造曲面，是原设计的模拟，对规则形状物体是一种有效的模型重构方法。

（2）基于测量点的直接拟合方法

该方法的原理是：直接建立满足对数据点的插值或拟合曲面，包括曲面插值与曲面逼近。前者为构造一个曲面顺序通过一组有序的数据点集，后者为构造一个曲面使之在某种意义下最为接近给定的数据点集。基于测量点的曲面重建方法可以分为基于四边域的参数曲面重建和基于三边域的曲面重建。

12.1.4　逆向工程软件

逆向工程软件功能通常集中处理和优化密集的扫描点云以生成更规则的结果点云，通过规则的点云可以应用于快速成形，也可以根据这些规则的点云构建出最终的 NURBS 曲面以输入 CAD 软件进行后续的结构和功能设计工作。目前四大逆向工程软件为 Imageware、Geomagic Studio、CopyCAD、RapidForm。另外，很多流行的商品化 CAD/CAM 软件也相继提供了曲面重建模块以满足逆向工程的需要，如 Siemens NX 软件中的 PointCloud 模块、美国 PTC 公司 Pro/E 软件中的 Pro/Scantods 模块、以色列 CIMATRON 公司 Cimatron 软件中的 ReEnge 模块等。

1. Pro/E 软件

逆向工程的系统组成主要由 3 部分组成：产品实体外形的数字化、CAD 模型的重建、产品样本和模具制造，在逆向工程产品设计过程中，实物的 CAD 模型重建是逆向工程的关键部分，而 PTC 公司的 Pro/E 是在机械设计领域被广泛应用的三维自动化模型设计软件，具有强大的数据建模功能。Pro/E 软件具有参数化、基于特征、全相关等特点。其曲面造型集中在 Pro/Surface 模块，主要用于构造产品曲面模型和实体模型。重新造型和 Pro/Scantods 是 Pro/E 的逆向造型模块，可以让用户通过扫描数据建立曲面，并维持曲面和 Pro/E 的所有其他模块的关联性，还可以重新定义输入的曲面。通过基于 Pro/E 的逆向工程技术，把实际设计中的问题解决在产品设计过程中，通过软件工具、分析工具使产品质量、速度得到保证。

Pro/E 软件具有参数化、基于特征、全相关等特点。其曲面造型集中在 Pro/Surface 模块，主要用于构造表面模型、实体模型，并且可以在实体上生成任意凹下凸起物等，并将特殊的曲面造型作为一种特征并入特征库中。可以让用户通过扫描数据建立曲面，并维持曲面和 Pro/E 的所有其他模块的关联性，还可以重新定义输入的曲面。它提供了以下主要工具。

① 重新造型：根据输入的外部点云数据或特征曲线，重新创建模型的曲线和曲面特征。

② 独立几何：包括所有创建或输入扫描工具中的几何和参照数据，捕捉特征线和特征曲面。

③ 使用外部参照：使用图像作为曲线参照来构建曲面，在 Pro/E 中通过捕捉图片上面的关键位置的点线，重建这个模型或者以此为参考创建另一个模型，此流程通常用于工业设计、逆向工程造型设计方面。

④ 跟踪草绘：三种常见的图片使用情况为单张图片、多张图片和图片贴于模型上；三维参考模型导入 Pro/E，直接参考相关几何进行设计，是逆向工程的一个方式。

⑤ 小平面建模：小平面建模是 Pro/E 逆向工程中的一种数据处理模式。输入通过扫描对象获得的点集，纠正由所用扫描设备的局限性而导致的点集几何中的错误，创建包络特征。

2. Geomagic Studio 软件

Geomagic Studio 是 Geomagic 公司产品的一款逆向软件，可根据任何实物零部件通过扫描点云自动生成准确的数字模型。作为自动化逆向工程软件，Geomagic Studio 还为新兴应用提供了理想的选择，如定制设备大批量生产、即定即造的生产模式以及原始零部件的自动重造。Geomagic Studio 可以为 CAD、CAE 和 CAM 工具提供完美补充，它可以输出行业标准格式，包括 STL、IGES、STEP 和 CAD 等文件格式。

该软件主要包括 Geomagic Capture、Geomagic Wrap、Geomagic Shape 三个模块。主要功能包括：自动将点云数据转换为多边形（Polygons）、快速减少多边形数目（Decimate）、把多边形转换为 NURBS 曲面、曲面分析（公差分析等）、输出与 CAD/CAM/CAE 匹配的文件格式（IGS，STL，DXF 等）。

Geomagic Studio 完整的操作流程如下：

① 从点云中重建出三角网格曲面。

② 对三角网格进行曲面编辑处理。

③ 模型分割，参数化分片处理。

④ 栅格化并 NURBS 拟合成 CAD 模型。

3. Imageware 软件

Imageware 由美国 EDS 公司出品，后被德国 Siemens PLM Software 所收购，现在并入旗下的 NX 产品线，是很著名的逆向工程软件，Imageware 因其强大的点云处理能力、曲面编辑能力和 A 级曲面的构建能力而被广泛应用于汽车、航空、航天、消费家电、模具、计算机零部件等设计与制造领域。

Imageware 软件的操作流程如下。

（1）点过程

读入点阵数据。可以接收几乎所有的三坐标测量数据，同时还可以接收其他格式如 STL、VDA 等。将分离的点阵对齐在一起。有时候由于零件形状复杂，一次扫描无法获得全部的数据，或零件较大无法一次扫描完成，这就需要移动或旋转零件，这样会得到很多单独的点阵。

可以利用诸如圆柱面、球面、平面等特殊的点信息将点阵准确对齐。

对点阵进行判断，去除噪声点，即测量误差点。由于测量工具及测量方式的限制，有时会出现一些噪声点，有很多工具来对点阵进行判断，去掉噪声点，以保证结果的准确性。

（2）曲线创造过程

判断和决定生成哪种类型的曲线。曲线可以是精确通过点阵的，也可以是很光顺地捕捉点阵代表的曲线主要形状，或介于两者之间。

创建曲线。根据需要创建曲线，可以改变控制点的数目来调整曲线。控制点增多则形状吻合度好，控制点减少则曲线较为光顺。

诊断和修改曲线。可以通过曲线的曲率来判断曲线的光顺性，可以检查曲线与点阵的吻合性，还可以改变曲线与其他曲线的连续性连接、相切、曲率连续。

（3）曲面创建过程

决定生成哪种曲面。同曲线一样，可以考虑生成更准确的曲面、更光顺的曲面（例如class、1曲面），或两者兼顾。根据产品设计需要来决定。

创建曲面。创建曲面的方法很多，可以用点阵直接生成曲面，可以用曲线通过蒙皮、扫掠、四个边界线等方法生成曲面，也可以结合点阵和曲线的信息来创建曲面。还可以通过其他例如圆角、过桥面等生成曲面。

诊断和修改曲面。比较曲面与点阵的吻合程度，检查曲面的光顺性及与其他曲面的连续性，同时可以进行修改，例如可以让曲面与点阵对齐，可以调整曲面的控制点让曲面更光顺，或对曲面进行重构等处理。

4. RapidForm软件

RapidForm是韩国INUS公司出品的全球四大逆向工程软件之一，RapidForm提供了新一代运算模式，可实时将点云数据运算出无接缝的多边形曲面，使它成为3D Scan后处理的最佳化的接口。它主要用于处理测量、扫描数据的曲面建模以及基于CT数据的医疗图像建模，还可以完成艺术品的测量建模以及高级图形生成。RapidForm提供一整套模型分割、曲面生成、曲面检测的工具，用户可以方便地利用以前构造的曲线网格经过缩放处理后应用到新的模型重构过程中。

5. CopyCAD软件

CopyCAD是由英国DELCAM公司出品的功能强大的逆向工程系统软件，它能允许从已存在的零件或实体模型中产生三维CAD模型。CopyCAD是专业化逆向/正向混合设计CAD系统，采用Tribrid Modelling三角形、曲面和实体三合一混合造型技术，集三种造型方式为一体，创造性地引入了逆向/正向混合设计的理念，成功地解决了传统逆向工程中不同系统相互切换、烦琐耗时等问题，为工程人员提供了人性化的创新设计工具，从而使得“逆向重构+分析检验+外形修饰+创新设计”在同一系统下完成。CopyCAD为各个领域的逆向/正向设计提供了高速、高效的解决方案。

12.1.5　汽车逆向工程应用

1. 传统车身设计方法

汽车车身是汽车结构中与底盘和发动机并列的三大部分之一，其开发和生产周期最长，图纸及工艺准备的工作量最大，并且还经常要换型、改型，不像底盘和发动机那样容易做到系列化、通用化。

车身覆盖件多为尺寸大而形状复杂的空间曲面，这些空间曲面无法用一般的机械制图方法完整地表现出来，因而不得不建立三维模型作为依据。为了使这些图纸和模型能够确切地表现出车身的形状和结构，需要通过一套复杂的设计程序来完成。

传统的车身设计方法的过程可用图 12-3 来表示。传统设计方法常常无法保证车身的外形精度，其主要原因在于设计和生成准备的各个环节之间信息传递是一种“移形”，例如由主图板制作主模型，由主模型进行加工工艺补充，制造工艺模型，由凸的工艺模型翻成凹的工艺模型，再由工艺模型反靠加工冲模，原始数据经过这些环节的转换，各种人为的误差就在所难免，导致加工出的冲模精度无法保证，只有靠下一步的手工研配来解决。

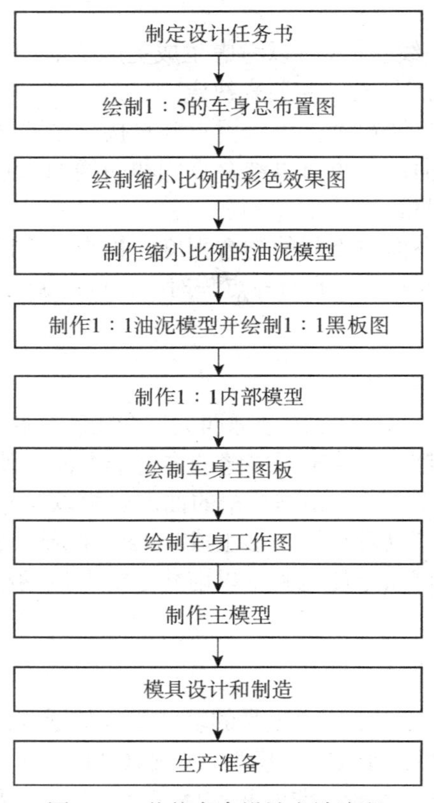

图 12-3　传统车身设计方法流程

传统的车身设计及开发需要美工人员、工程技术人员及其工人通力合作，如生产准备中的工艺设计，冲模制造、研配和调试都将耗费大量的劳动和时间。

2. 现代车身设计方法

随着 CAD 技术、现代测量技术的发展及其在车身设计中的应用的不断加强，传统的车身设计方法也在经历着数字化、信息化的技术提升，现代车身设计方法正是在这种技术背景下产生的。通常，现代车身设计方法的流程图如图 12-4 所示。现代车身设计中大量采用计算机辅助车身设计，在计算机辅助车身设计流程中，通过反求工程将实物模型转换成 CAD 数模是实施车身具体设计和分析的基础。

① 通过反求工程才能使油泥模型能够准确地再现于车身设计和制造中，使设计师的创作理念能够完全地表现出来。

② 通过反求工程建立覆盖件的 CAD 数模，才能使对汽车覆盖件进行的各种 CAE 分析顺利地进行。

③ 在对油泥模型进行反求的过程中，利用反求软件中的分析功能，还可以将实物模型制造中的一些制作误差消除，使建立的 CAD 模型更为光顺。

④ 通过利用反求工程建立的车身数模，才能使车身覆盖件在制作中能够使用数控加工设备进行快速加工，并且使加工质量得到保证。

现代车身设计方法的优点主要表现在以下方面。

① 提高了设计精度。造型一旦完成，建立了车身外表面的数学模型并存入数据库，经计算机管理便可以多方共享，为生产准备、工装设计制造提供方便、详细、准确的原始依据，消除了中间数据的转换，使模具加工的精度大大提高，并可消除凸凹模之间的研配，使调试、修改的工作量大为减少。

② 提高了设计和加工效率，缩短了设计和制造周期。一方面表面数学模型可直接用来进行冲模设计，提高冲模设计的成功率，另一方面模具的制造可以通过直接引用 CAD 模型进行数控加工，从而大大提高了模具制造的效率。

③ 可以方便地将造型结果的 CAD 数学模型用于车身设计中的各种分析；建立了车身的 CAD 数学模型后，即可用于车身的强度、刚度有限元分析、车身覆盖件成形模拟和空气动力特性模拟，获得对整个车身设计的车身刚度、车身安全性、整车空气动力特性的初始评定，大大提高设计的可信度。有了这样一个基础，一般只需要试制一轮样车作为验证，产品即可定型。

④ 在原设计基础上改型和换型比较容易。应用反求工程的一个重要条件是做好前期规划。在利用反求工程设计一个产品之前，首先必须尽量理解实物模型的设计思想，在此基础上还可能要修复或克服实物模型上存在的缺陷。从某种意义上看，反求设计也是一个重新设计的过程。

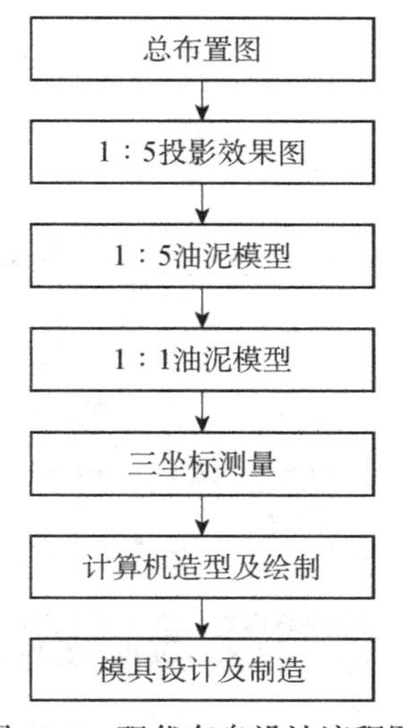

图 12-4　现代车身设计流程图

3. 某新款汽车逆向开发案例

汽车工业是国民经济的支柱产业之一，也是数字化设计与制造技术应用最为普遍的行业之一。与世界先进水平相比，我国汽车工业的技术水平还较低，新品开发时多以实物模型为主要依据。因此，逆向工程技术在汽车产品开发中具有重要作用。在汽车产品开发中，车身内外表面的逆向工程是造型设计和工程 CAD 设计的衔接，是汽车产品概念设计中的关键过程。某新款汽车开发的基本流程如下。

① 以市场调研为基础，确定新款汽车的开发目标，在对款式、外形、配置、结构装配、性能和价格等进行综合评价的基础上，以工业造型和艺术设计技术完成产品的创意设计，形成构思图（rendering sketch），创意效果图如图 12-5 所示。

图 12-5　某型汽车的创意设计

② 以创意设计为依据，如图 12-6 所示，按 1∶1 的比例或小比例制作专业线图（tape drawing），为油泥模型的制作做准备。

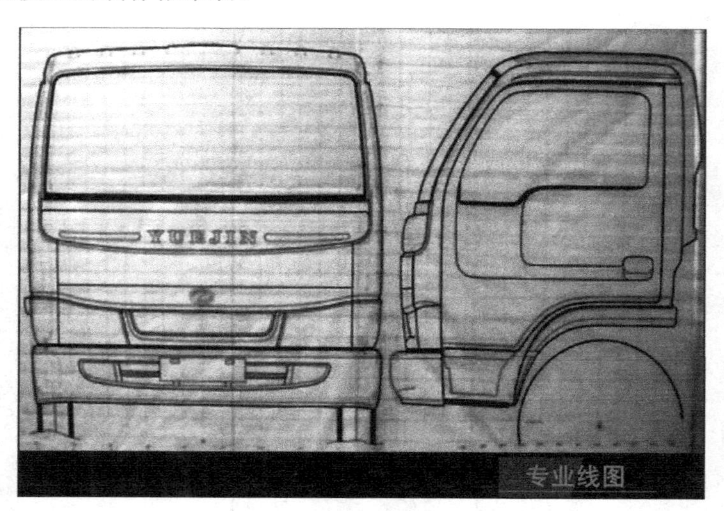

图 12-6　制作 1∶1 线图

③ 以专业线图为基础，制作出汽车的油泥模型，以便进一步对汽车的结构和性能进行评测，并根据评测结果修改完善油泥模型。油泥模型的制作是汽车设计开发中比较重要的环节，它给后阶段的三维测量、模具制作提供了具体数据。合格的油泥模型是对二维效果图的完美诠释，油泥模型的制作水平越高，越能体现设计师的创意。图 12-7 是油泥模型师根据效果图制作的 1∶1 油泥模型。

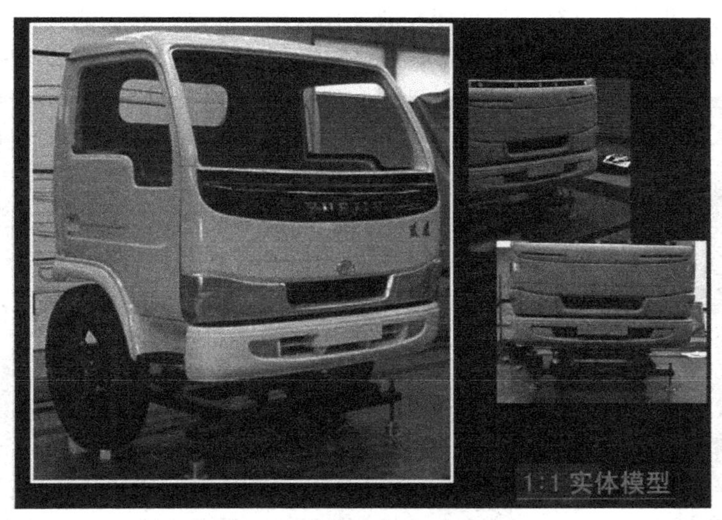

图 12-7　根据线图制作油泥模型

④ 采用逆向工程技术，利用坐标测量设备测出模型表面的点云数据，如图 12-8 所示，将油泥模型的坐标数据精确地输入计算机中。点云数据处理是逆向工程一项重要的技术环节，决定了后续 CAD 模型重建过程能否方便、准确地进行。点云数据采集完成后，需要进行数据处理，主要是消除及控制制造上存在的偏差，如左右对称性、前后扭曲和间隙不均匀等制造偏差。油泥模型点云数据处理是为了校对车身坐标，分析油泥模型的左右对称性，以利于后期 A 面建模的顺利进行。

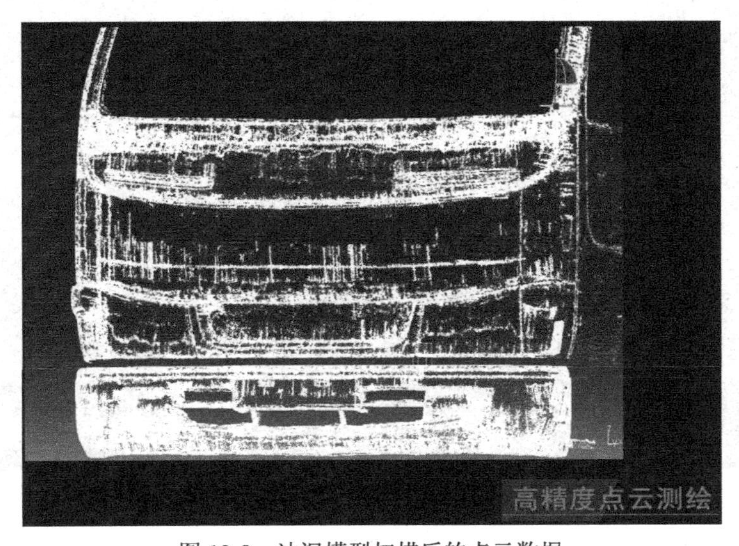

图 12-8　油泥模型扫描后的点云数据

随着美学和舒适性的要求日益提高，在整个汽车开发流程中，有一工程段称为 Class A Engineering，重点是确定曲面的品质可以符合 A 级曲面的要求。目前，国内大部分汽车厂家 A 级曲面的标准要求是，必须满足相邻曲面间间隙在 0.005mm 以下（有些汽车厂甚至要求到 0.001mm），切率改变（Tangency Change）在 0.02°以下，曲率改变（Curvature Change）在 0.05°以下。

⑤ 采用逆向工程软件进行模型重建和数字化装配，并进行相关的工程结构设计，建立零件数字化模型，如图 12-9 所示，最终形成完整的汽车数字化模型，如图 12-10 所示。

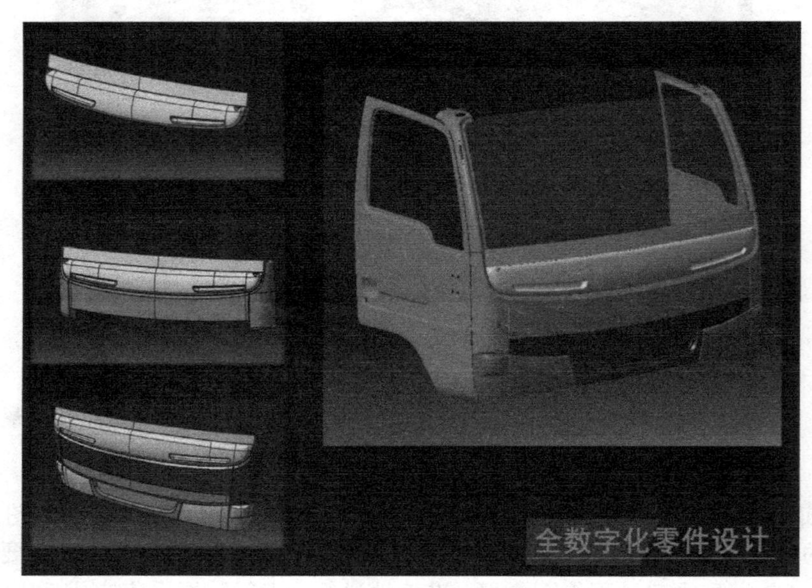

图 12-9　点云数据重构后的零件数字化模型

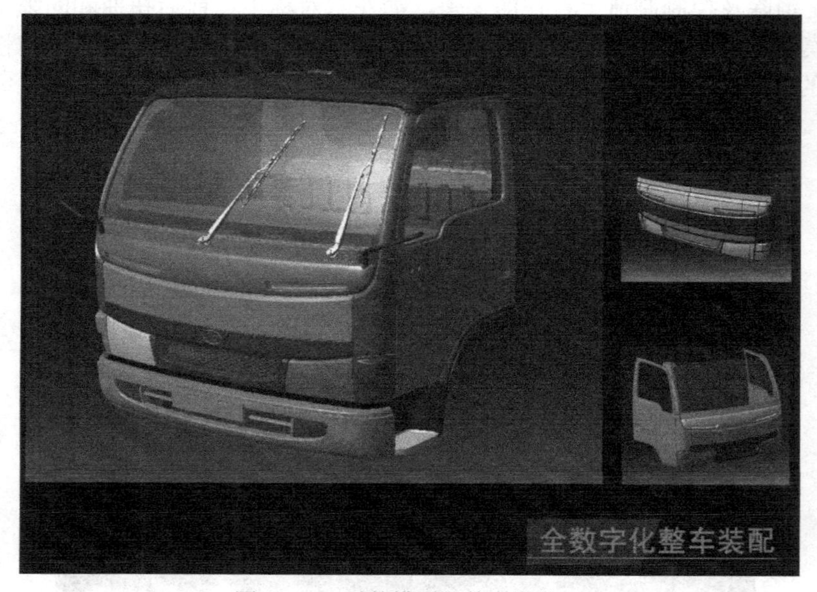

图 12-10　零件模型的数字化装配

⑥ 以数字化模型为基础，进行数控编程和数控加工，采用简易模具、快速原型制造等方

式制造样机（prototype），以验证工程设计的正确性，进行总成装配设计、干涉分析及数模调整。车身结构设计是一个复杂而庞大的工作，每个零件都是车身的组成部分，因此在设计完成时，需要进行总成装配设计、干涉分析，把发现的问题进行调整。

⑦ 根据样机试验结果，对产品设计进行必要的改进，进入批量化生产阶段，最终批量化生产的汽车如图 12-11 所示。

图 12-11　批量化生产的汽车产品

12.2　产品快速设计与制造集成系统

12.2.1　RE/RP 工艺流程

RE 在 RP 技术中的应用主要是借助于 CAD 系统将三维 CAD 模型转化成 STL 文件，通过反求得到的矢量化层片轮廓信息直接驱动 RP 设备逐层叠加而成三维实体原型，利用 RE 技术来重构产品的实体模型。基于 RE 的 RP 技术的工艺流程如图 12-12 所示。

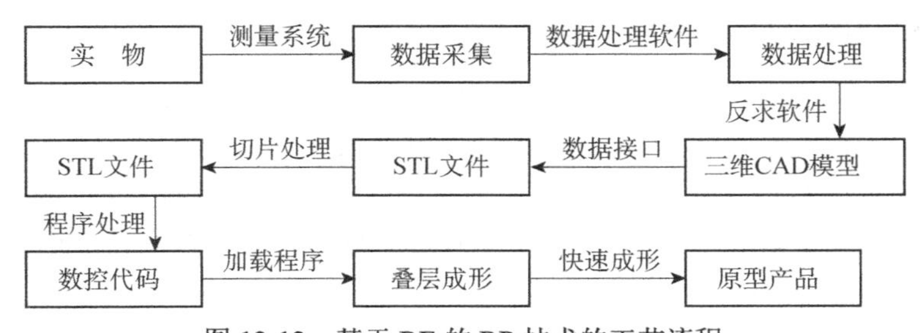

图 12-12　基于 RE 的 RP 技术的工艺流程

RE/RP 技术是产品快速设计与制造的核心技术，基于 RE/RP 技术的产品快速设计与制造，不仅实现了 CAD 与 CAM 的有机集成，而且实现了 CAD/CAM/CAE 和 RE/RP 之间的集成。数字化设计与制造、逆向工程、快速成形技术相结合而组成的快速反应集成设计制造方法，将成为新产品开发过程中新技术应用的主要发展方向。

12.2.2 系统的基本结构及功能

产品快速设计与制造系统是集工业设计、三维 CAD 技术、反求工程、结构设计与优化设计、工艺仿真、快速原型制造、快速模具制造和快速产品制造等为一体的一个集成设计与制造系统。产品快速设计的方法主要有两种——正向设计与逆向设计。正向设计与制造的主要流程是概念设计、三维 CAD 造型、快速原型、结构设计与优化、工艺分析、快速模具制造与快速产品制造。逆向设计与制造的主要流程是产品实体、反求工程、曲面拟合、三维 CAD 造型、快速原型、结构设计与优化、工艺分析、快速模具制造与快速产品制造。产品快速设计与制造系统基本结构如图 12-13 所示。产品快速设计与制造系统基本功能如下。

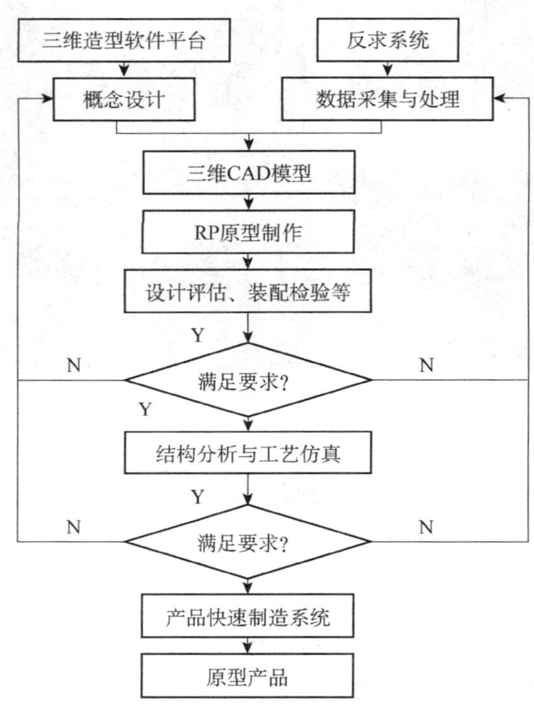

图 12-13 快速设计与制造系统的基本结构

1. 基于三维 CAD 软件的产品造型设计

三维 CAD 软件的三维造型、曲面设计、参数化驱动彻底改变了设计人员的设计习惯，使设计过程与最终产品紧密相关，大幅度地提高了设计速度和设计质量。同时三维 CAD 所包含的装配模拟及检验，以及外围的 CAE 和 CAM 等辅助功能让设计过程进入全新的境界，蕴含着强大的生命力。三维 CAD 产品主要包括 CATIA、Pro/E、UG NX、Solidworks、Inventor、Solid Edge、CAXA、Solid3000 等产品。

2. 基于反求工程的产品结构快速测绘

产品结构快速测绘是对现有的三维实体（样品或模型），采用先进的测量系统测得实物的轮廓的几何数据，并应用 CAD 软件加以建模、编辑和修改，生成三角面片文件格式的三维模型。通过对该模型的近似处理和切片处理，从而生成数控代码，加载数控程序到 RP 系统进行原型的叠层制造。反求工程中测量系统应用的主要方法有三坐标测量法、投影光栅法、激光三角形法、核磁共振法、CT 扫描或断层扫描法等。

3. 基于 CAE 的产品结构设计与分析

产品结构设计与分析是指应用计算机辅助设计（CAD）与计算机辅助工程（CAE）等先进手段进行产品或整机的结构、装配设计分析与仿真。常用的 CAE 软件有 ANSYS、Nastran、ADAMS 等系列。产品成形的工艺仿真软件主要有板料成形仿真软件 DYNAFORM、OPTRIS，注射成形仿真软件 MOLDFLOW 和体积成形仿真软件 DEFORM、FORGE 等。

4. 基于 RP 的产品实物样件快速制造

产品实物样件应用快速成形设备实现新产品的开发设计、快速评估、功能试验、样件快速制造以及仿真制作等。根据原料及成形技术的不同，快速成形设备主要有光固化立体造型设备、分层实体制造设备、选择性激光烧结设备、熔融沉积造型设备和三维印刷工艺设备等。

5. 基于 RT 的小批量产品快速定制

快速模具制造（RT）技术是融合新型材料应用、快速产品实物制造技术、快速翻制工艺以及数控加工等新技术、新工艺的新型技术。快速模具制造主要包括硅橡胶浇注法、金属喷涂法、树脂浇注法、熔模铸造法、电火花加工和陶瓷精密铸造法等。快速模具制造主要的设备有真空注塑设备、电加工成形设备和金属喷涂设备等。

12.2.3　产品快速设计与制造系统的构建

产品快速设计与制造系统通过产品数字化设计，产品的结构分析，成形工艺仿真，原型、模具及产品快速制造的集成，可以快速完成产品设计，并有效地确保所设计产品具有最优的结构和良好的工艺性，显著降低产品的开发试制周期和成本，从而取得显著的技术与经济效益。产品造型软件、结构分析软件和工艺仿真软件需要优越的计算机工作站支持，以满足其对图形处理及运算速度的要求。主要的计算机工作站有 IBM 公司的 M-Pro 工作站等。产品快速设计与制造集成系统的构建如图 12-14 所示。

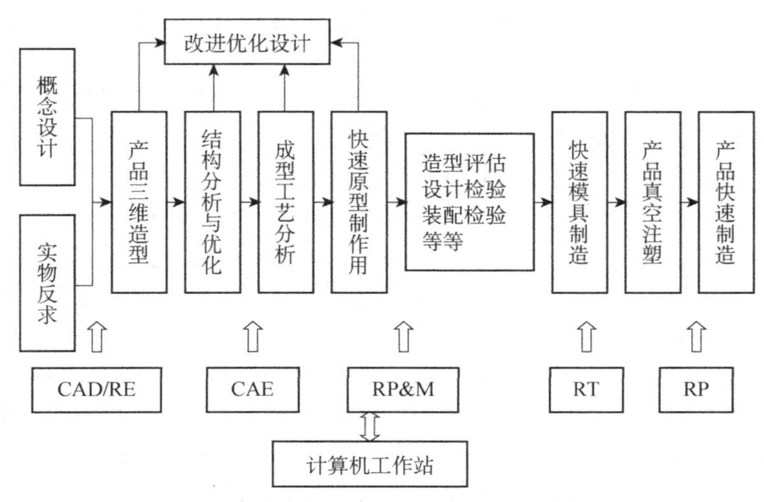

图 12-14　快速设计与制造系统的构建

12.3 摩托车车身快速开发实例

12.3.1 摩托车车身快速开发流程

以前传统的摩托车新产品开发基本以实物、样车（机）为开发平台，所有零件设计完成后，先制造出手工样件来进行试装配，根据样件试装的结果来判定设计缺陷，然后再回到前面的设计环节进行修改，如此循环往复。该过程中各设计功能小组之间是相互独立的，各自完成自己的工作，然后进行检验、修改，因此工作的反复性很大，设计周期较长，人力、物力、财力浪费严重。传统的摩托车开发模式已经很难适应技术的进步和发展的需求，而逆向工程技术的引入和应用可以很好地适应和满足目前的开发需要。目前摩托车整车设计过程主要以逆向工程为依托。流程中的每个环节基本都是一个开发节点，每完成一个环节都需要依据相应的标准进行评审、评价，合格后才可以进行下一个环节。下面对这些流程进行简单说明。

① 市场调研及相关信息收集。首先由企业销售营业部根据市场销售动态、产品的流行趋势、产品结构的调整要求等因素向技术研发部门提出新产品的开发需求，也可以由销售组织工业设计、结构设计等相关技术人员走访市场进行调研，了解竞争对手新产品开发情况和通过多种形式收集市场用户的需求信息，作为产品开发立项审批的依据。

② 分析竞品车型并确定新产品开发平台。为了使产品开发具有针对性，需要确立竞争目标，也就是详细分析竞争对手车型的情况，确定可以达到的超越对手的优势。同时确定新产品的开发平台，并尽可能详细地进行整车初步布局（如车架、发动机、空滤器、标准件的选用和布置）。

③ 创意及概念设计。由工业设计人员根据确立的新产品开发平台和相关需求信息用手绘或计算机草绘的线条形式勾勒出要开发产品的大概造型风格和轮廓，确定外观的造型方向。

④ 产品效果图设计。在创意及概念设计的基础上，结合确立的整车布局信息，工业设计人员通过专业的工业设计软件 Photoshop、Coreldraw 等在整车二维布局线框图的基础上从多个视图细化、完善产品的平面效果设计，效果图要比例适当，与整车布局协调，是后面油泥模型制作的重要依据。

⑤ 油泥模型制作。由专业的模型设计师在前面确立和提供的整车布局的车架上面依据效果图，结合摩托车装配与制造上的特点，通常按 1∶1 的比例进行油泥模型制作。油泥模型是将产品造型从平面效果转化为直观的立体实物效果的关键一步，要尽可能详细完整反映产品的造型特征和细节，其制作质量直接影响后续的曲面重构能否顺利进行。

⑥ 数字化采集模型表面数据。油泥模型表面一般采用三维光学扫描设备进行数据采集，车架等结构功能件可以用三坐标测量仪测量。通过扫描与测绘得到油泥模型的点云数据，这是曲面重构的参考和依据。

⑦ 数据处理。采集完的数据还不能直接用于曲面的重构，必须通过专业的逆向软件进行点云的精简、对齐、光滑、补漏、删除杂点、分块等操作，减少不必要的冗余点云，避免测绘缺陷，有利于提高软件的运行速度，减少占用空间和不必要的干扰，最重要的是将扫描的点云的坐标系和整车布局的坐标系对齐保持一致，保证曲面重构的顺利进行。

⑧ 三维逆向曲面设计。由曲面设计人员以处理好的点云数据为依据通过专业逆向设计软

件和三维 CAD 软件的配合进行逆向曲面设计，最终完成整车的曲面模型重构。

⑨ 三维结构设计。将设计合格的曲面模型通过偏置合适壁厚转化为实体模型，根据摩托车覆盖件和车架等结构件的相互装配关系进行卡、接、搭、插、扣、紧固等方式的结构设计。并时时进行动态、静态的干涉、运动、装配分析。

⑩ 3D 打印件制作及方案样车装配。除了在计算机内通过数字电子样车装配的形式验证设计的合理性外，通常情况下，在进行模具制作前将设计好的三维数据利用快速原型技术（比如激光烧结法和 NC 加工）来试制关键覆盖件，然后在车架样件上进行实物的装配验证，及时修改反馈的问题。这样就可以大大减少后期模具制作的风险。

⑪ 模具制作、样件试制、出二维工程图纸等。根据设计、验证好的三维数据进行模具的设计、制作以及转换出二维 CAD 图纸。

⑫ 其他后续处理。包括样车装配、相关测试匹配、问题整改、小批量试制、生产移交等环节，主要是为产品的批量上市生产进行的必要的技术测试和评审、整改，不再赘述。

从以上开发流程可以看出从数字化采集模型表面数据、数据处理、三曲面重构、产品三维结构设计到模具制作、样件试制这一段过程都是逆向工程设计的范畴，包括了逆向工程各个过程，从流程也可以说曲面重构是承接工业造型设计和后续工艺、结构、功能设计的纽带。

12.3.2　摩托车车身快速开发过程

就某企业新开发的某款骑士风格的 125 型摩托车为例，介绍摩托车车身快速开发过程。

1. 所采用的硬件、软件工具

数据测量设备使用的是德国 GOM 公司的非接触式扫描仪——ATOS Ⅱ光学扫描系统。本产品逆向设计主要采用 Imageware 12.0 和 UGNX 4.0 软件结合来完成。

2. 产品的前期设计情况

骑士风格的摩托车由于可以满足载重运输、休闲娱乐等不同层次的消费需求，一直是摩托车几大类别中产销量最大，适用范围比较广的一种车型。图 12-15 为新车型所借用的开发平台布局图，新车型基本借用了原相关车型的开发技术平台，即车架主体不变，只有和覆盖件的配合结构的局部变动，发动机和内部电器、空滤器等功能件布局基本不变，外观覆盖件包括车体、侧盖、油箱、坐垫、灯具、仪表、导流罩、挡泥板等，重新进行全新的造型风格设计和对应的结构设计。工业设计人员根据上述开发平台进行了创意和产品的初步概念设计，在造型风格得到确认前提下进行了全方位、各个视图的细节完善和补充，最终形成了新车型的平面效果图，如图 12-16 所示。模型设计师根据效果图在相关设计人员的配合下在提供的整车布局的基础上完成了油泥模型的制作，如图 12-17 所示。

3. 数据的扫描和处理

（1）数据的扫描

油泥模型制作完毕后就进入了数据采集阶段，数据采集使用 ATOS 光学扫描仪。数据扫描可以分为两个阶段，也就是两个功用，一是在油泥模型最终制作完成前进行粗略的预扫描，然后结合整车布局通过计算机分析模型和车架等结构功能件的间隙、干涉、结构设计的空间实现可能性等，然后再反馈到油泥模型的修改完善上，避免曲面重构阶段之后才发现结构无法实现的问题。二是油泥模型最终制作完成后的正式扫描，此次扫描是曲面重构的依据和参考，必须尽可能地把模型油泥模型的细节等扫描清楚。如图 12-18 所示就是本例产品扫描的最终制作完成的油泥模型的点云。其中图 12-18（a）是点云的三角网格化的显示模式，图 12-18（b）是点云的离散化的显示模式。

图 12-15　开发平台布局图

图 12-16　新车型的平面效果图

图 12-17　新车型的油泥模型

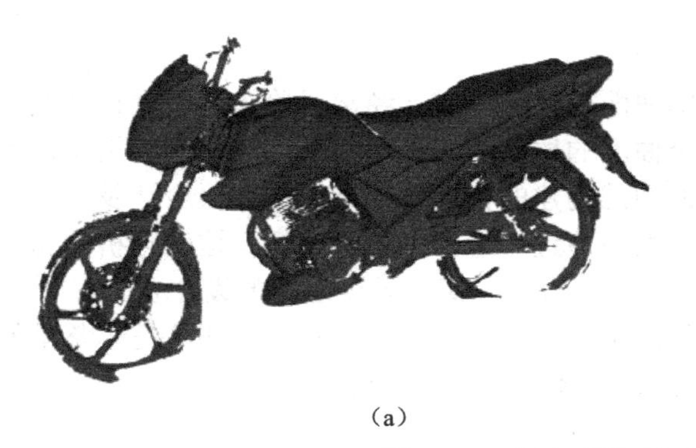

（a）　　　　　　　　　　　　　　　　　（b）

图 12-18　新车型的油泥模型的扫描点云

（2）数据处理

由于直接扫描出的是大量的点云数据，在曲面重构前还要必须对点云数据进行必要的处理。这些处理包括：

① 精简（删除杂点、跳点等）、平滑（过滤）点云数据，得到精确的数据，减少点云占用内存消耗，突出点云特征便于提取；

② 多视点云的拼合,为突出细节特征在扫描过程进行的单独的细节扫描形成的局部点云数据和整车点云的拼合、对齐；

③ 点云的分块,一是主要根据摩托车的表面覆盖件的不同零件来进行分块，可以分为坐垫点云、油箱点云、车体点云、仪表点云等，二是对单个的零件点云根据曲面重构的需要并依据曲率、特征的细节进行的分块；

④ 坐标系的对正，即把点云数据和整车布局的坐标系进行统一；

⑤ 数据格式的转换，把点云数据转换成一般逆向和三维 CAD 软件都可以接受的格式，如 STL、ASC、IGES 等通用格式。

进行必要处理过的点云数据就可以进行下面的曲面重构阶段了。

4. 产品的曲面重构过程

侧盖是摩托车一个重要的车体覆盖件，是摩托车造型风格的主要展示部位之一。构建侧盖的曲面过程如下：首先如图 12-19（a）所示，进行侧盖点云数据的分块，然后如图 12-19（b）所示，构建基础前面和特征线。最后进行曲面模型边界的裁剪和修饰得到如图 12-19（c）所示的侧盖的最终曲面模型。

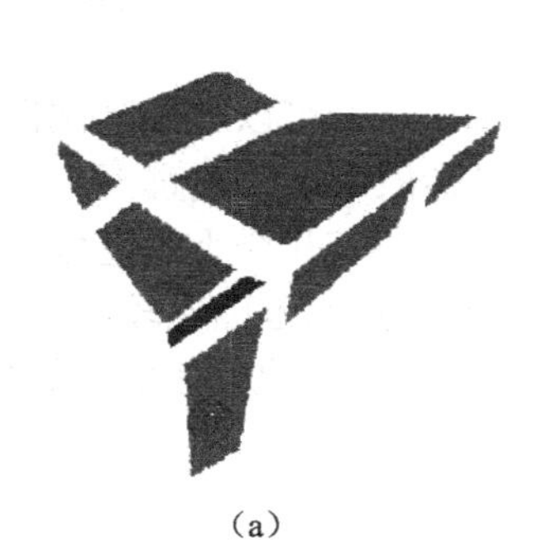

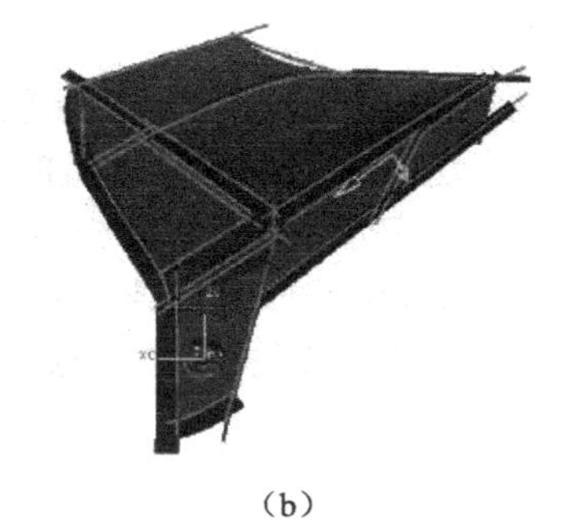

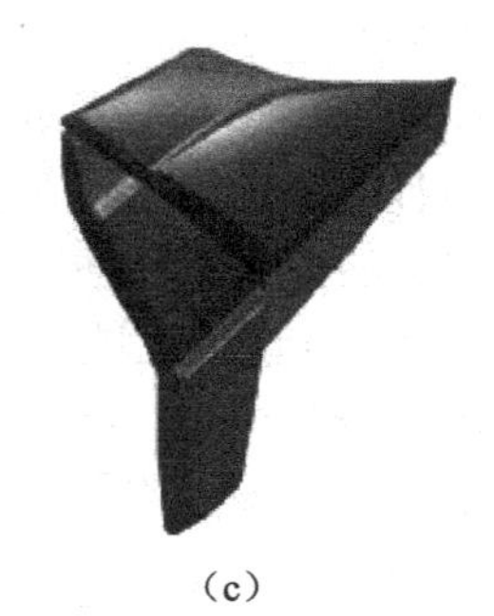

（a）　　　　　　　　　（b）　　　　　　　　　（c）

图 12-19　侧盖的曲面重构

5. 曲面模型的质量评价及分析

在曲面模型重构过程中，尤其是在基础曲面构建时，需要经常对单个曲面进行精度与光顺的评价分析，以保证组成曲面模型的单个曲面的质量，这是过程的控制手段，由于过程分析大多只针对基础曲面，由于过渡和连接曲面的构建的特殊性，分析往往很少涉及，所以当一个零件的曲面模型完成后还需要对整个曲面模型进行总体的评价分析，这个分析从总体角度检测曲面的光顺、精度、曲面之间过渡的连续性等，以满足外观造型的设计要求。

曲面的质量评价包括光顺和精度两方面，坐垫作为一个重要的外观件和摩托车整车的人机工程的主要组成部分对精度和光顺都有要求，以保证乘坐的舒适性要求。

（1）坐垫曲面模型的光顺分析及评价

光顺分析实际中主要应用反射线法分析和截面曲率分析来检测其光顺性和曲面之间过渡的连续性要求。如图 12-20 即为坐垫曲面模型的反射线法分析效果图，分析的时候可以转动方向，转换多个视图观察反射线的分布和走向趋势，可以看到反射线没有明显的不规则扭曲现象，曲面满足光顺要求。如图 12-21 所示即为坐垫曲面模型的截面曲率分析效果图，从图中可以看到基础面曲率变化均匀，过渡曲面曲率变化比较突然，曲面之间的过渡从曲率分布来看满足相切连续的要求。综合图 12-20 和图 12-21 分别用反射线法和截面曲率法从光顺和曲率连续性两方面分析了坐垫曲面模型的外观质量情况，分析结果表明曲面模型满足外观光顺要求。

图 12-20　坐垫曲面模型的反射线法分析效果

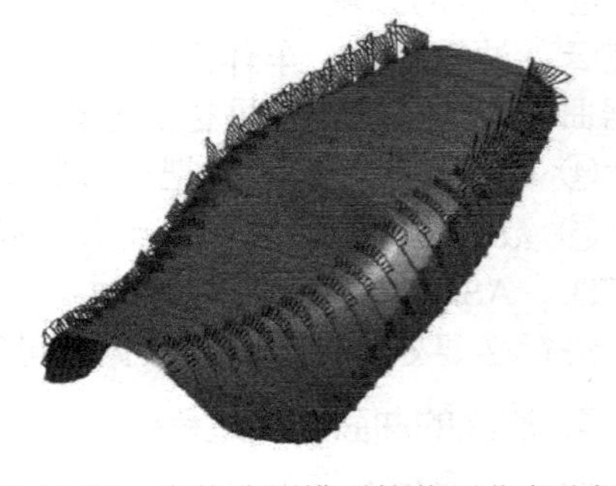

图 12-21　坐垫曲面模型的截面曲率分析

（2）坐垫曲面模型的精度分析及评价

曲面的精度分析主要用构建的 CAD 曲面模型数据和作为构建依据的点云数据做分析对比，从误差大小是否能在接受范围之内来对曲面模型的质量做评价。使用专门的误差检测分析软件来对坐垫曲面模型进行精度分析。

如图 12-22 所示，可以看到误差分析以彩色云图的方式显示出来，可以观察区域误差情况，而且可以选择关注的某些点将这些点的误差以数值的方式显示出来，比较直观。从彩色图和选取的点来看，曲面模型的绝大部分误差都在 0.5mm 左右，局部有几个小的区域误差在 1mm 左右。从这些区域的大小以及周围位差情况并结合点云可以看出它们范围比较小且孤立，分析出这些区域是油泥模型制作不精细形成的跳点、杂点所导致的，不影响整体模型的精度，总体来说坐垫曲面模型精度满足精度的要求。

6. 整车覆盖件曲面模型的完成

针对不同的零件的曲面造型要根据具体的实际情况进行分析，然后采用合适的曲面构建

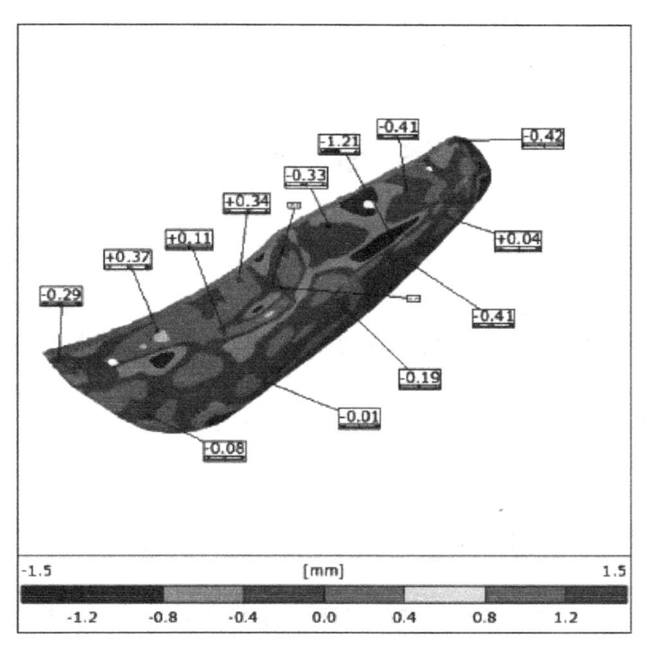

图 12-22　坐垫曲面模型的误差分析效果

方法快速、准确地完成曲面模型的重构。坐垫的曲面模型是主要采用的基于对称镜像曲面的构建方法，侧盖的曲面模型是采用特征棱线为框架的曲面构建方法，但是二者曲面重构的过程基本大同小异，其他相关零件的曲面模型的构建也基本可以遵循这样的过程。各个外观覆盖件的曲面模型以车架为基准进行汇总、装配，模型效果如图 12-23（a）所示，按以上流程完成后，需要最终得到如图 12-23（b）所示的整车曲面。

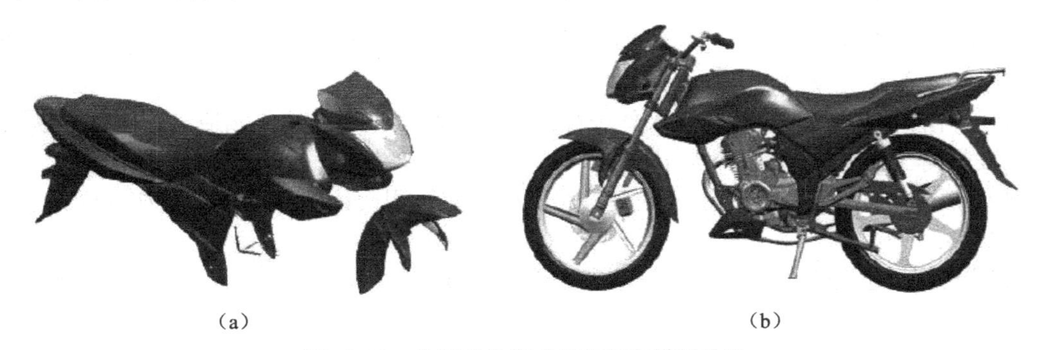

（a）　　　　　　　　　　（b）

图 12-23　曲面重构完成后的整车模型效果

参 考 文 献

［1］王广春. 快速原型技术及其应用［M］. 北京：化学工业出报社，2006.

［2］（美）胡迪・利普森，梅尔芭・库曼. 3D 打印：从想象到现实［M］. 北京：中信出版社，2013.

［3］刘伟军. 快速成型技术及应用［M］. 北京：机械工业出版社，2005.

［4］宋楠，韩广义. Arduino 编程从零开始：学电子的都玩这个［M］. 北京：清华大学出版社，2014.

［5］陈鹏. PRO/ENGINEER Wildfire 5.0 产品设计高级教程［M］. 北京：北京航空航天大学出版社，2011.

［6］卢秉恒，李涤尘. 增材制造（3D 打印）技术发展［J］. 机械制造与自动化，2013，42（2），1～4.

［7］李涤尘，苏秦，卢秉恒，李涤尘. 增材制造——创新与创业的利器［J］. 航空制造技术，2015（10），40～43.

［8］王忠宏，李扬帆，张曼茵. 中国 3D 打印产业的现状及发展思路［J］. 经济纵横，2013（1），90～93.

［9］柳建，雷争军，顾海清，李林岐. 3D 打印行业国内发展现状［J］. 制造技术与机床，2015（3），17～25.

［10］宋长辉. 基于激光选区熔化技术的个性化植入体设计与直接制造研究 ［D］. 华南理工大学博士学位论文，2014.

［11］叶梓恒. Ti6Al4V 胫骨植入体个性化设计及其激光选区熔化制造工艺研究［D］. 华南理工大学博士学位论文，2014.

［12］唐先智. 汽车覆盖件点云处理方法及网络化协同设计技术［D］. 重庆大学博士学位论文，2013.

［13］杨雷. 逆向工程技术在摩托车整车创新设计中的应用研究［D］. 天津大学硕士学位论文，2011.

［14］刘杰. 面向快速成型的设备控制、工艺优化及成形仿真研究［D］. 华南理工大学博士学位论文，2012.

［15］陈杰. 光固化快速成型工艺及成形质量控制措施研究［D］. 山东大学硕士学位论文，2007.

［16］高金岭. FDM 快速成型机温度场及应力场的数值模拟仿真［D］. 哈尔滨工业大学硕士学位论文，2014.

［17］黄江. FDM 快速成型过程熔体及喷头的研究［D］. 内蒙古科技大学硕士学位论文，2014.

［18］倪荣华. 熔融沉积快速成型精度研究及其成形过程数值模拟［D］. 山东大学硕士学

位论文，2013.

［19］杨永强，王迪，吴伟辉. 金属零件选区激光熔化直接成型技术研究进展［J］. 中国激光，2011，38（6）：1～11.

［20］庞国星. 粉末激光烧结快速成型工艺及后处理涂层研究［D］. 中国矿业大学博士学位论文，2009.

［21］刘永辉，张玉强，张渠. 从快速成形走向直接产品制造——3D 打印技术在家电产品设计制造中的应用（上）［J］. 家电科技，2015，（10）：24～25.

［22］肖潇. 3D 打印技术在个性化创意设计中的应用［J］. 设计艺术研究，2015，5（1）：70～73.

［23］熊兴福，曲敏，张峰. 产品设计中的形态创意［J］. 包装工程，2005，26（6）：171～173.

［24］冯金珏. 教育机器人的开发与教学实践［D］. 上海交通大学硕士学位论文，2012.

［25］雒亮，祝智庭. 开源硬件——撬动创客教育实践的杠杆［J］. 中国电化教育，2015（4）：8～14.

［26］孟健，刘进长，荣学文，李贻斌. 四足机器人发展现状与展望［J］. 科技导报，2015，33（21）：59～63.

［27］程爱祥. 六足机器人非结构化地形下步态生成与腿部控制研究［D］. 哈尔滨工业大学硕士学位论文，2014.

［28］杨楠. 基于 Arduino 的智能产品原型设计研究［D］. 江南大学硕士学位论文，2014.

［29］宗贵升. 3D 打印思维与实践［J］. 粉末冶金工业，2015，25（6）：1～5.

［30］黄海沙. 汽车覆盖件反求工程设计技术的研究与应用［D］. 湖南大学硕士学位论文，2009.

［31］苏春. 数字化设计与制造（第 2 版）［M］. 北京：机械工业出版社，2010.

［32］季林红、阎绍泽. 机械设计综合实践［M］. 北京：清华大学出版社，2011.